戴明管理經典

轉危為安
OUT OF THE CRISIS

管理十四要點的實踐

W. EDWARDS
DEMING

愛德華・戴明—著

鍾漢清—譯

OUT OF THE CRISIS by W. Edwards Deming

First MIT Press edition, 2000

Originally published in 1982 by Massachusetts Institute of Technology,
Center for Advanced Educational Services, Cambridge, Massachusetts.

Copyright ©1982, 1986 The W. Edwards Deming Institute

Chinese (complex character only) translation copyright © 2015 by EcoTrend Publications, a
division of Cité Publishing Ltd. Published by arrangement with The MIT Press through Bardon-
Chinese Media Agency.

ALL RIGHTS RESERVED

經營管理 126

【戴明管理經典】

轉危為安：管理十四要點的實踐

作　　　者	愛德華‧戴明（W. Edwards Deming）
譯　　　者	鍾漢清
特 約 編 輯	楚見晴
行 銷 業 務	劉順眾、顏宏紋、李君宜

總　編　輯	林博華
發　行　人	凃玉雲
出　　　版	經濟新潮社
	104台北市中山區民生東路二段141號5樓
	電話：（02）2500-7696　傳真：（02）2500-1955
	經濟新潮社部落格：http://ecocite.pixnet.net
發　　　行	英屬蓋曼群島商家庭傳媒股份有限公司城邦分公司
	104台北市中山區民生東路二段141號2樓
	客服務專線：02-25007718；25007719
	24小時傳真專線：02-25001990；25001991
	服務時間：週一至週五上午09:30~12:00；下午13:30~17:00
	劃撥帳號：19863813　戶名：書虫股份有限公司
	讀者服務信箱：service@readingclub.com.tw
香港發行所	城邦（香港）出版集團有限公司
	香港灣仔駱克道193號東超商業中心1樓
	電話：852-25086231　傳真：852-25789337
	E-mail：hkcite@biznetvigator.com
馬新發行所	城邦（馬新）出版集團Cite（M）Sdn. Bhd.（458372 U）
	41, Jalan Radin Anum, Bandar Baru Sri Petaling,
	57000 Kuala Lumpur, Malaysia.
	電話：（603）90578822　傳真：（603）90576622
	E-mail：cite@cite.com.my
印　　　刷	宏玖國際有限公司
初 版 一 刷	2015年9月1日

城邦讀書花園
www.cite.com.tw

ISBN：978-986-6031-73-1

售價：680元

Printed in Taiwan

目錄

說明：①本書完成的時代為1980年代，書中出現相關人物職稱
均保留作者完成本書（1982年）時的情形。此外，本
書省略小姐、女士、先生等敬稱。

②為紀念殷海光教授所撰的〈運作論〉，本書譯者將
operational definition 譯為「可運作定義」，另譯為作
業定義、操作性定義或可操作定義。

③本書承蒙新加坡國立大學（National University of
Singapore）黃幸亮教授（Professor Brian Hwarng）審
稿，特此申謝。

作者戴明博士生平簡介

　　40多年來，愛德華・戴明（W. Edwards Deming，1900～1993）所經營的顧問事業，業務蒸蒸日上，遍及全世界。他的客戶包括製造業的公司、電話公司、鐵道公司、貨運公司、消費者研究單位、人口普查局的方法學、醫院、法務公司、政府機構，以及大學及產業內的研究組織。

　　戴明博士的方法，對於美國的製造業和服務業的衝擊，力道很深遠。他領導的品質革命，席捲全美國，目的在改善國內企業的世界競爭地位。

　　1987年，美國總統雷根（President Ronald Reagan）頒發國家技術（工程）獎章（National Medal of Technology）給戴明博士。他在1988年獲頒美國國家科學院（National Academy of Sciences）的傑出科學事業成就獎（Distinguished Career in Science award）。

　　戴明博士還有很多獎章，包括1956年美國品質管制協會（American Society for Quality Control）頒贈的休哈特獎章（Shewhart Medal），以及美國統計學會（American Statistical

Association）1983年頒的威爾克斯獎（Samuel S. Wilks Award）。

1980年，美國品質管制協會紐約大都會分部，著手設立年度的戴明獎（Deming Prize）〔譯按：此獎在戴明博士過世後，歸美國品質協會（American Society for Quality）管理〕給對品質和生產力有貢獻的人。戴明博士是國際統計學會（International Statistical Institute）會員，他於1983年榮獲國家工程學院院士（National Academy of Engineering），1986年入選位於俄亥俄州代頓的科技名人堂（Science and Technology Hall of Fame in Dayton），1991年入選汽車名人堂（Automotive Hall of Fame）。

戴明博士最為著名的，也許是他在日本的功績，從1950年起，多次到日本為企業高階主管和工程師開設品質管理課程。他的教導，對日本的經濟發展，有顯著的提升作用。日本科學技術聯盟（JUSE，Union of Japanese Science and Engineering Institute，日文漢字寫為「日科技連」）為感謝他的貢獻，設立年度的日本戴明獎，頒給對產品的品質和可靠性有功的人士和組織。1960年，日本裕仁天皇頒給他「二等瑞寶獎章」。

戴明博士1928年取得耶魯大學（Yale University）的數理物理學博士學位。下述的大學授與他榮譽博士學位（honoris causa，頭銜為LL.D和Sc.D兩種）：懷俄明大學（University of Wyoming）、里維埃學院（Rivier College）、馬里蘭大學University of Maryland）、俄亥俄州立大學（Ohio State University）、克拉克森技術大學（Clarkson College）、邁阿密大學（Miami University）、喬治・華盛頓大學（George Washington University）、科羅拉多大學（University of

Colorado）、福特漢姆大學（Fordham University）、阿拉巴馬大學（University of Alabama）、俄勒岡州立大學（Oregon State University）、美國大學（American University）、南卡羅來納大學、耶魯大學、哈佛大學（Harvard University）、克利里學院（Cleary College）、雪蘭多大學（Shenandoah University）。耶魯大學還頒贈給他威爾伯‧盧修斯十字獎章（Wilbur Lucius Cross Medal）（譯按：此為傑出校友獎、里維埃學院贈他耶穌的瑪德琳獎章。）

　　戴明博士的著作計有專書數本和論文171篇，1986年出版《轉危為安》（*Out of the Crisis*）已翻譯為多國語言版本。關於他的生平、哲學與學說，以及在全球成功應用案例的書籍、影片和視聽教材等，數量極多。他開設四日研討會（four-day seminar）超過10年以上，總計有超過萬名學員報名與參與。

2015年版導言

文／凱文·卡西爾、凱利·艾倫

譯按：此文由凱文·卡希爾〔Kevin Edwards Cahill，美國戴明學院（WEDI，The W. Edwards Deming Institute®）執行理事、發現成功者信託（Successor Founding Trustee）研討工作坊輔導員，同時也是戴明博士的外孫〕和凱利·艾倫（Kelly L. Allan，美國戴明學院諮詢理事會理事，資深課程輔導師）合著。他們以寫信給讀者的方式撰寫導言，最後並敬祝讀者事業成功。

1993年，愛德華·戴明（以下簡稱戴明博士）生前最後數月，某天他和外孫凱文·卡希爾（Kevin Edwards Cahill）說：

「他明知自己餘生有限、有志未酬，無法完成一番獨特的事業，深感無力回天、失望不已……。」（編按：戴明以第三人稱的「他」自稱）

戴明博士知道，全球經濟危機業已迫在眉睫（他曾經預言過），而大家卻還沒做好準備。他認為，**面臨危機，光是每個人都盡力而為，還不能解決；首要工作，是讓大家知道，他們該做些什麼事，才能進行變革和轉型。**他具備可協助各種事業、組織、個人完成轉型的系統和知識，不過，時間很有限。

戴明博士於1993年12月20日去世，至今已經超過20年，全

球仍在危機中掙扎（他曾預測到這一點），我們對於他提出的學說的潛力和威力，了解仍然粗淺，只能算是浮光掠影。如果我們能進一步理解、認識和應用他所提倡轉型的戴明淵博知識系統（The Deming System of Profound Knowledge™，在美國已註冊專利），就能讓各種事業、社區和個人的活力得以恢復，下一代領導者也會有機會施展所長，在快速發展的新世界取得成功。

戴明博士相信他的這兩本書，可提供轉型之路的導引地圖，讓我們面對未來（而不是為了過去）能有所準備。

戴明博士的《轉危為安》（Out of the Crisis，1982年初版、1986年改版），幾乎是一本點燃了全球的品質革命的巨著。光是這個貢獻，就足以讓此書贏得一席特殊的歷史地位。當然，這本書的內容豐富，遠超過一般品質管理的範圍；它也包含一套關於人員、流程和資源等的全新的、與眾不同的論述，可做為新型領導及管理方法的基礎。

戴明博士著的《新經濟學：產業、政府、教育一體適用》（The New Economics for Industry, Government, Education，1992年初版、1993年第2版），能提升各種組織的效能，達到全新的境界。我們可以從許多獨立的分析報告知道，那些致力於研究戴明學說並加以應用的組織，得以轉型，更為成功，業績達到新水準。

這讓我們有一番洞察（insight），那就是戴明學說已改變全球企業，即使他們的應用僅止於「戴明的『技術』層面的品質管理」，甚至還談不上去落實戴明提倡的「新管理哲學」。

上述這一區別是重要的，因為很多行業或產業，在生產力和品質上都已碰壁。然而，想要翻越這道危險之牆所付的代價愈來

愈高。各種組織藉由學習和運用「戴明淵博知識系統」,有機會在管理方法上再次飛躍前進,正如他們第一次應用了技術層面的品質管理取得好績效那般。

研讀《轉危為安》讓我們學到著名的經營和管理新理念上的「管理十四要點和相關的管理惡疾」。整個學習和應用的過程,將像去探索新天地之旅般有趣。此一旅程的導遊,就是戴明博士,他是具獨創性的思想家,如果世上真有創造者(譯按:西方基督教等宗教認為,只有「神」是創造者)。我們在《新經濟學》中將可繼續此一探索之旅,可讓人學習戴明淵博知識系統(也稱為戴明管理方法和管理的新理念)。

對於各種流行的管理學的庸見和信仰,你已有某些先入為主的想法,那就讓這兩本書去挑戰它們吧。

為什麼這樣說呢?因為重要的是,你要自問:「如果你的管理方式,僅僅是跟隨他人的而已。如此一來,你在競爭上,會有什麼優勢可言?」

你可能犯了常見的錯誤,意即自以為既然複製了所謂業界「最佳實踐」(best practices,或譯為典範實踐),或者模仿其它組織之所以成功的祕訣,就自認可從此高枕無憂。然而,如果你複製他人的方法,並無法讓你擁有持久的競爭力,所以,這種學習他人方法的安心,會轉瞬消失。模仿他人也不能讓你能洞察出機會的根本究竟是什麼,以及自己的組織的議題應該是些什麼。這些管理的洞察力,無法從流行的「最佳實踐」取得,而要從其它截然不同的方法來取得。

我們了解,你可能擔心自己並不知道如何落實新管理法,它

不同於最佳管理實務（best management practices）。這樣的擔心雖然是合理的，不過請理解我們說的新管理，祕密就在《轉危為安》和《新經濟學》二書。事實上，二書中的每一個原理、理論和實務是成功的，並已一次次被證明。書中的原理，都會助人成功、是可靠的、可重複的，並且是一致的，它們遠勝過目前流行的、有缺點的管理實務。

從最近所做的歷時多年和幾十年的研究專案結果顯示，戴明博士的轉型方法最能永續發展。事實上，根據每年在紐約市福德姆大學的國際戴明研究研討會（International Deming Research Seminar）的報告指出，超過400本書籍和文章提到戴明學說是有效的商業思想和實務，既與當今局勢息息相關又相當重要。

自1982年《轉危為安》首次出版以來，時局變化很大，世界已大為不同了。然而，在管理上，戴明博士的學說一直幫助我們達成目標，像是提升生產力與品質，以及用更好的方式利用資源，並在工作中獲得更大的喜悅。

重要的是，世界的演進方式一如戴明博士所預言。

戴明博士曾經預測企業流行的管理方式將是風水輪流轉（每隔一陣子就有當紅與過時）；自1981年以來，我們看過了績效指標（benchmarking）、企業再造（re-engineering）、雇用頂尖人才（top-grading）、適當的經營規模與人力（right-sizing）、目標管理（management by targets）、激勵管理（management by incentives）與複製所謂的「最佳實務」（copying "best practices"）等時下流行的管理方法。許多公司還花大錢，嘗試採用流行方式管理人才預測員工的成功或失敗、命令部屬務必達成

一定的執行成果。上述這些流行的管理招式他們都嘗試過，但也都失敗了，或甚至每況愈下，或證明它們讓人花了一大筆錢卻徒勞無功。

相較之下，戴明對於更好的管理方式的見解富有洞察，正如在《轉危為安》剛出版時所主張的，直到今天仍然真實。同樣地，如果今天企業或組織能依據《新經濟學》中的主張付諸實踐，仍會發現它很有助益且有力。

事實上，戴明博士曾經預測品質與成本可以兼得，也就是既可打造優質的產品和服務又能降低成本。之前當他提出這個概念，並解釋為什麼會這樣時，幾乎無人知曉；現在，這個實務已廣為世界各地所接受。在這競爭超強的世界裡，如果企業能理解戴明學說並應用，就可以大幅領先競爭對手。

在過去50年，日本的產品之所以有競爭力，戴明學說肯定是關鍵的因素。相反地，許多美國或西方的公部門和私人組織（機場出入境服務、教育系統、醫療機構、航空公司或汽車公司等）的績效則日益惡化，原因可歸咎於他們或忽視戴明博士的洞察、知識或對其一無所知。

重要的作者和思想領袖已認識戴明學說的價值，像是彼得‧聖吉（Peter Senge）在他的《第五項修練》（*The Fifth Discipline*，2006年修訂版，繁中版由天下文化出版）中，承認戴明博士的遠見卓識，且影響該書的修訂版。吉姆‧柯林斯（Jim Collins）在《為什麼A⁺巨人也會倒下》（*How The Mighty Fall*，繁中版由遠流出版）呼籲讀者如果想走出危機，必須回歸「健全的管理實務」之路，包括彼得‧杜拉克（Peter F. Drucker）、

麥可‧波特（Michael Porter，競爭策略大師），以及《追求卓越》（*In Search of Excellence*）作者湯姆‧畢德士（Thomas J. Peters）與羅伯特‧華特曼（Robert H. Waterman）等人的學說。

也許數以千計的公司都聽了柯林斯的建議，在此同時，我們當然已經知道有好幾百家企業學習戴明學說並落實力行，進而取得佳績。

新加坡國立大學（National University of Singapore）黃幸亮教授（Professor Brian Hwarng）曾在中國大陸的企業高階管理課程中，教給學員戴明博士的各種警告，像是避免盲目抄襲美國或西方管理界所謂的「最佳實務」，或一味追求收益管理（revenue management），這種方法雖可在短期內取得成果，但長期而言，更可能會造成毀滅。

實際上，黃教授向中國大陸的商界領導者提出挑戰，要他們探討（或深刻反思）盲目抄襲西方知識的結果。他敦促領導者認真思考戴明博士的種種警告，而不要受到所謂「向標竿企業學最佳實務」的蠱惑，更要在錯誤的學習造成重大惡果之前，及時懸崖勒馬（即使本意良善並非有意造成）。

戴明博士對世界的影響還有一項有趣的特點，那就是許多人在日常會運用他所教導的方法，卻不知道戴明是何方神聖。他們只是跟隨「我們這邊做事的方式」罷了。所以說，不管他們正在研究數據，尋找方法減少變異、追究問題的根源、做決策時以尊重工人為主要考量，或評估系統的穩定性等等，他們的所作所為，多少是應用戴明博士提倡的「善用方法管理」。

我們接受戴明博士提出更好的方法，達成卓越的技術品質而

認為這是理所當然，而忘了（或從來不知道）以前達成品質改善和提高生產力是相當困難的事情，還得所費不貲。

許多主管也會誤會戴明學說的應用範圍，將它窄化成為營運管理或品質管理。這是因為沒有人教他們，在戴明的世界中，賺錢和高品質根本是同一件事。因此，身為領導者要將企業看成一個系統，該系統的目的和焦點在於品質，藉此引發正向的、良性的循環。

可惜的是，太多的商學院建議大家設立「品質部門」處理品質相關事務。戴明博士預見了這一問題。他很清楚地告訴大家品質是領導者的責任：「要從董事會做起，品質才能落實」。戴明博士認為，要達成品質，需要將各項努力放在具有策略的位置，而不只是流於應用各種技術工具（如流程圖、帕累托圖、連串圖、散布圖等）、量規和統計學。

《轉危為安》中有一項關鍵訊息，品質並不是在工廠現場，也不是在提供服務的交付點所憑空產出的。只有組織所用的管理方法才能讓品質落實，才能讓品質方法和工具以充分發揮功能。

像是管理十四要點中敦促管理者「掃除恐懼，使人人都能有效地為公司工作」以及「破除部門間的障礙」。

為什麼要這樣要求呢？因為恐懼和障礙不僅會毀了組織，也會糟蹋人才與品質。

此篇導言的兩位作者，之所以能了解戴明博士對於日本的影響，是看了美國國家廣播公司（NBC，National Broadcasting Company）播放的白皮書節目《日本能，我們為什麼不能？》（*If Japan can, why can't we?*，於1980年6月24日播映）。我們和

許多人一樣，看了該電視節目，都很出乎意料。這種震驚，好像是我們一直生活在二維（2D，二度空間）、黑白的世界裡，然後突然瞥見我們是處在彩色、具有三維（3D，三度空間）深度的世界。

這是觀看世界的新方式，是從戴明博士在品質和生產力方法的教導所培養出來的：世界是彩色的、多維（包括深度）的。

許多公司要花多年才會認識到，相較於彩色、立體世界的品質與生產力，如果採取黑白、二維世界的觀點，很難與人競爭。

不過，確有這樣的公司，他們採取的世界觀是落伍的。

就品質和生產力，如果採取二維、黑白的方式，起先就會一點一點地被那些採取三維、彩色世界觀點的公司超越，然後很快的，就全盤皆輸了。

上文說的屬第一階段（phase I），現在我們討論第二階段（phase II）的初期情景。

在我們的用語脈絡中，「第一階段」指以戴明學說為基礎的技術層面品質和生產力。這在《轉危為安》有充分的討論。然而，戴明知道，光追求技術層面的品質是不夠的。他說，「必須在管理上有所轉型才行」。

戴明博士稱第二階段為管理的新理念。這一主題在《轉危為安》中已有所探討，在《新經濟學》書中進一步全面探討，我們希望您能從這兩本書中獲益、受用。我們也想讓大家知道，戴明學院隨時都樂意協助任何組織（營利組織、非營利組織和政府單位），進一步了解和執行「戴明管理方法」。戴明學院（WEDI）不以營利為目的，其目的在於促進人們對戴明學說的

理解,提升商業、貿易並促進繁榮與和平。

　　戴明學院相信,可以激勵個人、領導者和組織,能夠做出一番有獨特貢獻的事業。我們希望你們所屬的組織、供應商和顧客都能成功。我們預期你們因為有了戴明管理方法,在思想上可以與從前大不相同,讓人人都是贏家並且取得優異成果,進而開創新的工作環境。

　　每年,全球各地都有數以百計的人感謝他們有機會學習並且應用戴明學說,戴明學院感謝你們每一個人。我們在此要再次特別感謝黃幸亮教授過去3年來的用心指導,讓戴明博士的《轉危為安》和《新經濟學》得以在亞洲重新出版。

　　戴明學院傾聽顧客需求,提供創新且高效的教育機會,包括工作坊、大型會議、研討會,藉此激發個人和組織大有作為,有獨特的成績,並更深入地了解戴明的新管理哲學(Deming's new philosophy of management)。大家對於戴明提出方法的興趣與日俱增,我們邀請您來進一步深入了解它並且因此(讓你與所屬的組織)與眾不同。

　　戴明學院的網址是www.Deming.org,我們很歡迎讀者提出任何問題與建議。

《轉危為安》《新經濟學》譯序

文／鍾漢清

英國經營者協會的月刊《今日管理》（*Management Today*）曾讚譽品質運動之父戴明博士（W. Edwards Deming，1900～1993）為20世紀十大管理學思想家。他是位摩頂放踵以利天下的智者、「品質為新經濟紀元基礎」的啟蒙者。他一生樹立了忠於專業（統計）、努力不懈、不計個人得失的典範。對他而言，研究、著書立說、教學、組織指導等繁忙的工作，就是生活。他的經典著作《轉危為安》和《新經濟學：產業、政府、教育一體適用》（*The New Economics for Industry, Government, Education*，以下簡稱《新經濟學》）能出版中譯本，真令人感到歡喜。這兩本書是戴明博士數十年的心血之結晶，它們也是1980年代起品質運動的史詩、見證。《轉危為安》行文緊湊，知識密度頗高。《新經濟學》則已出神入化，看似平常，其實頗多深意。這兩本書都是經典之作，值得讀者鑽研。

《轉危為安》1982年首次出版，當時書名為《品質、生產力與競爭地位》（*Quality, Productivity and Competitive Position*），1986年時出版第2版，書名為《轉危為安》（*Out of the Crisis*，取自1950年代戴明談日本要如何走出低品質惡名的危機）。著作易名，

一方面充分反映作者的心路歷程,而我們也可因此了解本書的重點所在。《新經濟學》初稿完成於1992年,1993年年底作者過世前即已完成第2版稿本,於1994年出版。基本上是作者於1986年之後,持續在世界各地舉辦著名的「四日研討會」的教學相長成績。戴明博士很重視參與學員和實習講師的互動,他們的回饋,都會在書中記下,包括大名,有時還記錄時間和地點。

戴明博士的著作,不只是他畢生學識的結晶,更有全球精英與他對話的紀錄,是首雄壯的交響曲,也是經營管理學著作的里程碑。作者音樂素養高,行文可媲美他所作的聖樂。讀者研習這兩本「愛智之學」時,就像演奏他的樂曲般,要牢記他的思想是整體的,其中的要義,可以做無窮的整合和發揮。不過,應該先求追隨原本,再求「再創造」。這兩本書多採用前後各章相互指涉的方式(像是這兩本書有幾張圖是相同的,不過,我們在相關處會提醒讀者,比較作者在說明上的修正處)。各以或深或淺的方式,說明某些關鍵詞,這是因為作者認為「用一句話或一整章,都不足以完全掌握某一要點的精髓。要了解他的理念,必須反覆研讀、思考和實踐」。

戴明博士主編,沃爾特‧休哈特(Walter A. Shewhart)著的《品質管制觀點下的統計方法》(*Statistical Method from the Viewpoint of Quality Control*,1939年出版),戴明博士在編者序中說明:「一本書的價值,並不只是各章價值的總和而已,而是要把每一章、甚至每一段落,都與其它部分整合起來看,才能彰顯出意義來。『品質管制』這一主題,無法用任何單一理念來完全表達,所以第1章必須在讀完全書、融會貫通後才能解釋清

楚。」以《轉危為安》為例說明，讀者在讀懂了整本書後，必能有更深入的體會。因為上述的「可運作定義」，是他認為人類從事有意義溝通的根本原則，也是第9章的主題；而在讀完第11章「令人著迷的變異」後，又會對「作業定義」學說更了然於心。

譯者有幸與某些戴明博士肯定的「導師」們切磋，對於作者的「淵博知識體系」（Deming's Profound Knowledge System，也可譯為成淵之學或深遠知識）的智慧，稍有認識，所以藉由本文導讀，希望讀者能入寶山（這兩本書為現代許多新管理學理念的百科全書）而有所得。正如知名的管理哲學家韓第（Charles Handy）在其《非理性的時代》（The Age of Unreason）所說的，《轉危為安》是所有主管都應該閱讀的重要作品。韓第以戴明式的思考說，人類在思想上追求「真理」；而組織、企業的「真理」是什麼呢？那就是「品質」！

要了解戴明博士的「品質觀」，最起碼要了解《轉危為安》的「視生產為一個系統」，可參考第1章的**圖1b：把生產過程視為系統**，並參考《新經濟學》的**圖6：把生產視為系統**；《轉危為安》第6章**圖8：品質金三角**，也就是把產品或服務在整個生命周期內，產、銷、使用者各為一體的最佳化（與第7章）；就社會的品質之運作，以及第10章談論標準與法規孰優孰劣的各方合作，才是人類社會福祉根本之道；就人生及社會而言，第17章也要注意。

又如《新經濟學》第1章提到的「品質是什麼？」，無論在什麼地方，基本的問題都在於品質。什麼叫品質呢？如果某項產品或服務足以幫助某些人，並且擁有一個市場，既好而又可長可

久，它就是有品質的。貿易端賴品質，「品質源自何處？」答案
是，高階主管。公司產品的品質，不可能高於高階主管所設定的
品質水準。換句話說，他的品質觀，蘊含「個人、組織、社會、
天下」的大志。而且，它還是持續成長的，所以品質的追求是永
無止境的。

　　戴明深信，經由全系統的人們合作、創造產業界的新境界
及更繁榮的社會，遠比浮面的「競爭優勢」踏實得多。更重要的
是，品質與生產力相輔相成，是一體的兩面。可是，在這新經濟
紀元中的人們，要懂得欣賞「淵博知識」，才能認識「品質」的
價值，而這也是所有培訓、教育的根本課題。他更認為，先談品
質，才會有真正而持久的生產力，這也是《轉危為安》第1章的
「改善的連鎖反應」的主旨。競爭力大師波特（Michael Porter）
1997年來台演講，一再澄清「國家競爭力就是生產力」，相形之
下，戴明博士的看法更深入有理。他認為「成本」只是結果，
所以談的是「便宜好用的測試（最低平均進料成本）」（《轉危
為安》第15章）等議題。戴明博士認為，系統的主體是人，而
「人」不只是組織的資產而已，更是寶貝。

　　《轉危為安》與《新經濟學》這兩本書中有諸多奧妙無窮
的整合式觀點。從管理學發展史的角度看，1960年代有人提出管
理學要重視系統、知識、心理學。戴明博士的獨創在於，他進而
以變異（統計學的主題）貫通之，成為最有特色的管理學、經濟
學。請注意兩本書中通篇還有專章都強調融合下述四門學問的淵
博知識系統（詳見《新經濟學》第4章），以下分別介紹：

1.系統觀

組織系統的目的最重要，所有的決策都應該以它為依歸，這牽涉到領導者的素質和能力，所以請參考《新經濟學》第5及第6章的領導力（領導者的十四項修練等）、人的管理；了解行動決策的動力學：紅珠實驗和漏斗實驗。系統另外一重要因素是其構成的次系統或元素之間的交互作用。如何判定系統是穩定的，或是不穩定的，這一判定準則很重要，因為我們對穩定系統或不穩定系統，都要分別採取不同的管理和改善策略。他在1950年於日本提出生產成為一系統的看法：只有生產系統是穩定的，才可以談近日風行的精實系統（lean system）或豐田生產系統。由於系統各組成分子之間的相依性很大，所以成員必須合作（而不是彼此競爭，或一意追求自己單位的好處而不顧及整體的局部最佳化），才能皆贏、達到全系統的最佳化、完成系統一致而恆久的目的。

（詳見《新經濟學》第3章〈系統導論〉）

2.變異觀

變異的現象無所不在，所以我們要本著品質管制的原理，也就是休哈特提到「大量生產之經濟性控制原理」，以最經濟有效的方式，獲得真知識，並運用作業定義方式來溝通。區別出成果背後的肇因系統中，哪些是系統本身的雜音（即戴明博士所謂的「共同原因」），哪些可能是出了（脫離）控制狀態的「關鍵少數」原因（可設法找出的「特殊原因」），從而對系統的狀態分別採取適當的、不同的策略來改善、學習。〔戴明博士最強調的一個重點是，凡不在穩定（統計管制）狀態下的，就不能稱之為「系統」。〕這一番道理，本書第11章討論穩定系統改善的共同原因

與特殊原因時，有極精彩的解說。這也是「淵博知識」的「眾妙之門」。（詳見《新經濟學》第3章、第8章與第10章。）

3.持續學習及知識理論

我們無法「全知全能」，所以要追求系統的最佳化，必須本著PDSA（Plan, Do, Study, Act），或稱PDCA（Plan, Do, Check, Act）循環，也就是計畫（確定目的等）、執行、查核（系統的交互作用等）、行動。當然，持續學習與改善時，要依當時的知識，並善用統計實驗設計，而最重要的是結合各種相關的專門知識，再以科學方法來追求知識。在現代管理學中，戴明學說很早就在認識（知識）論上下功夫，他認為管理學要成為一門學問，就必須重視知識論，本書為首開風氣之作。在知識論上，戴明博士認為，人在所處的世界中，對於很多事情的原因是不知道的，或是永遠無法知道的，然而，它們卻是可以管理的；所以對我們的決策等，影響很大。像是我們可能無法知道什麼時候會發生多大的地震，或是金融風暴，但我們可以設計更耐震的住屋或更健全的財務控管制度等。

4.心理學（詳見《新經濟學》第4章後半）

人是為求幸福、樂趣、意義（以其技能、技藝自豪）而自動自發的，人是無法「被激勵」的。所有的獎賞，如果出發點是「掌控」別人，終會成為種種「人生的破壞力量」〔《新經濟學》圖10，圖上方的力量會破壞人民與國家在創新與應用科學方面的能力，我們必須以管理（能恢復個人能力）來取代這些力量〕；個人與組織之間要能信賴，才能有全系統的最佳化。

讀者可以自我檢測，在讀完《轉危為安》與《新經濟學》兩

書之後是否融會貫通。請找一行業或公司或組織,以「把生產視為一個系統」觀念,說明它的系統之目的以及「淵博知識系統」對該系統的意義,領導人如何發揮以達成創新與改善的要求。

戴明博士認為,凡是投入組織轉型者,基本上要有上述修練,要能欣賞上述4大根本妙法所綜合出的洞察力。他在本書中把這種真知灼見,應用到人生及組織中的各層面,從而提出許多革命性的批判。舉凡「急功近利」、「只重數字目標式管理」、「形式化的年度考績」、「沒有目的與整體觀的品質獎」、「不懂背後理論的觀摩或所謂標竿式學習」、「不懂統計狀態的儀器校正方式、培訓、管理預測」等,都是他所謂的「不經濟」、「浪費」。而領導者在這方面的無知,更是本書所謂的危機源頭,所以他極強調「品質要始於公司的董事會」。唯有具備「深遠知識」的組織,才能真正成就組織上的學習,真正轉化成功。《轉危為安》第2章中有他最著名的管理十四要點(經營者的義務),從目的的一致性、恆久性,到最後組織全體投入轉型,為一渾然一體的「淵博知識」的落實指引。

《轉危為安》與《新經濟學》對戴明博士最廣為人知的兩大經營管理寓言:「紅珠實驗」與「漏斗實驗」都有著墨(這兩遊戲,已入選美國品質學會的品質發展史博物館)。他在「四日研習會」中的戲劇化示範,或從遊戲中學習的樂趣,希望讀者參考《新經濟學》第7章和第9章的說明。一般沒整套玩過「紅珠實驗」遊戲的人,很難體會它的深層意義。美國眾議院議長金瑞奇(Newt Gingrich)某次參觀美國紡織公司密立根(Miliken),看到員工們在玩紅珠實驗,終於讓他恍然大悟:原來領導者要為

系統（制度）的設計負責（其實，這只是諸多寓義之一而已）。後來金瑞奇夫婦上了戴明博士數十小時的「個別指導班」，「淵博知識」也就成了他的著作《改造美國》（*To Renew America*）的根本指導原則。基本上，「漏斗實驗」的寓意是，因為「無知」而「求好心切」，想干預（意指不知系統的狀態卻想要有所作為）系統，結果常常適得其反、擴大變異。

戴明博士藉紅珠實驗及漏斗實驗，指出人的困境。有時，我們身在系統中，縱使個人成績有別，但大家實質上都是平等的。這時，系統的改善要由另一層次者（領導加上外來的智慧）負責。又有很多時候，我們自以為「全力以赴」，不斷依照「差異」的回饋，而以不同的策略，想「一次比一次好」，可惜卻也常常因為無知而適得其反。其實，這些寓意也正是本書的核心思想。

在這兩本書中，戴明博士有沒有所謂的「終極關懷」呢？我不敢說我一定懂，但我要以他最關心的3個代表產業來說明一下。他的最大關懷，我想是個人的幸福、組織成長、社會的繁榮、世界和平〔引述自日本科學技術聯盟（JUSE，The Union of Japanese Scientists and Engineers）戴明獎（Deming Prize）中的題詞〕。個人的轉化是頓悟式的，不過要依個人才氣、性向不斷學習，要從投入「讀書會、研習會」等，與別人交流、體驗來學習。當然，用心讀好書是根本的。

戴明博士極重視教育界，他在紐約大學企管研究所任教達50年，就是身體力行的明證。有一次，「學習型組織先生」彼得‧聖吉（Peter Senge）向他請益：「要達成宏遠、深入的轉化，最基礎的是什麼呢？」他說：「美國總體的教育改革。」他認為教育內容

應該包括「淵博知識」。《轉危為安》與《新經濟學》都有許多對
於教育和教育界的故事和論述，像是企業界如何大量培訓基本的
統計學知識及人才，包括管制圖和改善的種種管理和統計工具；
畢業生最難忘的老師是哪些類型的？學校的老化問題和如何注入
新思想和資源？以及如何與美國長春籐大學聯盟等校合作有成。

　　他的另一關懷是政府，讀者不要忘了，他任職過最有生產
力、品質最高的先進服務業：美國人口普查局。《轉危為安》對
該單位有諸多讚美之詞。他認為，假使政府沒有「淵博知識」，
就不會重視人民（顧客）對公平性（最重要的政府考慮、顧客要
求）的需求，從而會有許多浪費、複雜（詳見《轉危為安》第17
章）、低生產力及劣質的做法，如同《轉危為安》中一再批評的
「法規上短視，醫療、法務成本昂貴」等。從公共目的而言，不
懂戴明博士所謂的「品質」（即淵博知識），就是公共施政的危
機所在。《新經濟學》中探討獨占，花許多力氣向美國州際商業
委員會（ICC，Interstate Commerce Commission）提供他代表的
團體對貨運系統的意見。

　　《轉危為安》與《新經濟學》中都對產業的轉型，說得極
多，也極中肯。就某意義而言，這兩本書是他為「產、官、學」界
做屈原式「招魂」的結果。若讀者讀完兩本書後，能產生「微斯人
（斯學），吾誰與歸！」的感慨與決心（如果能，恭喜！）。那麼，
戴明博士便又多了一位志士，接下來，還請有心的讀者參與他偉
大理想的實踐，這才是《轉危為安》與《新經濟學》的主旨！

　　這兩本譯作，可說是許多朋友的共同努力。文豪歌德
（Johann Wolfgang von Goethe）曾說：「人的靈魂，就像被耕耘

的田地。從異國取來種子，花時間來選擇、播種的園藝家，豈是容易的？」在此我感謝諸位朋友：

《轉危為安》的貢獻者：劉振老師、林有望、鄭志庚、蔡士魁、張華、甘永貴、鄧嘉玲、施純菁。徐歷昌、潘震澤老師指出原作的某段引文有錯。

《新經濟學》的貢獻者：戴久永（天下文化版的譯者）、李明、鄧嘉玲、吳程遠。

這次的新譯本，特別在多處地方請教兩位熟悉戴明學說的學者：感謝威廉・謝爾肯巴赫（William W. Scherkenbach），他著有《戴明修練I》（*The Deming Route to Quality and Productivity—Road Maps and Roadlocks*）和《戴明修練II》（*The Deming's Road to Continual Improvement*）；2008年他曾來台擔任東海大學戴明學者講座教授，舉辦3場演講，所有相關教材，請參考華人戴明學院出版的《台灣戴明圈》。另外，還有邁克爾・特威特（Michael Tveite）博士。他倆的貢獻，在書中相關的地方都會有標注。

此次翻譯時，參考書籍包括：《聖經》（思高本）、台灣學術名詞網站、《英語姓名譯名手冊》（北京商務印書館等）。

最後，我要簡單談一下戴明博士與台灣的關係。在美國戴明學院（WEDI，W. Edwards Deming Institute）記載他在1970至1971年受聘台灣的中國生產力中心擔任顧問（引用自https://www.deming.org/theman/timeline）。

他訪台數次，在台北和高雄都辦過盛大的研討會，師生都盛裝出席。劉振老師翻譯他授權的《品管九講》。他對於到工廠現

場指導,深感興趣,勤做筆記。所以《轉危為安》中有他到高雄某自行車工廠的指導紀錄(詳見第334頁)。1980年,他接受美國《品質》月刊(*Quality*)訪問時談及台灣,對台灣的工業生產能力評價不錯。不過,他認為美中不足的是,台灣勞資雙方共識,遠低於日本,所以合作發展會有瓶頸。值得注意的是,他在兩本書中談到各式各樣的「衝突」、「矛盾對立」、「壓力」(如「恐懼」)等人生大破壞力,但都本著創造性整合的方式看待。希望讀者了解這些弦外之音。系統要有宗旨,成員彼此成為一體,才能達到最佳化。

譯者浸淫於戴明博士學說四十多年,1990年代後半起,結識英、美、法多位戴明博士的大弟子,受益頗多,也以華人戴明學院名義出版了一系列的書。從2008年起,又陸續發表四本書說明研究心得,包括《系統與變異:淵博知識與理想設計法》(2010)、《轉型:2009紀念戴明研討會:新經濟學三部曲、可靠性、統計品管》(2009)、《戴明博士文選》(2009)以及《台灣戴明圈》(2008)。再怎麼說,戴明博士的《轉危為安》與《新經濟學》是經典與源頭,也是戴明博士留給世人最寶貴的遺澤。此次有機會重譯它們,很珍惜此良緣,所以努力以赴,希望與讀者分享。

前言

　　本書旨在提倡美國式管理風格的轉型。所謂「美國式管理風格的轉型」，不是依原樣重建，也不是小幅修正，而是徹底改用全新的結構，從基礎改起。轉型也許可說是突變（mutation），不過，突變意指「無秩序的自然改變」，而轉型則必須有「指引方向」，這正是本書目的。除了公司需要轉型，政府與產業之間的關係也必須轉型，本書將細加說明。

　　管理者對未來毫無規畫，對問題也無先見之明，造成人力、材料、機械工時的浪費，都使得生產成本與售價節節上升，完全轉嫁在消費者身上。但消費者不會永遠甘於補貼這些不必要的浪費，其必然的結果是市場消失、員工隨之失業。所以管理者的績效，不應該以每季發放的紅利評斷，而應該觀察其堅守市場、保障投資者未來股利和員工就業機會的能力，這些都從以未來著眼、改進服務及產品的管理方式而來。員工流離失所，擴大失業的行列，已不再為社會所樂見。市場消失與員工失業並非宿命，也不是無法避免的事，這完全是人謀不臧的結果。

　　美國產業的基本病因和伴隨而來的失業現象，是高階主管管理不當的結果，沒有銷售能力等於沒有購買能力。

公司倒閉通經常歸咎於創業成本過高、營運成本失控、存貨折舊過多、競爭太激烈等，這些都不是真正的原因。其實原因很簡單，就是高階主管管理不善。

管理者應該何去何從？他們顯然要學新的功課，這就是轉型。但非學不可的轉型要到哪裡求教？

事實上，管理者為求改善品質、生產力、競爭地位等所必須做的事，都不能單靠經驗學來的。

要求人人盡力而為並非解決之道，首先要讓大家知道該做什麼事；激烈的變革勢在必行。轉型的第一步，就是要學會如何改變，就是理解本書第2章轉型的管理十四要點之後加以應用，進而治好第3章所說的管理惡疾。

有心進行轉型的管理者必須全心投入，長期學習新知識、執行新理念。瞻前顧後、意志不堅、急功近利的人，終將失望而回。

頭痛醫頭、腳痛醫腳的做法，無法挽回美國產業的頹勢，擴大使用電腦、更新設備和自動機械，也同樣無法回天。寄望大量使用新機械的效果只是空歡喜，擴大教導生產人員統計方法不過是急就章，大舉推行品管圈的效果有限。這些作為雖然多少有所助益，但只能延長病人的壽命，而無法根治病灶。只有改變美國式的管理風格和政府與產業之間的關係，才能奪回美國領導世界的機會。

管理工作與公司福祉密不可分。美國產業再也承擔不起管理者蜻蜓點水的方式，從一家公司跳槽到另一家。管理者必須對未來有所宣示，堅守崗位，不但提供就業機會，還要擴大就業機

會。管理者必須深入了解產品與服務的設計、物料的採購、生產的問題、製程的控制，以及影響工人享受與生俱來的權利，也即對工作技術的自豪感的工作藩籬。

美國幾乎每天都有人舉辦以生產力為主題的研討會，其中議題，大多以新器材及衡量生產力為主。但正如威廉·康韋（William E. Conway）〔譯按：威廉·康韋是納舒厄公司（Nashua）總裁兼執行長。1979年，他因為知道日本科學技術聯盟（JUSE，Union of Japanese Scientists and Engineers，日文漢字為「日科技連」）設立戴明獎，決定聘請戴明博士當顧問。納舒厄公司的改善案例，可參考本書第1章，以及安竹·蓋博（Andrea Gabor）所著《發現品質的人：戴明博士傳》（*The Man Who Discovered Quality*）第3章。還可參考大衛·錢伯斯（David S. Chambers）等著的《了解統計製程管制》（*Understanding Statistical Process Control*）的相關個案。在《發現品質的人：戴明博士傳》第103頁，蓋博記載康韋第一次與戴明博士談他們對於聘請顧問的需求，以及與戴明博士暢談4至5小時的統計與改善工具。〕所言，衡量生產力就像統計事故，只能點出問題所在，但無法解決。本書旨在改善生產力，不只衡量生產力而已。

木書並不區分製造業與服務業。服務業包括政府服務在內，即教育及郵政。所有的產業，無論製造業或服務業，其管理原理都是相同的。

想進行轉型的管理者都要具備基本的科學知識，特別是變異（variation）的特性及可運作定義（operational definitions，或譯作業定義、操作性定義）。本書眾多例子可以說明，未能分辨兩種變異的原因，也就是特殊原因（special causes）及共同原因

（common causes），以及未能了解可運作定義，都會導致損失與士氣低落。

　　讀者將可從本書中了解，不只是美國式管理風格與我們身處的新經濟時代格格不入，連許多美國政府法規和司法部的反托拉斯（antitrust）部門也都已落伍，只會把美國產業推向衰亡之路，與人民的福利反其道而行。像是充滿敵意的企業購併與槓桿收購（leveraged buyout，又稱融資購併或舉債經營收購），都是美國式管理系統的病灶。美國公司因為害怕被購併加上只重視每季的股利表現，使得公司的目的不能長期保持一致；而缺乏恆久的經營目的來提供有市場商機的產品及服務，會使生產能力走下坡，也會擴大失業率。對於惡意購併，美國證券交易管理委員會的對策到底在哪兒？

　　展望轉型的工作，可說前途多艱，數十年的努力也不為過。

　　依靠高關稅和「購買國貨」的法令保護，只是鼓勵無能。

　　本文如果令讀者誤以為美國業界什麼行動都沒採取，那就錯了。事實上，美國有許多公司的管理者正在實施本書中第2章提到的管理十四項要點以治療產業的管理惡疾，而且成效有案可查。有些管理學院也開設美國式管理轉型課程，所根據的就是我近幾年研討會的講義。（譯按：本書和《新經濟學》都是由作者講義及論文精練而成，尤其是本書，可以說是他數十年的顧問經歷及講學精華。此篇前言，承蒙張華先生大力刪改，特此致謝。）

第1章 連鎖反應：品質、生產力、低成本與爭取市場

用無知的話，使我的計畫模糊不明的是誰？
——《舊約聖經》〈約伯記〉第38章第2節

本章目的

本章說明工廠的問題會形成穩定系統，並解釋由於這個系統是穩定的，因此改善品質的責任就落在管理者的身上。在以後各章中，還會以更多例子進一步說明。

某種傳言

「品質與生產互不相容，就像魚與熊掌不可兼得。」美國普遍流傳這麼一則傳言。工廠經理會告訴你，這兩者必須有所取捨，難免顧此失彼。他的經驗通常是追求品質，但產量就會落後。如果他一味追求生產，卻導致犧牲品質。不過，這其實是由於他不了解品質的真諦，以及不知道如何追求品質的緣故。（注1）

有一次，我在與22位生產線員工（他們都是工會代表）開會

時，我問：「為什麼品質改善時，生產力會提高？」他們的回答簡潔有力：

「因為重工（rework，重做）減少了。」

這樣的回答，真是再好不過了。或許你也會聽到另一種說法：

「浪費也跟著少了。」

對於生產線員工而言，品質的意義是：交出自己滿意的工作績效，並能以工作技藝為榮。

品質改善了，就能減少浪費在人工與機器的時間，轉變為產出更好的產品與服務。品質改善之後，會產生一連串的連鎖反應，像是更低的成本、更有利的競爭地位、更快樂的員工，以及更多的工作機會。

1980年3月23日，東京立教大學（Rikkyo University）津田義和博士（Dr. Yoshikazu Tsuda）從美國舊金山市寫信給我，信中對品質與生產力之間的關係有很清晰的敘述：

> 我剛剛花了1年的時間，訪問北半球23個國家的許多工廠，並和許多工業家交換意見。在歐洲及美國，現在大家對於品質成本及品質稽查制度較感興趣。但在日本，我們積極採用你所率先創導的方法來改善品質（中略）。我們改善了品質，同時生產力也隨之提升，正如你在1950年的預言般。

津田博士所指的是，西方工業國家常見以數字衡量品質水準，導致到達某一程度，他們就滿足了；主要是因為這些數字很難令人相信進一步的改善能夠帶來更多的經濟利益。就像有人問

起：「我們可以把追求品質的努力降到多低，但不至於失去顧客呢？」這個簡短的提問充滿了對於品質的誤解，充滿美國管理界的典型迷思。相較之下，日本人勇往直前，敢於直接改善製程但不甚關心各種衡量數字。結果不但改善生產力、降低成本，進而稱霸全球市場。

日本的覺醒

　　早在1948至1949年間，某些日本公司的管理者已察覺到改善品質，生產力也會隨之提升。這個觀察來自於一群日本工程師，他們研究一批有關品質管制方面的文獻，是從貝爾實驗室（Bell Laboratories）轉調到麥克阿瑟將軍（General Douglas MacArthur，1880〜1964）指揮處擔任幕僚工作的工程師所提供。這些文獻包括沃爾特・休哈特博士（Dr. Walter A. Shewhart，亦譯為蕭華德，1891〜1967）所著的《產品的經濟品管》〔Economic Control of Quality of Manufacturing Product，1931年D. Van Nostrand Company首印；1980年美國品管學會（American Society for Quality Control）重印。〕

　　結果非常令人興奮，因為他們發現，生產力的確會因品質變異減少而改善，正如休哈特書中的方法與邏輯所預言的一般。一位美國專家（譯按：即戴明博士本人）在1950年夏天的訪日行程，結果造成下述的連鎖反應，並且成為日本人根深柢固的生活方式（注2）。自1950年7月開始（譯按：戴明博士當時在日本舉辦高階主管研討會），日本高階管理者在每一個會議中，總會將連鎖反應寫在黑板上，如圖1a所示。

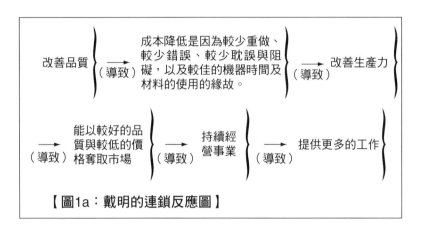

【圖1a：戴明的連鎖反應圖】

日本生產線上的工人和世界上其它各地的工人一樣，都知道這種連鎖反應，也知道有缺點與不可靠的產品一旦落入顧客手中，就可能讓他們失去市場、丟掉工作。

日本的管理者一旦接納連鎖反應的觀念之後，從1950年開始，全員就有了共同目標，那就是「品質第一」。

少了急著要求股利的公司債權人和股東，這個目標便成了管理者與員工間休戚與共的堅強連結。日本因為不曾發生過美國盛行的惡意購併（unfriendly takeover）與槓桿收購（leveraged buyout），管理者對股票價格與股票獲利率等數字不敏感，他們很容易以永續經營為目的〔詳見第31頁第2章第1要點。可參考第3章第113頁「2.過分強調短期利益」，以及第114至116頁，以及第165頁「美國管理忘了最重要的一點，那就是管理本身」，引述霍見芳浩（Yoshi Tsurumi，全名Yoshihiko Tsurumi）與羅伯特・考斯（Robert M. Kaus）合撰的文章。〕

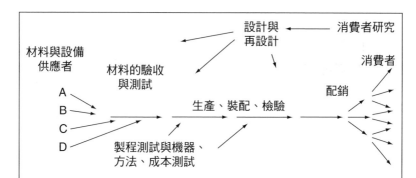

【圖1b：將生產全程視為系統】品質改善包含整個生產線，從進料到交貨給顧客，與為未來產品與服務的再設計。本圖首次使用是在1950年8月，於日本旅遊勝地箱根（Hakone）的山飯店（Hotel de Yama）舉辦的高階主管會議上。如果服務型組織應用此圖，來源A、B、C等，可能是數據來源，或從前站進來的工作，像是收款（如百貨公司）、帳單計算、存／提款、存貨進出、謄寫、送貨單等。

改善品質的流程圖

空談品質沒有用，必須付諸行動才行。**圖1b**提供行動的出發點，所以材料及機器設備從圖的左方進入工廠。因此，我曾解釋改善進料有其必要。要與供應商建立長期忠實且互信的關係，以改善進料品質並降低成本。

消費者是生產線最重要的部分，品質應該針對既有顧客（不論是現在的或是未來）的需求為考量。

品質始於管理者的意圖（intent），而此意圖必須經由工程師及其它人員轉變成為計畫、規格、最後由生產完成。這裡所說

明的原理，與**圖1a**的連鎖反應，以及**圖1b**傳授給數百位工程師的各種品管技術，曾帶動日本工業轉型（詳見本書第18章附錄），進而開啟新經濟時代。

管理者必須了解在生產線每一個階段，他們都要擔負改善的責任，而工程師也知道自己的職責，並且學會簡單而有力的統計方法，可用它來偵測變異中是否有特殊（非機遇）原因（詳見第11章）。工程師也知道持續改善製程，是他們的首要任務（詳見第56頁第2章第5要點）。有了這些之後，品質就會立刻獲得改善，而且全體員工都會認同下述的全面品質改善目標。一開始，公司全體就認同、致力於品質改善，而這種改善是整體的，包括：

- 全公司：所有的工廠、管理者、工程師、生產線員工、供應商，以及公司裡的每一個人。
- 全國
- 全公司所有的生產及服務：像是採購、產品與服務的設計與重設計，以及設備安裝、生產、顧客研究等。

任何國家都注定要貧窮嗎？

在1950年，日本的淨值（net worth）為負數。那時候的日本就像現在一樣，缺乏石油、煤炭、鐵礦、銅礦、錳，甚至木材等天然資源。尤有甚者，當時日本以產製劣貨而眾所皆知，因價格低廉，顧客也無法要求較好的品質。日本必須出口貨物，以換回食品及設備。然而，這場戰役只能以品質取勝。因為從現在起，顧客成為生產線上最重要的一部分（詳見**圖1b**）。（譯按：戴明的生產線概念，包括最重要的顧客的了解與參與，即顧客們的需求會創造

和影響整條生產線的品質）。這對日本的最高管理者而言，是一項艱苦的挑戰。

如果說日本工商業復興足為典範，那麼，世界任何國家，只要有足夠的人才，有良好的管理，能製造那些能發揮他們的才智的產品，並能滿足市場的需求，該國一定不會貧窮。徒有豐富的天然資源，並非繁榮的必要條件。一個國家的財富，取決於這個國家的人民、管理及政府，更甚於天然資源。問題是，到哪裡尋找良好的管理人才呢？如果你想到的是把美國式管理輸出到友好國家，那將是一項錯誤。

世界上哪個國家最有待開發？

美國可以說是全球最有待開發的國家，因其大量的技術及知識，仍然儲存在那些數以百萬計的失業者身上而未能善用。即使已在各行各業中工作，不論其團隊如何，才智大多未能受到充分應用。此外，人才遭到誤用、濫用的程度也非常驚人。

政府機關的服務有待改善：對於大部分政府的服務業務，沒有什麼市場好爭取的。政府機關固然不用爭取市場，但應該經濟而有效地，依法律和規章來提供服務。政府機構應把目標放在卓越的服務上。政府服務的不斷改善，將會贏得美國大眾的讚譽，從而能保住其工作，同時又能幫助企業創造更多的工作。

案例一：由系統改善品質

我們改善品質時，會發生些什麼事呢？如果拿過去的一些經驗數字來說明，這些數字連小學生也能了解。某一工廠廠長知道有一生產線出了問題。他唯一的解釋是：在那裡工作的24個人犯下許多錯誤，而如果這些人不犯錯，就不會有問題。

我的做法是，先把過去6個星期檢驗所得的資料，逐日將不良率繪點出來，如圖2所示。

走勢圖（run chart，或譯為趨勢圖、運行圖、鏈圖、連串圖、操作紀錄圖）顯示在平均值上下有穩定的隨機變異。因此，錯誤的

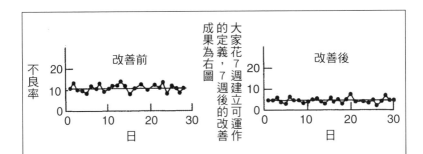

【圖2：每日的不良率改善紀錄圖】 左右兩圖顯示在建立「可以接受」與「不可以接受」的可運作的定義前後的每日不良率紀錄圖。在可運作的定義建立前的平均不良率為11％，建立後降為5％。此例謝謝大衛‧錢伯斯（David S. Chambers）的協助。（譯按：關於「可運作的定義」的討論，請參考本書第9章。圖2意指使作業員能具體判斷不良品或良品之後，作業員就有學習、改善檢驗判斷的能力。）

水準及每日的變異，都可以預測。這是什麼意思呢？這表示生產不良品的系統已穩定（詳見第11章）。所以我們必須針對系統採取行動，才能改善現狀。這是管理者的責任，其它做法像是單方面的期望、要求，甚至懇求員工把工作做得好一些，這些完全沒有用。

　　管理者究竟能做些什麼？像是此個案的顧問依據經驗判斷，知道可能有工作崗位上的員工和檢驗人員，仍然無法充分了解哪些工作合格或不合格。某經理及兩位主任終於接受顧問的此一假設，擬出產品檢驗特性的說明後，再進行改善。經過7週的努力，建立一套判定品質的可運作的定義，採用實例／實物說明合格及不合格的產品，再將其圖示並公開張貼出來，讓每個人都能看到。由於有了不良判定的新定義，不良率數據居然降至5％，如下表與圖2右方「改善後」所示。

【表】改善品質可增加生產力

改善品質可增加生產力的說明

項目	改善前 （改善前不良率 11％）	改善後 （改善後不良率 5％）
總成本（改善前後的總資源不變）	100	100
用來製造良品的資源比率	89	95
不良率	11	5

好處

- 品質提升
- 良率增加6％
- 產能上升6％
- 每個良品的單位成本降低
- 利潤增加
- 顧客更高興
- 每個人都更高興

　　這些好處在7週內就能立竿見影；不必額外花成本；同樣的工作人員，同樣的費用，也沒有投資新的設備。

　　上述為一經由系統的改善，意即改進決策定義（譯按：可運作定義為「好」「壞」「合格」「不合格」等準則可運作，然後可下判斷。）就增進生產力的例子。它由管理者推動，使得員工的工作更輕鬆，而不是更辛苦。

　　當然可能還有其它未發現的因素在內。領班可能因受到壓力，為達成他的配額，只得把不良品也收下來，從而忽視檢驗，或是因而混淆員工及檢驗員有關合格與不合格的標準。

　　下一步驟是要把5％的不良品拿掉。該如何做呢？首先，我們注意到每天的不良率〔即圖2左方「改善前」的黑點〕，仍是在新的5％平均值上下呈現穩定的變異。所以須針對整個系統採取行動，才能改善。以下是幾個有待探討的建議：

- 進料不好用
- 有些機器不能正常操作
- 對於合格與不合格的定義，可能還有些問題。

　　對每一位作業員，把他兩個星期內的成績以黑點繪製成一張不良率紀錄圖，也許是個好辦法。經過計算後，就可看出有一、兩點和其它點的位置相較之下，有超出管制界限現象（詳見第11章）。果真如此，就可測試看看他是否需要進一步的訓練，或是更換他們的工作（詳見第8章）。仔細觀察進料，看看是否是它們所造成的問題呢？再檢查看看對機器的維護保養又如何呢？生產線上共有24位員工。檢驗員隨手拿起經過她面前的一箱產品，檢查後把結果記錄下來。然後，她再攔截另一箱，繼續檢查。我問檢驗員說：「妳如何處理那些填好的單子呢？」，她回答：「我把它們堆積在這裡，等堆得太高時，再把下半疊丟掉。」

　　「能不能把上半疊的資料給我？」我問她。她很高興給了我，上半疊資料是最近6週的紀錄。**圖2**左方「改善前」就是依據這些資料繪製而成。

案例二：降低成本

這是取自納舒厄公司（Nashua）（譯按：主要產品為膠帶）總裁威廉・康韋（William E. Conway）於1981年3月在巴西里約熱內盧的講詞：

　　1980年3月，納舒厄公司在製造無碳複寫紙（carbonless paper）的品質改善及成本降低上，獲得很大的成就。

　　製程為把含有多種化學品的水基塗劑，塗布在一卷移動的紙上。如果塗劑量恰到好處，那麼顧客在幾個月後使用該產品時，仍然會覺得複寫均勻而感到滿意。整個製程是這樣的：塗布刷頭把大約3.6磅的乾燥塗劑塗布在3,000平方呎的紙上。紙卷寬度為6或8呎，以每分鐘1,100呎的直線速度轉進。技術員取紙張樣本並測試後，決定字跡的濃淡。檢驗樣本是在離開塗布機時取出，並把它放在烤爐中做老化測試，以模擬顧客的使用狀況。測試結果顯得字跡太淡或太深時，操作員便要調整塗劑的量。現場常常為了調整而停機，這已是司空見慣的事，而且所費不貲。

　　工程師們知道，塗劑的平均重量過重，然而卻不知道該降低多少，才不致塗布不足。現在正考慮要買一個新的塗布刷頭，價值約70萬美元。可是除了要花70萬購買設備之外，還有其它經濟風險，包括安裝停機的時間損失，因為要冒新機器可能沒有辦法達到現有機器塗布均勻水準等風險。

　　在1979年8月，工廠經理請求協助改善。我們發現塗布刷頭即使不做任何改變，紙上的乾燥塗劑量平均水準是3.6磅加減0.4磅，是在相當良好的能力，顯示製程是在統計管制下。

　　超出管制上下限的黑點，會顯示、暗示各種變異原因，把它們逐一消除之後，不但可以減低塗劑用量，而且仍能維持良好而均勻品質。到1980年4月，塗布機乾燥塗劑量已經改善到平均每3,000平方呎2.8磅，上下限為2.4磅到3.2磅。所

以每3,000平方呎節省0.8磅（原3.6減去改善後的2.8等於0.8），以目前的用量及成本水準來計算，相當於每年節省80萬美元。

該公司先前所做的調整措施，詳見第11章第371頁漏斗實驗結果的規則2和3。不但未能達到目的，反而增加塗布的變異。

創新以改善製程

康韋的後續故事更有趣，統計品質管制法打開了工程創新的一條路。沒有統計管制，製程就會處在不穩定的混亂中，其噪音使得改善努力都被蓋住了。達成統計的管制後，工程師及化學師就變得很能創新及很富創意。現在他們已經能夠鑑定製程的問題及原因，於是他們再進而改良塗劑的化學物質，並且知道如何節省用量。乾燥劑每少用0.1磅，一年就可節省10萬美元。

工程師也改善了塗布刷頭，使得塗布量更為均勻。製程統計管制的做法，始終使塗劑量維持在只降不升的水準，同時變異也愈來愈小。

低品質意謂高成本

有一家工廠為了大量不良品而困擾不已，我問經理說：「你用了多少人在生產線上，專門負責擔任前一作業不良品的重做工作呢？」他在黑板記下那地方有3位，另一處有4位等，合計有21％的人力。

產品缺點並不是不要花錢的。有些人即使製造了缺點，公司

照樣要付薪資給他們。如果矯正一個缺點的成本和新做一個缺點的成本一樣，則有42％的薪資是用在製造不良品和修理它們上。

經理一旦看到問題這麼嚴重，並了解到他竟付錢製造缺點與改正缺點，他就會想出辦法來改善製程，並且幫助作業員了解新的作業方法。兩個月之後，重做的成本急遽下降。

下一個步驟：用一個持續的改善計畫，進一步降低不良品百分比。做不好而重做的成本，只不過是低劣品質的一部分而已。低劣品質會帶來另一低劣品質，使得整個生產線的生產力降低。如此，一些錯誤的產品也就因而出了廠，而到達顧客手中。一位拿到不良品而不高興的顧客，就把這件事告訴了他的朋友。這種乘數效果所帶來的，是一個無法計算的損失金額。相反地，一個滿意的顧客將會帶來大量的業務。（詳見第3章第138頁「5.只根據看得見的數字來經營公司」）

根據阿曼德‧費根鮑姆（Armand Vallin Feigenbaum）估計，美國產品中大約有15至40％的製造成本是浪費，包括人力的浪費，機器時間的浪費及伴隨而來沒有生產性的間接費用（注3）。難怪美國製產品在國內或國外，都很難賣出去。

我曾接過一家鐵路事業的顧問案子。研究結果顯示：某大型修理工廠中的技工，大約有75％的時間是在等候零件。

讀者不妨試著估計下述做法的代價：目前美國最普通的做法是最低價決標，根本抹殺工作品質（詳見第2章第38頁第4要點與第86頁第12要點）。他會覺得，其實費根鮑姆博士所估計的百分比，可能較樂觀，實際上的成本遠比他估計的多很多才對。

就以搬運所造成的損失而言，單是在工廠裡面，在許多地

方就很驚人，差不多占製造成本的5～8％。何況在運輸過程中，物品又會遇到損失。最後，到了零售業的貨架上，也會有搬運損失。雜貨店的搬運損失，包括在月台上的損害，以及從月台到貨架途中，或在貨架上由好奇的顧客翻來翻去所造成的破損等。

更新機器設備並不是答案

由上面所提的例子可知，有效地使用現有設備，也會達到改善品質及生產力的目標。

我們從在報章雜誌上的很多評論文章及讀者來函中，知道許多人把美國生產力的落後，歸咎於未能採用新的機器設備及最新的自動化設備（例如機器人）這樣的建議，讀起來頗為有趣，而更有趣的是那些寫給不懂得生產問題的人閱讀的文章。下面這段文章，是由一位任職在某大製造公司的朋友提供，以此為例說明：

> 整個計畫（設計及安裝一套新機器）帶來一些不愉快的經驗。這些奇妙的機器，在測試時，性能很好，充分發揮應有的功能。但是放到我們廠裡，由我們的人操作時，就不管用了。不是這裡有毛病，就是那裡出了問題。整體成本不但沒有降低，反而上升。公司內沒有一個人曾事先評估過，機械可能會發生的故障及相關的維護保養。結果，我們總是因為沒有足夠的零件或根本沒有零件，而且又沒有準備另一條生產線備用而被迫停工。

「在工廠及辦公室中安裝自動化記錄設備」也不是答案。成

千上萬的人參觀自動化設備展覽，以便尋得簡單的方法改善生產力，他們把希望寄託在機器等硬體上。某些設備確實能提高生產力，值回投資的成本，然而此等新機器、新設備和新的主意的整體效果，與後文介紹管理者提高生產力的革新相較，自動化的效果猶如小巫之見大巫（詳見第2和3章）。

如果我是銀行家，我絕不會把錢借給公司購買新設備，除非這家公司用統計數字證明，他們已將現有設備發揮到合理的產能水準，並且公司是遵從第2章管理十四要點經營，同時該公司也沒有第3章所說的管理惡疾與障礙。

服務業的品質改善

品質改善的應用，不僅止於產品製造或食品製造（現代統計理論發源於農業研究），還可伸展到各服務業，例如旅館、飯店、貨運、客運、批發零售業、醫療院所、養老院，甚至美國郵政等。

事實上，品質及生產力改善最成功的例子，是美國人口調查局（United States Census Bureau）。該局的改善並不只是在每隔10年做一次的人口普查，以及每月、每季的人口及工商調查而已，《勞工人力月報》（*Monthly Report on the Labor Force*）便是個好例子。

第7章中會談到服務業的幾個改善實務。其中由威廉・拉茲科（William J. Latzko）所寫的一節，闡述在銀行中降低錯誤的一些方法及其成果。約翰・赫德（John F. Hird）所寫的一節，描述美國最重要的一項服務業：改善電力的採購、發電和配電。一家美國大型電力公司在他的指導下，成本大為降低，也改善服務

水準，並且獲得可觀的利潤。上至高階管理者，下至生產線上的員工以及卡車司機，大家的工作並沒有更辛苦，而是更輕鬆愉快地工作。〔詳見第7章「某家電力公司個案」，並參考本書第7章威廉‧亨特（William G. Hunter）的「市政服務的改善」〕。

從1950年以來，日本的服務業在改善生產力方面，已相當活躍。例如日本國鐵（JR）、日本電報電話會社（NTT）、日本菸草公賣局〔Tobacco Monopoly of Japan，現為日本菸草公司（JT，Japan Tobacco）〕、郵局等單位，都大力提升其服務品質。

不少服務業者曾獲得日本戴明獎，例如竹中工務店（Takenaka Komuten），是一家建築營造公司，於1979年贏得戴明獎。他們研究辦公室、醫院、工廠、旅館、火車、地下鐵等使用者的需求，以電腦繪圖降低重畫工程圖的成本，並在土壤、岩石地層移動與相關機器設備方面的研究，不斷地改善施工方法。另一個建築及營建公司鹿島建設（Kajima Corporation），於1982年獲獎，清水建設（Shimizu Construction）於1983年獲獎。此外，關西電力（KEPCO，Kansai Electric Power Co.）在1984年贏得戴明獎，其業務為供應大阪、名古屋與日本中部地區的用電。

衡量生產力並不會改善生產力

在美國，每天都有生產力研討會議，甚至一天之內有多處舉辦。事實上，美國設有永久的生產力會議，而現在更有美國總統領導的生產力委員會。這些會議的目的，在於建立生產力的衡量方法。衡量生產力對逐年有意義地比較美國本土或各國間的生產

力都很重要。然而，光是知道美國生產力數字，並不能幫助它有所改善。**衡量生產力，就好像意外事故的統計一樣，只告訴我們意外事故發生在家裡、馬路上或工作場合的發生件數，卻不曾告訴我們如何降低事故發生次數。**

令人驚訝的是，品質保證在許多地方，只是意味著它能告訴我們某種產品上個月有幾個不良品，並做月間與年度間的比較而已。這些數字，充其量只是告訴管理者事情進行得如何，並沒有指出改善途徑。

1982年1月，在美國亞特蘭大（Atlanta）舉行的銀行管理協會（Bank Administration Institute）演講中，有人建議每家銀行設立生產力辦公室專司衡量生產力。美國大約有14,000家銀行。這位演講者的計畫是要創造14,000個職位。不幸地，衡量生產力並無法改善生產力。

另一方面，有系統地研究生產力，以確知某一活動是否與該組織的目標一致，以及它所花的費用有多少，對管理者來說是很有幫助的。以下節錄馬文‧孟代爾 所著的《服務業與政府機構生產力的衡量與加強》（*Measuring and Enhancing the Productivity of Service and Government Organization*）書中的文章〔譯按：1975年亞洲生產力組織（APO，Asian Productivity Organization）出版，第3至4頁。APO成立於1961年，為政府間國際組織，總部設在日本東京，旨在透過推動各會員國提升國家生產力活動，強化彼此間的相關交流合作，以促進亞太地區社會與經濟的整體發展。〕：

在考慮產出時，必須不考慮它們所要達成的目標。

　　讓我們先分析一些實例，以明白其來龍去脈。美國發明家托馬斯‧愛迪生（Thomas A. Edison）曾經倡議設計一個表決機，以改善美國國會的投票程序。他向眾議院議長及參議院主席說明他的作品。運作方式是這樣的：每一位眾議員及參議員的椅子扶手上，設有紅（不贊成）、綠（贊成）、白色（棄權）三個按鈕。愛迪生說，當投票開始時，每個人只要依規定按下按鈕，那麼每一位的得票數及總票數都會立即顯示。愛迪生很驕傲地向眾院發言人及參院主席保證，他的發明既可以消除點名唱票的錯誤，並節省點名時間等。

　　眾院發言人及參院主席打斷了愛迪生的興致，告訴他這種表決系統根本不合需要，它不但無法改善眾院及參院的作業，而且會完全攪亂美國國會的工作秩序。愛迪生所認為的改善，在國會中全然不是那麼一回事。因為拖延時間點名唱票，這是美國國會作業程序中特意安排的一部分。愛迪生的快速表決機，不符合國會的主旨。

　　另外有一個私人企業的例子。某大型造船廠想要改善負責下水典禮規畫暨執行小組的績效。然而，一開始的改善工作，卻僅著眼於寄發請帖等方面的設備改善等。但是，最後有人提出質疑，說問題可能發生在有關典禮本身（產出）及其目的（目標）之間混淆不清所致。

　　典禮小組的目的，在於改善公司與供應商及當地政府官員之間的公共關係，而典禮本身（產出）確實達到這個目的。可是，當典禮舉辦的次數從一年一次增到一個月一次時，這種典禮就令人厭煩，甚至變成一種負擔，再也達不到

改善公共關係的目的。

　　改善後的典禮的重點，並不在於規畫與執行方法的改
善，而是在於典禮的方式。邀請的對象只包括少數的有關人
員；船東、船東的來賓以及公司的典禮主持人。經此澄清之
後，典禮小組的工作頓時減少，有20位員工調往他處，其它
額外的節省也相當可觀。例如安排座位的人力減少，以及典
禮時間縮短，使造船台的利用率增加等，而最重要的成果則
是公共關係獲得改善。

第1章注

注1：參考下文中津田義和博士（Dr. Yoshikasu Tsuda）給作者的信。

注2：感謝日本科學技術聯盟（JUSE，Union of Japanese Science and
　　　Engineering）的創始會員們，提供他們成立初期的奮鬥史，尤其
　　　是西堀榮三郎博士（Dr. Eizaburo Nishibori或Dr. E. E. Nishibori，
　　　1903～1989）。我從1950年起就持續與日本高階管理者共事，這
　　　段經歷提供進一步的歷史資料。

注3：參考阿曼德・費根鮑姆（Armand V. Feigenbaum）所著《品質
　　　與生產力，以及生產力進化》（*Quality and Productivity, Quality
　　　Progress*），1977年11月。〔譯按：也可參考費根堡的《全面品質
　　　管理》（*Total Quality Control*，1983年McGraw Hill首印；1991年
　　　機械工業出版社出版簡體中文版）〕

譯按：日本戴明獎（Deming Prize）是日本科學技術聯盟為感謝戴明博
士的友情與貢獻，於1951年創設。此獎每年頒發包括傑出個人貢獻獎；
以獎勵對統計方法理論研究及應用實務有成者。另有應用獎每年頒發給

品質管理有成的公司，也包括中小企業在內。戴明獎成為世界公認最有權威的品質獎，許多國家的品質獎都仿效它。

第2章 西方管理方式轉型的原則：管理十四要點

> 沒有耐性的人是多麼可憐！
> ──莎士比亞《奧賽羅》（*Othello*）第2幕第3場，伊阿古（Iago）對羅德利哥
> （Roderigo）說。

目的與導言

本章目的

西方的管理方式必須有所改變，以遏阻西方工業日趨衰落，並進而力爭上游。本章和第3章目的，都在闡明為了進行這種轉型所需採取的措施。面對危機、立即覺醒進而行動，這些都是管理者的職責。

本章和第3章也提供一些衡量管理者績效的準則。使公司裡每個人都有回答問題的依據：「我們的管理者做得如何？」工會領導者或許會有同樣的問題，用同樣的準則來評斷管理者。

這種轉型只能由人達成，而不是硬體（電腦、儀器、自動化與

新機器），公司不能把品質買進來。

盡力而為仍不夠

當我在公司的會議中提問：「如何改善品質與生產力？」時，一位公司主管回答：「各盡所能。」（其實是錯誤的）

各盡所能很重要，但不幸的是，沒有指導原則，人人卻用不同的方法盡其所能，不知道要做什麼，將會造成很大的混亂而且損失重大。

努力的方向必須一致

如果方向不一，即使人人都知道要做什麼也都盡其所能，但結果將造成知識與心力的分散、浪費，達不到最佳成果。團隊合作與優秀領導者，是把知識集中、力量一致的不二法門。

目前的管理理論

目前已有一個改善品質、生產力及競爭地位的管理理論，現在再也沒有人會說：管理學在這方面沒有什麼可教的。當今商學院學生已有一套標準，可用來判斷那些為他們所開的課程，到底是否針對今日的企業問題，或是已經過時了？「過時」不用事先規畫：它自然就會找上你來。

單靠經驗但缺乏理論，無法教導管理者做些什麼以及如何做，以改善品質及競爭地位。如果單靠經驗就能教給我們什麼，我們目前為什麼還處於這種困境呢？經驗能解決一個提問，但提問卻來自理論。我所說的「理論」並不需要很周延，或許只是一

種靈感，或是對一些原則的陳述，到後來可能會變成錯誤的猜想。

　　管理者很嚴肅地面對以下的問題時，將會體認到需要有一個完整的總體計畫。（注1）

　　1.你希望貴公司5年後會發展到什麼境界？

　　2.你如何達到這個目標？用什麼方法？

　　以上需要的是持續不斷地參與。〔威廉・戈洛姆斯基（William A. Golomski）提供〕

　　「希望」如果沒有方法達成，它不過只是「希望」而已。〔勞埃德・納爾遜（Lloyd S. Nelson）所說，見下節〕。本章所要討論的管理十四要點，以及第3章所談的如何去除管理惡疾與障礙，就是達成希望的方法之一。

　　勞埃德・納爾遜的指導〔納爾遜博士任職納舒厄公司（Nashua），職位是統計方法處主任。〕

　　1.管理的各方面包括計畫、採購、製造、研究、銷售、人事、會計、法律，其中心問題在於進一步了解變異（variation）的意義，並從變異中得到有用的訊息。

　　2.如果你沒有一套合理的計畫，能在明年改善生產力、銷售或其它業務成長5％，你為什麼不在去年就做到呢？

　　3.對任何機構的管理者而言，最重要的數字都是未知的、而且是無法知道的（詳見第3章）。

　　4.在統計管制的狀態下，針對缺點所採取的行動，往往是無

效的,而且會帶來更多的困擾。所需要的是減少變異或改變水準,或兩者同時進行,以達到製程的改善。研究產品及其上游的變異來源,這對改善會有相當大的幫助。(第399至400頁)

讀者會發現,本書幾乎每頁都應用納爾遜博士的看法。

短期利潤並不是管理能力的指標

短期利潤並不是一個可靠的管理績效的指標。要支付股息,每個人都可藉由延後維護工作,刪除研究發展預算,或購併其它公司來達成。

股利及帳面上的利潤,是一般用來評判財務經理及公司主管的準繩,它們對於人們的物質生活毫無實質貢獻,對於公司或美國工業的競爭地位也毫無幫助。帳面上的利潤不能用來製造出生活的必需品,改善品質與生產力卻能做到讓一般人過更好的物質生活。

依靠股息過日子的人所應該關心的,不只是今天所分到的股息多寡,還要考慮到3或5年後甚至10年之後,會不會還有股息可領。管理者有保護投資者的義務。

最高管理者的支持並不足夠

僅由最高管理者承諾一輩子致力於改善品質與生產力,這還不夠。他們必須知道所承諾的是什麼,也就是他們必須做些什麼。這些義務無法向下授權,光是支持還是不夠,行動才是所需要的。

「如果你不能來（參觀），就不要派任何人來。」

這是納舒厄公司總裁兼執行長威廉・康韋（William E. Conway）回信給某公司副總裁的內容，後者想參訪納舒厄公司。

言下之意，康韋告訴這位副總裁說，如果你沒有時間做你該做的分內事，那我能幫得上忙的也不會太多。

舉行一次典禮、請州長來演講、揮揮旗幟、敲敲小鼓、發些徽章，可以獲得掌聲；不過，這樣的品管活動只不過是一種幻象與陷阱。

當心犯錯

大家以為品質與生產力的提升，可以經由對員工施壓或安裝儀器、新機器等就可達到。有些書籍會告訴你「激勵員工以最快的速度工作」。其實這就像不斷地鞭打馬匹，要牠們跑得更快一樣，充其量只能持續一小段時間而已。

美國參議院的一個委員會寄一封信給好幾家公司，信中強調品質與生產力的重要性，並宣布舉辦一次競賽，依照下列依據為參加競賽的公司評分：

・機器設備
・自動化與機器人
・資訊充分與否
・利潤分享與其它獎勵制度
・訓練

．工作豐富化

．品管圈（QC-Circles）

．電腦文字處理

．員工提案制度

．零缺點

．目標管理

事實比科幻小說更奇怪（Truth is stranger than fiction）。我們是否有權利期望某個委員會做得比這更好？但是他們只能說是「想盡力去做」罷了。

我從未聽過一台文書處理器能夠替人想出妙點子，它也不能夠讓關係代名詞指示的性別、單複數與其先行詞一致的。

有一部影片，其目的在威嚇員工並逼出潛力。它並向員工指出：如果不良品流到了顧客的手裡，其後果又會如何。正如本書第1章所述的，每位員工都知道後果會如何，但由於受到制度的限制，他們得不到幫助，做出不良的品質是不得已的。

到處巡迴、走動式管理法（MBWA，management by walking around）是我從勞埃德・納爾遜（Lloyd S. Nelson）學到的名詞，幾乎很難有什麼效果。原因是管理者雖然到處走動，卻不知道要問些什麼問題，通常也不會在某地點停留足夠時間，以讓他深思熟慮求得正確答案。

管理十四要點精要

管理十四要點起源

　　這套管理十四要點是美國產業轉型的基石，只是解決（大的或小的）問題，是遠遠不夠的。決心採取此管理十四要點並付諸行動，才足以說明管理者試圖永續經營及保護投資者與工作機會。這是自1950年以來，日本高階管理者獲取他們如何轉危為安的基礎（參考第1至7頁及第18章）。

　　管理十四要點可應用到任何地方，不論公司規模是大型或小型的，不論是屬於服務業或製造業，都可應用它，也適用於公司內部的事業部門（參考第1至7頁及第18章）。

　　第1要點：改善產品與服務要有持續不變的目的目標，使企業有競爭力、持續營業，並提供就業機會。

　　第2要點：採用新哲學。我們處在一個新經濟時代。西方的管理者必須覺醒面對挑戰，了解自己的責任並領導大家變革。

　　第3要點：停止靠檢驗來達成品質。在一開始就將產品做好，消除大量的檢驗的需要。

　　第4要點：廢除以最低價決標（專案）的制度，取而代之的是，改採每項物料採單一供應商方式，將總成本降至最低；彼此之間建立忠實與信賴的長期關係。

　　第5要點：持續改善生產與服務系統，以提升品質與生產力，如此成本也因會持續降低。

　　第6要點：建立在職訓練制度。

第7要點：建立領導體制（參考第12要點和第8章）。督導的目標是在幫助員工，使其工作得更好，讓機器設備更有效率的使用。管理的督導與生產員工的督導，都需要重新檢修。

第8要點：掃除恐懼，使人人都能有效地為公司工作（參考第3章）。

第9要點：破除部門與部門之間的障礙。研究發展、設計、銷售與生產人員必須團隊合作，並預見產品及使用服務可能碰到的潛在問題。

第10要點：消除那些要求員工做到零缺點及高生產力水準的標語、訓示及活動的目標。這些東西只會造成反效果，因為造成低品質生產力的許多原因都屬於系統的問題，而非工人所能控制的。

第11a要點：廢除工作現場的工作標準量，要以領導來代替。

第11b要點：廢除目標管理、數字管理或設定數字目標，要以領導取代。

第12a要點：排除那些不能讓工人以技術為榮的障礙。管理者的職責，應從僅重視數量改為重視品質。

第12b要點：排除那些不能讓管理者及工程師以技術為榮的障礙。這也就是說，年度考績制、依照績效敘薪制及目標管理制等都必須取消（參考第3章）。

第13要點：建立一個有活力的教育與自我改善的機制。

第14要點：讓公司每個人都致力於轉型，這種轉型是每一個人的工作。

詳細解說管理十四要點

第1要點：建立不變的經營目的以改善產品與服務

公司如果希望事業永續經營，就必須同時面對今日與明日的問題。「今日的問題」包括產品品質的維持，產量的控制（勿使其超出近期銷售量過多），以及預算、雇用、利潤、銷售、公共關係、預測等。我們很容易就陷於今日盤根錯節的問題中，尤其是今日諸如辦公室自動化設備的購置，效率愈來愈高，我們反而會更深陷其中。

「明日的問題」中，創造一個永恆不變的目的是最具關鍵性的。致力於改善公司的競爭地位，公司才能長存，員工也不致失業。你還要知道董事會的大員及總裁是否急功近利，或努力建立能長遠經營的目的？因為下一季的分紅不會比公司在今後10年、20年，或30年能夠永續經營來得重要？創造永恆不變的目的，意味著必須履行下列各項義務：

a.創新：必須注意到長程計畫的資源分配。有關未來的計畫必須考慮下列各點：

・新產品及服務必須能夠使人類物質生活過得更好，並具市場潛力。

・未來所需的新材料（成本合理）。

・生產方法與生產設備可能的改變。

・未來將需要的新技術，數量有多少？

・人員的訓練與再訓練。

‧督導人員訓練。

‧生產成本。

‧行銷成本、服務計畫,以及服務成本。

‧產品或服務在使用者手中的表現。

‧使用者的滿意程度。

對創新的一項要求就是相信未來的信心。創新,是公司前途的基礎,除非高階管理者承諾要以不可動搖的決心改善品質與生產力,否則創新是不可能的。這項政策必須受到尊重而制度化,否則中階管理者及公司員工將懷疑他們的努力是否有成果。

b.將資源投入研究與教育。

c.經常改善產品與服務的設計:這是一項永無止境的義務,因為消費者是生產線上最重要的部分。

認為有效率的生產與服務一定能使公司持續營運,並在競爭上領先群倫,這是錯誤的。事實上,製造錯誤的產品或提供不當的服務,往往很容易使公司走下坡而結束營業。即使每個人都全心工作,或應用統計及其它方法促進生產力也沒用。

你的顧客、供應商、員工,都需要你明確地支持永恆不變的目標,像是立志永續經營公司,提供具有市場的產品與服務,使人們過更好的生活。

　　高階管理者必須昭告全體員工：「對於品質及生產力有所貢獻的人，都不會失去工作。」

第2要點：採用新哲學

　　我們正處於一個新經濟時代（它由日本所開創）；美國式的管理正受到各種致命惡疾的困擾（參考第3章）。美國政府的法令規章及反托拉斯活動，成為美國產業競爭地位的絆腳石，必須予以修改，以促進美國人民的福祉。我們無法再忍受下列一般人視為理所當然的水準：錯誤、瑕疵、不適用的材料、受損品的處理、工作人員不知道工作內容又羞於發問、過時不當的在職訓練、督導不足又無效、管理者不以公司為本、管理者常跳槽、公車或火車誤點，甚至因司機不來而取消班車。髒亂或惡意的破壞都會提高生活的成本，正如任何心理學家都會對此提出警訊的，最後導致工作懶散，對生活不滿和對工作場所不滿。

　　1950到1968年間，美國產品把持國內外市場，世界上每個地方的人都以買美國貨為榮，因此美式管理橫行無阻，沒有遭遇任何挑戰。到了1968年，來自競爭的威脅已不容忽視。在日本發生的有成效的管理，並沒有在美國發生。美國人仍然認為：「我們一直都做得很對。」結論並不必然如此。

　　等額貨幣所能購買的貨物與服務愈少，生活成本就愈高。各種延遲與錯誤會讓成本增加，因為預期會有延遲與錯誤產生的備案大幅增加成本。一個單一計畫如果可行，經濟活動的效果會很明顯。舉例來說，我草擬的日本行程表如下：

17：25 離開多久市（Taku，位於佐賀縣）

19：23 到達博多市（Hakata）並換車

19：24 離開博多市（往大阪，時速210公里）

只有1分鐘來換班車嗎？你並不需要整整1分鐘，還有30秒空檔，所以不需另擬備案。

我有一個朋友鮑勃・金（Bob King）是麻州大勞倫斯區企業成長機會聯盟（GOAL，Growth Opportunity Alliance of Greater Lawrence, Mass.）的主席。1983年11月在日本時，接獲一項通知，說明怎樣搭乘火車到要參訪的公司：

09：03 搭上火車，不管其它 08:58 和 09:01 的火車

09：57 下車

我們不需要進一步的指示。

下段摘錄自一封私人信件，說明服務業的浪費是怎樣造成的。修正帳單中的錯誤、置換有瑕疵的筆記本等額外的工作，恐怕早已把利潤一掃而空，同時也讓該文具商在下次訂購時決定換供應商。

我向一家書店訂購一箱環式活頁筆記簿（24本）。結果只送來12本。經我抱怨之後，該書店再補送12本。我一本一本檢查，發現其中有一本無法合攏，根本不能用。照理說，

我一次購買24本，應享有折扣。可是書店依然全額索價。當我提及此事時，他們的解釋是處理訂單的小姐是新來的。

一位啤酒製造商對我說，他的空罐供應沒有問題，因為供應商可免費更換任何有問題的罐子。他忘了罐子有瑕疵，他還是得付錢，也必須負擔停工生產、更換罐子的成本，更忘了顧客還必須為此付帳。

某家美國大型化學公司在辦公室和廠房設下層層嚴密監控之後，還有人發現通過檢驗時，警衛給的通行證上名字寫錯了，日期也錯誤（其餘還好）。

變革是當務之急；要採取本章所提的管理十四要點及去除第3章中所描述的管理惡疾與障礙。

第3要點：不再倚賴大量檢驗

採用100% 檢驗例行做法來改善品質，等於是原本就計畫生產不良品，承認製程沒有能力達到規格要求。

經由檢驗再來改善品質，往往是太遲、無效，而且浪費錢。當產品　出供應商大門，再做任何有關品質的事情，都已太遲。品質並非由檢驗而來，而是由改善生產製程獲得。檢驗、報廢、降級及重加工，都不是製程上的正確措施。

重新加工會增加成本。再說也沒有人喜歡做修理的工作。一大堆放在一邊等待重做的物品，不但會愈積愈多，在下游製程亟需零件的狀況下，往往被奪取，未加修理就拿去使用。

我們必須注意某些例外。例如在某些狀況下，錯誤與完全失敗

是不能免，但又不可容忍的。例如複雜的積體電路製造過程就是一例，把良品與不良品分開，是唯一的解決之道。銀行或保險公司裡的計算作業與文書作業也是另一例。對這種產業而言，重要的是要在正確的地方採用總成本最低的檢驗。（參考第15章的討論）

a.檢驗不能改善品質，也不能保證品質。靠檢驗發現錯誤，已是太遲了。品質無論好壞，都已經在產品裡了。正如哈羅德・道奇（Harold F. Dodge）所說：「你無法經由檢驗把品質注入產品中。」

b.大量檢驗往往都是不可靠、花成本、無效的，它無法徹底地將好產品與壞產品分開來。

c.在檢驗員的工作未達統計管制之前，彼此之間的判斷不能互相一致。他們自己都無法前後一致。檢驗儀器，不論是便宜的或昂貴的，都需要維護與研究（參考第8章、第11章和第15章的例子）。例行的檢驗由於工作性質枯燥乏味，而變得容易出錯。看到自己的不良品數字時，作業員便會解釋是檢驗儀器不可靠。自動檢驗與記錄必須經常警戒、檢視。

d.與上述對照的是用於管制圖以達到或維持統計管制狀態的小樣本檢驗，足以成為一項專業工作。供應商與顧客的檢驗人員要花時間來比較他們的儀器與試驗，以學習採用同一種語言。

大家一遇到品質問題時的共同反應就是，再增加4位檢驗員，但這只會帶來更多麻煩。

檢驗員：

我們來看看增加檢驗員之後，每個人都仰賴別人的結果。某

一重要零件要由5位檢驗員檢驗，每位都要簽字才算通過。做為檢驗員，他們會怎樣做？假如是第1位，會檢驗這項零件並在紀錄上簽字。假如不是第1位，則會假想第1位檢驗員已完成檢驗並簽核，沒有仔細檢驗就跟著簽了字。

　　200%的檢驗往往比100%的檢驗更不可靠。理由很簡單，每個檢驗員都想仰仗別人。說到底，分擔責任就意味著沒人要負責。（比較第8章第299頁「超高品質的檢驗管理」。）

　　我的朋友大衛‧錢伯斯告訴我，有一家印刷公司的印刷品都要校對11遍。你猜他們的經理為什麼還來向錢伯斯先生求助呢？你猜對了：因為校對了這麼多遍，客戶還是發現錯誤，向他抱怨。這11位校對員都沒做好工作，他們每一個人都依賴別人。

錯誤方法：

某州的公家機關要為每一部汽車編籍列冊。該部門主管描述他們常犯的錯誤為：車主的姓名拼錯、地址錯誤、車牌序號錯誤、車型錯誤及其它錯誤等。編籍錯誤的車子不多，可是代價相當高。主管估計，會送回來更正錯誤的，只有七分之一。然而更正這些錯誤的成本，每年要花掉州政府一百多萬美元。

該主管得知，如果花1萬美元買一套軟體，便能夠在打字時立即找到資料名稱不一致的地方，可立即作必要的改正。她樂觀地以為只要花這筆錢，就可以一次清除錯誤，從此每年可省下100萬美元。

在我看來，更好的方法是改善表格，讓它更清楚易讀。同時訓練打字員了解錯誤是怎樣造成，後果會如何。直到這些打字員都覺得沒有必要買這套軟體時，才把它買進來，同時不斷地改善它。如此才是明智的投資，產出足以自豪的品質。

另外一例

問：誰負責零組件和材料的進料的品質？

答：應是公司的品管部門。檢驗進料並確保本公司的出廠的產品沒有缺點，是他們的工作。

這方式是錯的。

第3章會進一步說明，例行地依賴檢驗的種種缺失。

短評：事實上，有時候為了達到最低總成本，有必要對某些項目做100％的檢驗。（參考第15章）

再者，在良率低的時候（例如在積體電路完成品上），可能需要做100％的製程檢驗。

第4要點：不再以低價為採購的單一考量

我們不應讓品質、服務與價格，由單位價格的競爭力所決定。在今天要求一致性和可靠性的時代裡，這種做法是不對的。（注2）

無法衡量購入產品或服務的品質，價格再低也沒有意義。（注3）如果缺乏適當的品質衡量尺度，業務就以最低價決標，結果必然是降低品質、提高成本。美國產業界、政府、公部門與

軍事機構，都因為將業務以最低價決標這一規則而深受其害。

採購工具及其它設備時，都應以「盡可能降低使用期限內每小時（或每年）的淨成本」為目標。不過這要有長期的考量，而不能以現在採購時的價碼為準。與每項工具的重要相關資料，例如購入成本、維護費用及使用壽命等，即使分散在各處，也要想辦法蒐集並彙總。這些資料如何自動整合起來為當前所使用，這是目前重要的課題。

直到今日，採購人員的工作，仍是要注意更低的價格，想要尋求能夠提供最低價格的新供應商，其它的物料供應商就必須跟進這個價格要求。

這不是採購人員的錯，20年來都是這樣，不能怪他。該負責任的是管理者，因為他們一直以這個過時的原則奉為圭臬。

這種一味壓低採購價格，不顧品質與服務的做法，將會把好的供應商與服務逼出產業外，甚或破產。

訂下規則將業務以最低價得標的人，受騙也是活該。

市政交通管理單位往往就是這錯誤法規下的犧牲者，他們因為必須把工程發包給提出最低價的競標者，而引賊入室、後患無窮。在美國，由於都市大眾捷運管理單位要求採用最低價得標，捷運系統被迫採取此採購政策。

美國發生過幾個大眾捷運因採最低價得標政策，導致設備頻頻出錯的惡例，這可能造成美國的捷運發展落後一個世代。

據我所知，美國政府有時也會把人口統計、社會科學與自然科學的研究發展，以最低價得標。

我們甚至也可看到，想以最低價格請人教授管制圖課程的廣

告。任何人引進這種教學，活該受騙。

以下是某政府委託的承包商為尋求專業協助，以最低價決標實例：

> 我們為舉辦督導人員的品質管制教學課程及學習評估，這項課程將以最低價格為依據發包出去。

里維埃學院（Rivier College）的校長珍妮・佩羅修女（Sister Jeanne Perreault）不斷告訴我，她的總務經理所說的話：「以最低價格買進設備或發包建築工程的做法，我們無法承擔後果，所以我們必須小心謹慎。」

採購經理的新工作

經濟學家告訴世人：「市場競爭使每個人的交易都是最佳的」；在往日的環境裡，這是對的。那個時候，從麵包店、裁縫師到乳酪商都有各自的顧客。在那種情況下，要做個精明的採購者是相當容易的。

可是今天就不同了，讀價格標籤很容易，可是要懂得品質卻需要教育。

採購部門必須改變注意力，由追求「最低的物料購入成本」，轉移到「總成本最低」的物料。這需要採購觀念的教育。同時也要知道，我們無法從進料規格知道該物品性能的全貌。在生產過程中，材料會遭遇到什麼問題呢？（比較第3章第158頁「只需符合規格即可的假說」）

　　另外，材料與零組件個別的品質都很好，可是在生產線上
或裝配在一起之後，卻不甚理想。所以物料必須取樣追蹤，觀察
在整個製程中它如何被組合成複雜的配件、過程如何、最後又如
何送到客戶手中。波士頓某大樓用的玻璃沒問題，鋼框也符合規
格，可是兩者裝配起來之後卻不行了。結果玻璃會由鋼框中並蹦
出來掉到地上。（譯按：這是實例，該大樓的設計師是我們耳熟能詳
的。）

　　一個負責物料採購的人參加研討會時宣稱，他在採購上沒有
問題，因為他只接受完美的物料。（我笑著自言自語：「這方式萬
無一失。」）隔天，在他的工廠裡，一位主管拿著兩個同樣的零
件給我看，是不同供應商製造的。同樣的料號，都做得很漂亮，
也都符合規格。可是使用起來，一個沒有問題，另一個卻導致產
品得花錢重做，造成工廠相當大的損失。

　　如何解釋這種差異呢？兩位供應商中，一位了解他的產品如
何被別人使用，而另一個卻不知道（他只曉得要符合規格的要求）。

　　這類難題往往會使人想找理由自我安慰：

　　　　這種問題我們已司空見慣。

　　　　　　　　或
　　　　對手也有同樣的問題。

　　沒有競爭對手的人又會怎樣說呢？

　　某大電話公司的工廠廠長感歎地說，他大部分的時間都花在
保護他的優良供應商。他碰到如下典型的問題：他的供應商好幾

年來沒送過一個瑕疵品給他，而且價格公正。現在公司的採購部門卻建議將這項業務交給某新供應商，只因為對方報價比較低，這些零件是裝配在自動發電裝置上的，公司可能要花好幾千元美元挖路，替換埋在地下有瑕疵的自動發電裝置。這位亟欲保護公司整體利益的廠長，必須花很多時間來爭取，以保住了解他工作內容的供應商。

維持單一貨源與長期關係的好處

採購者與供應者之間的長期關係是達到最佳經濟利益所必須的。當一家供應商只能與客戶維持短暫的業務關係時，怎能在製程上有任何創新而達到經濟效益呢？

在生產作業上，這種長期關係也很有用。因為即使兩家供應商都送來同樣優異的物料，其間仍然會有差異。任何從事生產的人都知道，改變物料供應商會造成時間上的損失。這種時間損失可能只有15分鐘，可能是8小時，也可能是幾個星期。正如某位工人所說的：「兩家零件都很優異，可是規格不同。」另外一位工人說：「兩家供應商的零件都非常好，可是只有一家符合我們的需求。」

同一家供應商不同批次間的變異，通常仍可符合製造上的要求；不同供應商各批次的變異，則會帶來很大的困擾。

以下是我在生產線上所聽到的聲音：

• 每次新到一批ST材料（從同一供應商來），成品的不良率急速上升，還有一大堆新問題必須克服。再從不同的供應商送料過來，我們可就無計可施了。」

．供應商數目減少、裝運地點減少所簡化的會計及書面
作業，也不可忽視。

．企業如果有永續經營的打算，就應該要求他的供應商
維持穩定品質，進而成為單一的供應商。

．供應商也應該努力，成為某項物品的單一供應者。

．為了保險起見尋求第二家供應商，造成一家供應商暫
時性或永久性倒閉的不幸，這政策所要付出的代價會很高。

．與單一供應商來往所需的投資與庫存比起與兩家來往
較少。〔納舒厄公司的查爾斯．克勞夫（Charles Clough）提供〕

日本的管理者在1950年領先群倫，開始實施進料檢驗，並與
每一家供應商建立長期忠實而互信的工作關係。

交期與品質的不穩，可能會使一些客戶尋求兩、三家供應
商確保供貨來源。至於供應商本身，為了取得客戶的信任，應將
生產零件的情況據實以報。我的一位管理顧問師朋友芭芭拉．庫
克利維奇（Barbara Kuklewicz）告訴我，她問過一家供應商，如
果事前通知你的客戶無法如期交貨，這是不是個好主意？供應商
說，才怪，因為客戶會不高興。問題是，當你交貨遲了，客戶還
是會不高興。既然如此，你為何不事先通知客戶，讓他有所準
備？卻偏偏讓客戶不高興兩次。

我所知道的製造商，沒有一家有足夠的知識與人力，就任何
一項物料，能有效地與一家以上的供應商來往。

我的某一客戶的採購部門，展示他們公司3年來努力減少供
應商，與他們維持長期關係的成果如下：

現在，20項物料中僅有一項有兩家或兩家以上的供應商。（1：20即二十分之一已接近最低比率，很難再降。）

一年前，這個比例是1：16。

兩年前為1：12。

三年前為1：2。

未來三或四年後才需要的重要零件中，92％ 已由供應商、設計工程師、採購、製造、銷售部門的人員所組成的小組進行開發。價格日後協商，所有的帳目都公開。每個人都為共同的目標工作，都能與本章稍後所提的「今日」相符合。

公司採用這些建議會產生深遠的影響。因為供應商不只是供應一家公司，還會供應給其它公司，他們的交貨的品質會愈來愈好，且更為經濟有效。每個人都會獲利。

通用汽車（GM，General Motors）龐蒂亞克（Pontiac）事業部採用這種買主與供應商互蒙其利的做法。我們很高興看到1983年5月6日的《華爾街日報》（*Wall Street Journal*）刊出大篇幅報導：

通用汽車與鋼鐵業者
謀求長期供料合約

作者：阿邁勒‧納格（Amal Nag，《華爾街日報》專業記者）

【底特律訊】通用汽車公司對新鋼鐵標購制度不甚滿

意，決定要與個別公司談判，以簽訂長期價格的供應合約。

去年，在一個公開要求降低成本與改善供應商效率的行動中，通用汽車規定鋼鐵業者每年投標。這家美國汽車大廠、鋼鐵業的最大客戶，希望將大部分業務給更少家的供應商，來達到規模經濟，藉由合作開發，使價格降低並節省生產成本。

為了感謝供應商合作達到降低成本，通用汽車給予供應商長期採購合約當成酬謝。

某家廠商宣稱他們遵照「一項物料只向單一供應商採購」的建議，其實供應商有6家，只是每次向其中一家下單而已。

大宗商品和服務

大宗商品與服務的採購也應該改為只向單一供應商採購。同一的大宗商品雖可用不同的價格從幾個來源購買，可是買主必須考慮到本身的庫存能力，以及是否可在合理的交貨期限內準時交貨。另外，重要的是，是否有適當的貨車、拖車搬進搬出，以及車輛的清潔狀況和維護水準。有些材料的搬運及儲存相當困難，好的大盤商就會派人協助卸貨與入庫。考量了諸如此類的問題之後，選擇單一的供應商就可以說是明智之舉。同樣的道理，應選擇單一貨運公司處理出貨事宜。

一位採購經理告訴我，採用單一運輸公司使她如釋重

負，因為她不再需要冒著服務不周和不負責任的風險，到處尋找便宜的運輸公司。她因此節省下來很多時間可善加利用。

然而，正如她所預期的，有些顧客向她抱怨說，還可以找到更便宜的運輸公司。事實上，任何事物都可以找到更便宜的。任何人都可以買到遠比他汽車輪胎更便宜的輪胎，只是品質較差而已。除此之外，為了較低的價格而討價還價，每次談判中所花的時間也有機會成本。從長期來看，走上單一供應商這條路是有利可圖的，但是供應商必須持續為改善盡責。

採取「一家供應商，多個供應點」的優劣

針對這個問題，我非常感激福特汽車的詹姆斯‧巴肯（James K. Bakken）所提供的經驗。根據他的觀察，從同一供應商的兩個不同供應站，與從兩個不同供應商採購材料，都會發生同樣的問題。以下的問答採自某工廠的參觀報告。我向某廠長提問：「從一家供應商的兩個供應點方式如何？」他回答：「正如處理兩家供應商般糟糕。」

一家供應商如果有兩個供應點，它要維持出貨品質的方法是指定一個供應點對某工廠發貨，另一個供應點對別家工廠發貨，不替換也不混合。

怎樣才是合格的供應商？

幾乎每一家公司都有一本衡量供應商是否「合格」的管理手冊。《美軍標準9858A手冊》（*Military Standard 9858A*）就是一

例。結果往往是，進行評等的人員本身不合格。

　　較好的做法是，揚棄供應商管理手冊與評等人員，讓供應商以品質，而不是以價格來爭取入選。讓供應商們提出明顯的事蹟來證明，他們依據十四要點積極進行管理改善活動。尤其是第5點，永無休止地做製程改善，並革除第3章中所說的致命惡疾。衡量公司某一事業部門的準則，也同樣可以用於選擇供應商。（詳見第56頁第5要點）

　　我們也可以用下兩項成為選擇供應商的基準：

　　1. 研究發展的費用預算
　　2. 過去產品發展的紀錄
　　〔通用汽車諾伯特・凱勒（Norbert Keller）提供〕

　　此外，要當心會議室裡供應商的承諾。〔羅納德・摩恩（Ronald P. Moen）提供〕

　　研討會中有人這樣說：「身為合格的供應商，我們滿足顧客的種種要求，像是多準備15年的零件量，產品要通過測試，交期必須準確等。另外，必須參加顧客裝配完成的產品中有關他們所提供零組件的測試。」然而，買主必須留心供應商在會議室裡的承諾，是否確實履行。

單次採購與長期持續供料

採購人員必須分清楚單次採購與長期持續供料有何不同，單次採購的例子包括：平台式鋼琴、辦公室設備和家具、旅館的家

具與布置，以及為200台冰箱買200個特殊規格小馬達等。平台式鋼琴以及200個特殊規格小馬達是典型的單次採購，必須根據製造商的商譽以及採購者過去的經驗為標準。

採購人員與供應商之間的互信與互助是必要的

一家公司向他家公司所購買的並不只是物料而已，更重要的是，它的工程與設計能力。這些對供應商的要求，在製造任何物品之前早應建立起來。顧客如果不積極地事先要求，而只等待交貨，最後只能接交給他的東西。

某些工業所需的零組件，不管是大型的或小型的，變化相當快。例如通訊業中的聲音與數據的交換機和傳輸機等。零組件不管有無問題，在6個月後就會被新產品所取代。

最大的問題在次裝配和最終裝配的工程設計。工程變更很昂貴，有些則幾乎不可能變更。對任何產品而言都如此。

有些個別零件在相當長的期間內幾乎都可能不會改變。它們可能一次就購進幾千個。如果供應商與採購人員彼此合作，經常改善進料品質，以及降低價格都是有可能的事情。

再次強調，零組件的品質是早在它們出貨之前就決定的。

（以下比較今昔做法）

傳統做法

・工程師決定零件或次裝配的設計。

・採購人員簽訂零件合約。

・有些合約由公司的關係企業取得，有些交給外界供應

商。由於製造上的困難或裝配上的問題，必須做工程上的變更。工程變更會增加成本，然而傳統上，大家對工程變更習以為常。

今日做法

例一：

‧組成團隊：針對某物料或零組件，選擇供應商的專家與公司的設計工程師、製程工程師，生產、銷售及其它所需的專業人員組織。

‧他們組成團隊的前置時間夠長，足以做好工作。

‧結果：隨著時間的進行，品質愈變愈好，成本愈變愈低。

例二：複印用紙的開發小組

‧造紙廠決定人選：化學師、原物料採購人員（紙漿、白堊、氧化鋁、氧化鈦等）、生產部經理。

‧顧客：負責研究與發展的資深科學家、化學師、生產經理、行銷經理。

在日本，穩定而可靠並能建立長期供貨關係的供應商，比價格重要：

美國公司最後得到結論，認為日本進口貨的到岸價格優勢，早已被日本多層次配銷制度的層層價格加碼所抵銷。

日本人對此論點提出解釋，認為可以從日本國內顧客與供應商間的長期關係來了解問題所在。採購人員希望供應

商是個可靠的商品來源，能夠了解他們的需要並能快速回應
之，又能提可靠的售後服務。日本人所著重的是這些因素，
所以根本不去考慮在一定品質範圍內取最低成本的供應商，
這是美式做法。因此，雖然這種顧客與供應商的關係，原本
並非用來阻絕外國公司的競爭，可是外國公司在這樣的制度
下工作，就會覺得挫折連連。〔摘自日本經濟研究所1982年在華
盛頓出版的《日本的進口障礙：分歧的雙邊觀點之分析》（*Japan's
Import Barriers: Analysis of Divergent Bi-lateral Views*）。〕

在1950年，日本管理者就學到了我在黑板上畫出的「生產系
統流程圖」（第1章第5頁的圖1b），他們知道改善進料品質的最佳
方法，就是和每一家供應商做協力夥伴，保持忠實而可信任的長
期關係。

以下是一段顧客與製造商之間的對話：〔1985年由納舒厄公司
的羅伯特‧布朗（Robert Brown）提供。〕

這是我能為你做的。
這些是你可能為我做的。

美國公司很難了解，為什麼在與日本公司進行談判時，很少
考慮價格因素。在日本式經營中，比價格更重要的是品質的不斷
改進，這也只有藉著忠實而互信的長期關係才能達成，這與美國
式經營截然不同。

供應商對他自己及顧客的責任，便是堅持自己是單一的供應

商。單一的供應商需要他的顧客全心的關注，而不是偶爾關心。
〔費城詹布里奇公司（Janbridge）總經理瑪麗・古爾德（Mary Ann Gould）提供〕

　　成本加價（cost-plus）以標價為基礎採購物品或服務的做法，還有一個大陷阱，大家往往避而不談。這個陷阱是，供應商往往會玩成本加價的遊戲：即先以極低的報價搶標，勢在必得。當然得標了。顧客發現一項工程變更極為重要。此時，供應商會表現得極為盡責，可是「遺憾得很，」他發現，此工程變更會使該項目的成本倍增。客戶想做其它安排（找其它供應商等）已太遲了。生產在進行中，必須繼續而不能中斷，否則供應商的詭計就此得逞了。

日本自動化沖壓公司（Japanese Automotive Stamping）參訪報告摘要（某團隊寫於1981年12月）（注4）

A. 設施

　　1.工廠與設備：沖床設備為一般傳統式的設計，在廠房內很密集地擺設著，由一套完整的輸送系統連貫起來（大部分為自動化）。除了快速換模外，沒有表現出什麼特點。
　　2.現場極為整潔、有序：工廠的每個角落都非常清潔，給人深刻的印象。乾淨的走廊、清潔的設備、沒有油漬的混凝土地板，員工穿著整潔的白色或淡藍色的制服與帽子。地板上絕對看

不到濺出的潤滑油、碎布、手工具、廢料、金屬屑、菸蒂及其它雜物，每個地方都是如此。

日本人深信，清潔的工作環境會提高品質。

B. 生產作業

（前略）2.最低存料與倉儲：到處都可看到廣為人知的及時生產管理系統（Just-in-time）〔在豐田汽車（Toyota Motor）稱為看板方式（Kanban），其它公司另有不同稱呼〕。沖壓製品、次裝配件、裝配件一天中可直接送到汽車裝配線好幾次。側面裝卸的卡車開進裝配工廠，零件箱送到適當的工作站，沒有進料檢驗與清點。零件就照送來的樣子裝配在汽車上。

與美國相當大小的汽車公司相比，這種不需存料的做法，大約節省30%的空間。

這種低存料的觀念，也同樣可用在其承包的沖壓工廠上。鋼卷與鋼條每星期中分數次由供應商送來，工廠用作倉儲的面積很少。存料周轉率不到一個禮拜。

3.快速換模：即使是大型的沖床，一班當中也要換模三到五次。致力於自動換模的各種工具、方法，多得驚人。利用各種標準化的模組、導板、規板，與滾動枕條及機械舉重設備，達成超高速的換模。（中略）

在換模的時候，即使是最大的沖床，也很少會超過12到15分鐘。舉例來說，一條有5台沖床的生產線，包括一台500噸的沖床，只要2.5分鐘，就可轉換生產完全不同的零件。

4.設備的高度利用：廠裡規定設備的利用率必須高達90％至95％。觀察了約1000台沖床後，顯示出只有極少數沖床閒著或備用。沒有一台沖床在拆修，沖床上也沒有模子在修理。這是有效預防保養的明證。（中略）

5.沒有浪費的潤滑油：在加工時使用的潤滑油，僅是為了順利生產所必要的最小用量。局部潤滑廣被使用，且常使用預先潤滑物料（如蠟或油基）。結果，潤滑劑很少浪費，減少了零件的清洗，潤滑油不會濺到機器、作業人員或地板上。

6.健康與安全：嚴格規定使用護眼設備、頭盔。其它保護衣物，在焊接及製模區必須穿厚重的圍兜。

在機器設備的保護上，很少用防護罩，多半使用感測器。一旦感測有人或物在前就停止動作。沒看到任何推拉設備。通常模子組都需要一些敲打調整，但是這兒看不到任何鐵錘撬棒之類的東西。

7.工作時間：工廠有兩班，每班8小時。每班有4小時用來預防保養、清潔與修理模具。需要增產時就改為每班10小時，中間間隔2小時。

8.生產管制與品質管制：沖床設備以正常速度操作，由於停機時間非常少，因此單位人工小時的產出率比美國來得高。推行機械化與使用簡單的傳送設施，使得生產力更為增加。

品質管制已很成熟。機器操作員對於生產品質直接負責。報廢品及不良品通常都在1％左右，有時更低。

C. 人力

1.訓練：一般來說，與美國的公司比較，這裡的員工訓練較好，技術較廣泛，工作分布較有彈性。機器操作員能夠對機器做小修及維護工作，記錄機器的性能資料，檢查零件品質。

公司視員工為最重要的資產，所給予的特殊技術指導與訓練，遠超過一般美國的公司。

2.員工參與：生產員工通常參與有關操作上的決策，包括規畫、目標設定與績效監督。公司鼓勵員工多提建議，並對整體的績效負責。

工廠裡也運用著名的「品管圈」觀念，由5到15人一組。透過有效的溝通，形成團隊精神，大大地加強組員的忠誠度和工作動機。有形溝通像海報、標語、圖表，在廠裡也到處可見。

公司裡的工會只是一種規定，而不是工業界的工會。大家都很清楚地了解到，工會的利益繫於公司的成敗。工會在工作實務上似乎較少限制，個人的生產力因此增加。

D. 客戶關係

1.自製或外購：根據統計，日本汽車公司的沖壓零件有70％至80％（按金額計）向簽約的沖壓工廠採購，自己只做20％至30％。而美國恰恰相反。日本汽車公司認為，對外採購比自製容易控制品質、交期、存料及相關成本。

2.攜手並肩的關係：日本汽車公司與供應商的關係，屬於極

為親密的「攜手並肩」（arms around），而不是彼此「保持距離」（arm's length）。在這種親密關係中，控制權在客戶手中。有些汽車製造公司甚至會堅持與他簽約的沖件供應商只能供貨給它。這種趨勢將生產集中給予少數供應商，彼此有長期合約。較好的供應商並可進而成為所謂的「商業夥伴」。

這種水乳交融的關係，建立於豐厚的報酬，前提是讓供應商事業有所成就。但供應商若不履行合約，則處罰非常重。

生產合約通常都是長期性（可長達6年），且還包括產品設計與測試。這些合約包括的要求項目有：1.特殊的品質要求；2.可靠的及時生產管理系統；3.正確的數量，不多也不少；4.不斷地改善生產力而造成長期成本降低。

鋼鐵的價格通常在全年內都很穩定。

E. 啟示

這種經常可看到的良好的工作關係，存在於鋼鐵供應商、契約沖壓廠、工會以及汽車製造商之間，讓生產力更強，而在美國反而干擾生產力。在整個日本工業結構中，對於追求九有競爭力的卓越，大家都有共識又能團結一致，這在美國多半看不到。

這種團結的精神，上自大公司的總裁，下至小工廠的員工，都把他們的努力導向於一個共同的目標。因此驅使他們減少各種形式的浪費：包括人才、物質和財務資源，以及時間的浪費。

他們將人視為主要資產，這也是最重要競爭資源，給予訓練、激勵與管理，極為有效。

第5要點：持續不斷地改善生產與服務系統

本書一再出現的主題是：在設計階段時，就要建立品質，一旦計畫付諸實施才想追求品質就可能太遲了。每一件產品應視為「可一不可再」（one of a kind）；達到成功佳境的機會只有一次。設計時採取團隊合作方式是最根本的要求（第49頁）。測試方法必須不斷地改善（第160頁），必須愈來愈了解客戶的需要，以及客戶使用這項產品的方法和可能發生的誤用。

我們在此重述（第5頁），對於品質的期望始於管理者的意圖（企圖心），再將它展開，轉變成為計畫、規格與測試，希望把所要的品質交到客戶手中，所有這些活動都屬管理者的責任。

此外，各方面的工作也要不斷地減少浪費，並在採購、運輸、工程、維護、工作場所、銷售、配銷方法、督導、再訓練、會計、薪資管理及顧客服務等方面持續改進品質。透過持續改善，零件、材料及服務的主要品質特性的分布變得如此窄小，與規格上下限的距離極遠。

　　我們美國很關心規格：致力於達到規格要求。相對的，日本則關心品質的均一（uniformity），努力減少標稱值（例如直徑1公分）之間的變異。〔福特汽車公司（Ford Motor）約翰‧貝第（John Betti）提供〕

這種說法與幾年前田口玄一（Genichi Taguchi）所介紹的數理模式不謀而合，也就是說，隨著持續品質改善，成本就會愈來愈低。（注5）（第3章第157頁繼續說明）

　　單是靠花費大量金錢追求品質並不會成功。知識無法取代，但人們一想到將來會以知識為主就會感到害怕。（第67頁第8要點第2段）

　　公司的管理者如果有改革的決心，將會不斷地嘗試著掌握十四要點的意義，了解並且去除第3章所說的致命惡疾和障礙。（第97頁第14要點繼續說明）

　　每個人都應該每天自問：這一天做了什麼讓自己在工作的知識與技巧得以日益精進？自己如何提升知識水準以從生活中獲得更大的滿足？

　　是否工廠的每件工作都比以前做得更好？是否不斷地改進方法，對每一位新顧客的需求更為了解？對物料的改善、新進員工的選用、工作人員的技巧、例行性的作業是否都在不斷改進？

　　以下是在無意中聽到勞埃德・納爾遜（Lloyd S. Nelson）和某位訂貨生產工廠（job shop，譯按：關於此生產形態的品質管制方式，請參考《朱蘭品質手冊》的專章）經理的對話：

　　　　工廠經理說：「我們一次只生產25個，如何能使用品質管制呢？」

　　　　納爾遜說：「你想錯了。你所想的是在工作完畢後如何測量浪費和生產力。更好的方法是在製程上、設備上、在進貨時便對物料及組件上做好一切該作的工作，以及在最終產品完成前，慎選測試程序。同時，最重要的是最終產品的測試，這些測試是否處於統計的管制狀態？如果不是，它們就會誤導你。」

每一座剛落成的新旅館，應該比前一座更好，比一年前完成的更好，比兩年前完成的更好。但事實上真的是這樣嗎？結果為什麼不是？為什麼同樣的錯誤會重複發生？為什麼往往舊旅館比新旅館更好呢？

從事旅館、醫院、辦公大樓、公寓的營建公司，是否在規畫及施工上，不斷地改善？（詳見第107、108頁和第7章繼續說明。）

貨運公司或鐵路局的計費職員是否每年都有所改善？（詳見第223頁）

「在製造上永無休止地改善」的意思是持續與供應商合作，直到每項物料只剩下單一供應商以及單一出貨地點（第4要點）。

製程的改善的意思包括較好的人力分派，它包括人員的甄選、安置與訓練，使每一個人（包括生產工人）有機會提升自己的知識並發揮自己的才能。這意味著撤除使生產工人、管理者及工程師不能以其技術本位為榮的藩籬（第12要點）。

救火行為並不是製程的改善。發現或移除超出管制點的特殊原因（special causes），也不是改善。這些只不過是讓製程回復到原來應該有的水準而已。〔約瑟夫・朱蘭博士（Dr. Joseph M.Juran）多年前的遠見。〕

製程的改善或許要求先研究紀錄，以進一步了解在溫度、壓力、速度及材料上的改變，會帶來什麼效應。工程師及化學家可能為求改善製程，引進某些變革並觀察其效應。

周期性出現的缺失，往往伴隨某一重複出現的事件而來，它們通常都很容易追蹤；凡是周期性出現的特性都應加以追蹤。

根據納爾遜博士的看法，對於處在統計管制下的製程進行

調整，起因或是誤以為物料有瑕疵或發生錯誤，誤以為它們出於某特殊原因，而採取調整行動，這只會造成更多困擾，而不是困擾更少（此定理為納爾遜所創；參考第25頁和第126頁）。規格界限（specifications limits）不等於行動界限（action limits）（參考第11章）。

看板系統（Kanban）或及時生產管理（JIT）的最大優點，就在於其背後的紀律（製程在控制中）；品質、數量及其規律性都可預測。

第6要點：建立在職訓練制度

訓練必須整體重新建構。管理者需要接受訓練以了解自己公司的生產系統（從進料一直到客戶）。其中的一項中心問題，就是了解「變異」（variation）。

管理者必須了解：哪些問題造成員工無法在工作上獲得滿足，並採取行動加以解決（第12 a 要點）。

日本管理者的特性，比美國管理者更占優勢。日本管理者通常從公司的基層當學徒開始，在現場及其它職務磨鍊4至12年。他熟知生產方面的問題，也做過採購、會計、配銷與銷售等工作。

每個人學習的方式都不同。有些人因為閱讀困難（dyslexia）而無法讀懂工作指示書；有些人聽別人的口語表達有困難（dysphasia）；有些人由看圖學習的能力很強；有些人靠模擬學習；有些人綜合幾種方法學習。

有多少人因聽不懂或不了解（口頭）命令而被誤解為不

服從軍令，慘遭部隊屈辱地免職？

（以下是我和生產線員工的一段對話。）

生產線員工（以下簡稱「答」）說：「他們沒有任何教導。他們所做的只是把你安置在一台機器前面，命令你開始工作。」

我問：「沒人教你嗎？」

答：「同事幫助我，但他們都有自己的工作要做。」

問：「你沒有領班嗎？」

答：「他什麼都不懂。」

問：「他的職務是不是要教你工作？」

答：「如果你需要幫助，你會去問個比你懂得少的人嗎？他打了領帶，人模人樣的，卻什麼也不懂。」

問：「不過這條領帶應該有所幫助，不是嗎？」

答：「不，一點也沒有。」

美國在訓練與領導上的一大問題，這是因為判斷工作合格或不合格的標準是有彈性的。標準的判定，往往繫於領班是否達到當天所規定的生產數量。

美國的最大浪費，便是不能善用個人的能力。聽了上一段對話，便可知道生產線員工的挫折，以及他們急切想貢獻己力的心情（詳見第參考88至91頁）。雖然美國的教育受到批評，但大多數生產線員工都能清楚地表達內心的感受，這令人印象深刻。

除非去除那些妨礙工作的因素（第12要點），否則花在訓練上的金錢與都將白費。工作上的訓練必須教導什麼才是

客戶的需要〔參考第14要點。感謝威廉‧謝爾肯巴赫（William W. Scherkenbach）貢獻。〕

我們還要進一步要注意第6要點及第13要點，將它們連貫起來；我們要了解，花在訓練上、再訓練及教育上的錢，是不會出現在資產負債表上的；它不會增加公司的有形淨值。相對的，花在設備上的錢，會出現在資產負債表上，使公司的淨值增加。〔此段由布萊恩‧喬依納（Brian Joiner）貢獻。〕（譯按：詳見戴明博士為喬依納所著的《第四代管理》的推薦序。）

請注意：第6要點與第13要點有明顯的不同處。第6要點指的是管理者與新進員工的訓練基礎。第13要點指的是每一位員工在工作崗位上持續的教育與改善，也就是自我改善。

第7要點：採用新領導理念並制度化

管理者的工作不是監督，而是領導。管理者應致力於改善的起點，也就是建立產品與服務品質的企圖心，然後將這種企圖心轉換成設計及實際的產品。西方式管理所需要的轉型，是要求管理者有領導能力，以產出的成果為重點（數字管理、目標管理、工作標準、符合規格、零缺點以及績效評估等）的觀念必須革除，代之以領導。以下是建立領導體系的建議：

a.去除使工人不能以技術本位為榮的障礙（第12要點）。

b.領導者必須知道他們所督導的工作。他們必須受人賦權（be empowered，或譯為培力），能直接向高階管理者報告必須改正的事項（例如產品本身有缺陷、機器沒有維護、工具太差、對於

工作合格與否的界定不清楚、重量而不重質）。管理者必須對這些建議的改正事項採取行動。在大多數公司裡，這種想法簡直是白日夢，因為督導者對本身的工作全未進入狀況。

c.常見的領導上的錯誤。我的朋友大衛‧錢伯斯（David S. Chambers）告訴我以下案例：監督人員檢討她的7位部屬當天製造的不良品。她每天利用最後半小時耐心而慈祥地與7位員工詳細檢查當天的每一個不良品。她的7位部屬都認為她是個了不起的上司，其它人也這麼想。

事實是：該系統是穩定的。

錯在哪裡？這7個部屬根本沒有做什麼不對的事；錯在系統本身。他們把每項缺點和問題都當成特殊原因來處理，而未著眼於整個系統的改善。他們正在採用漏斗規則（rules of the funnel）2與3（第11章第371至372頁），結果反而把事情弄得更糟，事與願違，並會讓將來都一直這樣惡化下去。接下來，我們會看到更多的例子，大家只知盡力做好，卻不知道問題的癥結所在。他們如何會懂得這些呢？讀者讀過第8章和第11章之後，就會恍然大悟。

有位工廠經理每天早上都要召集他的30位監督人員，以德國人一絲不苟的精神檢討昨日所出的差錯。這位經理也犯了同樣的錯誤，他把每一產品缺點和瑕疵都當成有「特殊原因」必須追蹤並除掉它們。後來發現，事實上系統大部分是穩定的。他這麼做只會使事情更糟，讓情況惡化下去。他如何會懂得這些呢？

e.許多年前，領班選好他的工人之後，就會提供訓練與協助，與他們一起工作，所以他對工作有全盤了解。可是現在呢？

20位領班當中有19位不和工人一起工作，也不加入選人工作。這些領班碰到現場工作，與新進員工一樣，都不熟悉，也沒能力訓練或協助員工。他只會數數字，因此他的工作淪為計算數字和配額，像是今天要出貨多少、下個月要出貨多少。到了月底，每項都要加以盤點，不管它們是好或是壞，都將它們當出貨。某些領班會試圖了解一些他的工作，這一努力會降低工人與督導者之間的對立關係。大部分領班未能贏得部屬的信任，因為他們只關心數字，不能幫助工人改進工作。〔由福特汽車公司的詹姆斯・巴肯（James K. Bakken）貢獻。〕

f.我擔心的是，許多公司把工廠現場的督導工作當成入門職位，任用剛從大學畢業的男女青年，讓他們在甲處待6個月，又到乙處待6個月，以便了解公司的業務。他們都夠聰明，有些的確想學習做好工作，可是6個月能夠學到什麼呢？不難理解工人拿問題向領班求援時，領班往往只會尷尬一笑就走人。領班可能不了解所提的問題，而且就算懂也愛莫能助。

g.督導工作的許多部分，可以說是採用排序法（ordinal numerics）及百分比來管理。舉例如下：

・只要任何人的生產量「低於平均」就會造成損失。
・只要任何人的平均不良率「高於平均」就會造成損失。
・每個人都應該「達到平均」。

有些領導者忘了一個重要的數學理論，如果有20個工人做同一件事，無論如何，總有兩人的績效是在倒數10%。萬

有引力定律與自然界的諸多定律是很難推翻的。重點不是在倒數10%，而是誰的績效低於統計管制下限而需要幫助（詳見第3章）。

日常生活的實例：以下是美國歷任總統的表現，有半數是在平均以上〔取材自《聖地牙哥聯合報》（*San Diego Union*），1983年2月21日，C-2版。〕

歷史學家為美國歷任及現任總統評分

作者：鮑勃・德沃夏克（Bob Dvorchak）

「總之，我們很幸運有半數的總統的領導能力高過平均數。」羅伯特・墨里（Robert K. Murray）這樣說，他統計完970份歷史學家的調查問卷回答。

「想想我們選舉總統的方法相對地組織凌亂，就可知道我們何等幸運。根據歷史學家評定，大約每4位總統有1位是偉大或近乎偉大（評分前25%的人稱為偉大），並且過半數的表現在平均數以上。」賓州州立大學歷史學墨里教授這樣說。

以下是因為領導不力而造成混亂的案例：

請思索一下這份由美國核能管理委員會（NRC，Nuclear Regulatory Commission）提出的報告〔摘自《華爾街日報》1981年9月14日；我是從羅伯特・劉易斯（Robert E. Lewis）發表於1982年5

至6月號《紐約統計學者》（New York Statistician）的文章得知這份報告〕：

核能管理委員會研究評定15座核電廠「低於平均水準」

【華盛頓訊】在核能委員會的成績單中，全美50座核能發電廠有15座核能反應爐不合格，聯邦檢查員將做更詳細的檢查。

核能管理委員會職員根據去年年底的研究結果，發現有15座核電廠的總體績效低於平均水準，包括維護、放射線與消防保護以及管理控制。

核能管理委員會發言人說：「（前略）本研究的目的在於，確保我們的檢查重心放在績效低於平均水準的核電廠。」

核能管理委員會（NRC）報告上的「低於平均水準」（注6），顯然是表示不滿意，雖然它的定義並不清楚。核能管理委員會顯然未能利用第3章和第11章所說的方法，來界定哪些廠不合格。他們也沒有提出方案來使所有電廠不斷地進行改善。

核電廠或其它機構的督導系統的目的，應該是改善所有的工廠。不論這督導工作如何成功，總會有幾家工廠的持成績落在平均水之準下。特定的補救措施，應該針對那些由統計管制圖所指出的不合格工廠。

另一例（某位行銷經理提供）

某汽車公司在戴頓市（Dayton）有3家經銷商。其中1家業績低於3家的平均水準（我可沒說謊），績效顯然很差。公司必須採取行動，也許應該催他把業務賣掉，這樣我們可以找別人接替。

本書處處都會例子建議改善領導的方法。

再一個例子〔布萊恩‧喬依納（Brian Joiner）所舉的例，參考《威斯康辛州報》（*Wisconsin State Journal*），1983年3月11日。〕

半數仍低於中位數

工會的官員說，儘管棒球聯盟選手的收入增加了，仍有半數以上的選手收入低於聯盟年薪中位數的75,000美元。

下一步應該把較低收入的半數提高到中位數，或至少使半數收入較低者人數減半。

還有一個例子

南非比勒陀利亞的朋友希羅‧哈克奎博德（Heero Hacquebord）告訴我，他小女兒的老師打電話來，說他的女兒在兩次考試中都低於平均分數。他告訴老師說，連續8次考試不及格才要受到關切，而不是兩次。可是對老師的好意還是心存感謝。

我最近在某一個國家工作，他們的教育制度中，15歲的小孩都要參加層層考試才能畢業，此制度設計只讓半數的學生能通過。他們的「徵才廣告」中卻明確說要有「畢業證書」。這種評

分制度使半數的學生淪為失敗者。

　　有些旅館會告訴旅客說，服務人員要對房間內所有的毛巾和床單負責。換句話說，服務人員要對旅客順手牽羊的物品負責。這難道是管理者建立員工忠誠與信賴的好方法？

第8要點：排除員工的恐懼感（注7）

　　除非員工處在有安全感的工作環境，否則很難有最佳的表現。英文Secure一字（安心）中的Se源自拉丁語，是「無」的意思，cure則是「恐懼」或「介意」。Secure表示沒有恐懼感，不畏於表達意見，不怕問問題。恐懼感是多面的；各種形式的、任何地方的恐懼感都有一個共同點，那就是由績效不如人與數字不實所造成的失落感（譯按：第8章第302頁「由於恐懼造成檢驗錯誤」）。

　　知識的抗拒是很廣泛的。要提升西方產業急需的那種水準就必須吸收新知識，可是人們卻害怕知識。驕傲可能多少會造成對知識的抗拒。引進公司的新知識可能會暴露出我們的某些缺失。我們應換個角度想：擁有新知才能幫助我們把工作做得更好。

　　有些人可能會懷疑，自己都這把年紀了，還能學到什麼？如果外在環境有所改變，我該到哪裡去？

　　新知識是要花錢的，我們能有成果回收嗎？什麼時候才有？

　　新的生意，不論是外銷到國外市場或在國內推廣，都要從基礎研究開始，跟著將品質提升到新水準和開發出新產品。基礎研究要有效，就必須注入新知識。美國基礎研究的經費的83％都來自政府，其餘才是私人企業。在日本，公部門私人企業百分比的

情形恰好相反。

以下是一些表達內心恐懼心聲的實例：

· 我很害怕會失業，因為公司即將關門大吉。

· 我有預感我的上司要跳槽到別家公司去。如果他真的走人，我該怎麼辦？

· 如果我知道下一步會發生什麼事，我會把事情做得更好。

· 我不敢把自己的想法說出來。如果說出來，我會有種叛逆的罪惡感。

· 我擔心我下年度的考績不會被加薪。

· 如果為公司的長期利益著想，我會停止生產一段時間來修理及調整機器，這樣一來日產量會直線下降，我就會丟了工作。

· 我害怕老闆問我問題時，我可能答不太出來。

· 我擔心如果我盡力幫助同事或團隊成員，我的貢獻會讓別人取得比我更好的考績。

· 我害怕承認錯誤。

· 我的老闆相信恐懼有利於管理。如果大家都不敬畏他，他如何能管理他們呢？管理就是懲罰。

· 我的工作制度不允許我發展個人的能力。

· 很想了解公司某些工作流程背後的緣由，可是我不敢問。

· 我們不相信管理當局。我們問為什麼要這樣做時，他們的答案不能使我們信服。管理當局或許自有道理，可是往往用其它的理由來搪塞。

· 我可能做不到今天要求的數量（時薪工人或廠長）。

・我（工程師）沒有時間仔細檢查。我必須趕緊把工作交出去，著手另一件。

更深入談恐懼

另一種由恐懼感所造成的損失，是因為必須依特定的規則來達成公司利益，或者必須不惜代價來完成規定的生產數量。

第8章會有一例（第306頁），某領班因為怕達不到要求的產量，不敢將生產線停下來修理。他知道怎樣做對公司最為有利，可是他只能不顧後果趕出今天的鑄品產量，冒著可能導致停機的風險。結果，軸承過熱而咬死，軸承黏到軸承座圈與軸。他不但不能交出配額產量，而且全線停機，修理了4天。其它例請參考第8章。

有個部門好幾個月以來，都不能生產出足夠市場需求的產品。總經理指派專人調查出了什麼問題。結果發現是檢驗人員被恐懼感嚇壞了。他們以為如果有客戶因發現不良品而退貨，那麼負責檢驗的人就會被開除。結果，檢驗員幾乎攔下了全部的產出。他們對於將不良品放行的下場的看法是錯了，可是謠言統治全公司。〔由華盛頓的里奇蘭德公司（Richland）的J. J.基廷（J. J. Keating）提供。〕

・有些經理說，某種程度的恐懼是完成工作所必須的。

・生產線員工不願意被發現經常出錯。他們極力隱藏，唯恐主管發現。

・白領工人的恐懼大部分出自年度的績效考核（參考第3章）。

恐懼管理的案例

某經理讀了分類過的客戶抱怨報告。他眼光放在報告中評價最差的項目，然後打電話責問負責的可憐傢伙。這是另一類恐懼管理及數字管理。管理者第一步應該是經由計算（而不是經由判斷），來發現那一項目是不在統計管制狀態。如果發現了，他就必須對它特別關切，並協助解決。他也必須改善整個系統，以減少抱怨。〔威廉·謝爾肯巴赫（William Scherkenbach）提供。〕

第9要點：撤除部門間的藩籬

研究、設計、物料採購、銷售、進料驗收等人員，必須了解生產與裝配中所使用的各種物料與規格。否則生產時將會因使用不當的物料，必須重做而造成損失。不論是工程設計、物料採購、物料測試、產品性能測試，負責這些工作的每個人都有一位顧客，就是必須試著用購入的物料和依設計的事物進而製造的人（例如廠長）。為什麼不去熟悉顧客？為什麼不在工廠花點時間，親眼看看問題，聽聽他們的聲音？

公司總裁剛上任，他與銷售、設計、製造、顧客研究等部門的主管談過話之後，他發覺每個人都把工作做得很好，而且幾年來都是如。大家都沒有問題。可是公司卻逐漸在走下坡。為什麼？答案很簡單。每個部門都獨善其身（局部最佳化），可是公司卻不是一個團隊。這位新總裁的工作就是要協調這些人以公司利益為目標。（譯按：進一步請參考戴明著《新經濟學》第3章〈系統導論〉）

顧客（或產品）服務人員往往可從顧客處獲得許多產品的情

況。可是他們的公司沒有一套制度可循，無法應用這些回饋來的資料。例如某服務部門接到顧客盛怒的電話後，立刻把10支輸送磨料到下端出口的管子切掉，並把螺錐方向反轉，原因是這個螺錐使磨料絞在一起，卡在管子下端。製造部門依然故我，而服務部門一接到電話，就依往例自行修改。管理者不知道服務部與製造部之間缺乏聯繫，也不知因此而造成的損失。〔凱特‧麥基翁（Kate McKwown）提供〕

　　設計人員與業務人員和工程人員共同設計一新式樣產品。業務人員把原型（樣品）展示給批發商看，之後訂單湧入。前景看似一片光明，可是之後才發覺壞消息，也就是製造部門不能經濟量產（economic production）該產品。為了符合經濟效益，必須在式樣及規格上做一些改變才行。這種變更使生產延遲了，銷售人員不但必須向批發商解釋，甚至會在瞬息萬變的市場中失去先機，丟了生意。如果一開始就能讓製造人員共同參與，就可避免這些損失。

　　管理者常常在最後一分鐘提出改變式樣及工程上的建議，這時各種計畫已呈上級，生產方面已準備妥當，反讓情況更為複雜，逼著設計與生產工程師必須趕工，在幾個星期中完成整年才做得完的工作量。

　　工程師常常因為變更設計而受到責難。我也曾批評他們未能到現場去了解他們所設計的零件在製造上有何困難。但實情是，工程師告訴我，他們不得不做些虛有其表的事情或抄捷徑以應付生產達成數量要求。他們永遠沒有時間完成原本的設計。趕工生產使他們沒有時間到生產線上了解因設計所造成的問題，因為他

們的績效是用數字來評等的（詳見第3章）。

保固成本多半可溯及工程設計的不當、太早趕著量產化、省略測試、測試結果的解釋錯誤等。然而在實際上常把保固成本推給製造人員負責，怪他們所生產的產品不符合於規格。

設計、工程、生產，與銷售人員所組成的小組，如果沒有恐懼、敢承擔風險，他們可以做出有前瞻性的設計，能夠對產品、服務及品質做出重大的改進（詳見第3章）。這種小組可以叫做管理者的品管圈，我們在前文（第49頁）的「今日做法」中舉過例。

企業內部上上下下都迫切需要團隊合作。團隊合作要求成員之間彼此截長補短，在溝通及解決問題的提問和對話過程中，使彼此能力倍增。很不幸的，年度考績制度常會毀壞團隊合作。團隊合作是有風險的。幫助別人的人，自己的表現可能比獨自作業時更差，在年終評等時會比較差（詳見第3章）。

每個人都能了解低存貨的好處除了製造及業務人員。廠長希望手邊有大量存貨，因為他惟恐製造時零件供應不足。業務及服務人員希望有齊全的存貨，各種大小、形狀及顏色都準備齊全，好應付顧客的要求。顧客可能不願意等候，所以存貨過低可能會丟掉生意。管理者必須想出一個存貨規則，協助相關的單位，根據互助的決策基礎，來滿足雙方的立場，提供顧客良好的服務。

可以用公司裡顧客信用服務部門為例，說明部門間可能的合作。顧客信用服務部門可以說是公司裡最早知道顧客缺貨、交期延誤、貨物裝卸不及的滯留金、貨物損壞、品質低劣等消息的部門。有這些抱怨的顧客，往往付款時少付並提出根據佐證。信用部門的人員接到這種抱怨時，可以協助公司滅火，即要迅速地通知顧客

服務、業務及製造部門的相關人，合力解決問題。

我們將在第6章學到正如每個人都知道的，研究客戶抱怨容易給人對品質有問題的印象。但是這些從信用服務部門來的資料，如果運用得當，對品質及服務的改善會有所助益。

第10要點：取消給工作人員看的標語、口號及目標

驅使工人提高生產力的目標、標語、口號及海報等，都要取消。「你的工作就是你自畫像。你願意在上面簽名嗎？」當然不，如果你拿一張有瑕疵的帆布、不適用的油彩以及用壞了的彩筆給我作畫，我才不會說這是我的作品。諸如此類的海報和標語，永遠不會讓人把工作做得更好一樣。

據傳某大公司召集了240家供應商的高階主管來，告訴他們從下個月開始，公司只接受沒缺點的產品。這番話聽起來不錯，可是這種活動計畫只會淪為鬧劇。供應商如何能突然改變成公司要求的？顧客如何知道他所收到的產品沒缺點？如果顧客與供應商不能成為工作夥伴，供應商又如何能夠了解顧客的需求？這些都需要時間。

圖3的海報讓生產線的工人看了，都覺得可笑。

【圖3：努力跳上樓梯的人】

有時公司會讓員工簽名立誓如下：

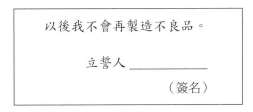

「第一次就把工作做好。」是響亮的口號。可是當買進的材料尺寸不對、顏色不對、有瑕疵，或機器不良、測量儀器不可靠時，叫人如何能第一次就把事情做好。這個口號毫無意義，就跟號稱「零缺點」一樣。

「讓我們一起進步。」生產工人告訴我這則標語令他們極為憤怒。他們說：「什麼叫『一起』？根本沒有人要聽我們的問題和建議。」另一張沒用的海報上的冷酷笑話是：

> 做一個優秀的工人，
>
> 以你的工作為榮。

　　這些海報和訓示有什麼不對的地方呢？它們所訴諸的對象不對。它們源自管理者的錯誤看法：這些工人只要肯支持，就能夠做到零缺點、改善品質、提高生產力並做到被要求的事情。這些圖表和海報根本沒考慮到這樣的事實：問題大部分出自系統本身。如果有計算（譯按：方法，指管制圖方法）能讓管理者了解：多少比例的缺點、錯誤及浪費是出自系統（管理者的責任），多少比例出自現場工人，這方法肯定是管理與領導工作的主要工具（如第11章所述）。

　　訓示和海報只會產生挫折與怨恨。它們讓工人知道管理者一點也看不見那些阻礙以技術為榮的藩籬。第14章（第449頁）引述的歌德箴言應用範圍超出原先的了解。

　　採用海報、標語、宣誓等推進活動，可能會有些表面或短暫成績：迅速地改善品質與生產力，並消除某些明顯的特殊原因。但是時間一過，改善就停止，甚至更糟。最後，該活動被認為是一場騙局。今後，管理者必須了解系統的改善，當然，還包括去除那些由統計方法所偵側出來的特殊原因，是他們的主要責任（參考第11章第366頁和第367頁的**圖33**）。

製造不良品的穩定系統

　　我在一家公司餐廳裡看到**圖4**，好主意、設定目標或給人努

力的方向，這些都屬典型的做法。它們能成就什麼呢？沒有嗎？說錯了：它們的成就還是負面的。

這張海報展示出製造產出和不良品都是穩定系統（詳見第11章）。管理者當然想看到較高的產量和較少的不良品。他們採用的方法是懇求生產工人。

這張海報搞錯了對象。生產工人雖然沒讀過這本書，他們看了這張圖表後，會認為管理者要求他們做不到的事情。結果反而產生了恐懼感與不信任。

產量到了第20週有所改善，提高了，顯然可從圖中看出來，這是因為裝了兩部新機器。此時設定了新目標。新目標只會造成生產工人心中的疑懼與怨懟。工人的第一個想法便是管理者永不滿足。一旦我們做到了，他們就要求更多。這種訓示會造成以下的惡果：

1.未能達到目標

2.增加變異程度

3.增加不良率

4.成本上升

5.工人士氣低落

6.對管理者不尊重

可以用海報向全體員工解釋管理者每個月所做的工作，例如從更精簡（較少）的供應商採購較好的材料、較好的維護工作、提供較好的訓練、利用統計技術及較好的督導以改善品質與生產

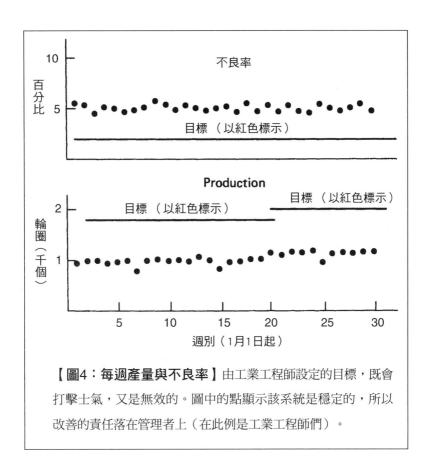

【圖4：**每週產量與不良率**】由工業工程師設定的目標，既會打擊士氣，又是無效的。圖中的點顯示該系統是穩定的，所以改善的責任落在管理者上（在此例是工業工程師們）。

力、用較輕鬆（而不是更賣力）的方法來工作等。這樣使用海報的效果，會與先前的海報迥然不同：它會振奮士氣。大家也因此了解到管理者打算負起責任來，消除造成產量低及不良品多的問題。可是我還沒有見過這樣的海報。

每個人都有自己的目標。有的人專心於大學學業，他決心用功以求及格或通過考試。以我為例，我也常常決心在早上以前寫

完一章：我給我自己一個截止期限。你我都需要有個目標。可是為別人設定數字目標，而不給他一張行事地圖達成，將會得到反效果。

公司當然也會有公司的目標，像是永無休止的改善。

公布欄上每天都會看到公司所發布的訓示。以下是某一海軍造船場的訓示：

我要再次強調，改善工作的品質對每個人都很重要。然而，真實的生產力應該是指合格產品的增產能力。粗陋的工作即使做快再多，也不能改進生產力。只會讓我們失去信用，只會讓不良的品質損害公眾的利益。〔譯按：原書有「原文如此」（sic），我請教威廉·謝爾肯巴赫（William Scherkenbach），他解釋說，產出如果是不良品，那再快也沒用。所以要同時考量品質、數量、適時性。〕

當責（accountability）的觀念，與存在於工人、監督人員和經理間的專業知識，以及每人要為自己的工作負責的力量，是非常重要的。稽查對象的資料要維護，並保持完整文件和由哪位主管負責該工作。大家都想做對事，可是在一個龐大的機構裡，他們往往不能確實了解什麼才對。管理者務必要把對每個員工的期望交代得清清楚楚，同時昭告大家，個人績效對本身未來繼續工作及升遷都很重要。當各種指示與期望都說明得極為清楚後，追蹤查核的工作就會迅速有效，失敗的地方就可以馬上找到負責人加以改正。適切的管理行動將會造就出忠心、士氣高及能力強的工作團隊。把工

作帶動起來，以有利於個人發展為原則的管理能力在造船場裡是很重要的。我們應該經常地分析與積極檢討，讓每個人堅守崗位（讓工人、監督人員、經理人員各盡其責），同時在失敗發生時，能夠以最少的代價處理，能有效益地改進品質與生產力。

以上這些話聽起來很有說服力。要求人人當責！它為了什麼目的？「交代清清楚楚」有什麼涵義？什麼是「失敗」？誰的失敗呢？員工的失敗或系統的失敗？

我們在第9章將會學到任何文字、規格、指示、公告或規章的字面意義並不是撰寫人心裡所想的，重點其實是運用的結果。例如「指令」在實務上如何運作？實際會發生什麼事？

第11a要點：取消工人的數值額定量

計時工人的配額定量，有時稱之為「一天工作量衡量」（measured day work）；或「根據一定基準的工作速度、標準生產量」，或「工作標準量」（work standards），主計人員（或會計人員）必須有這種資料來預測成本。工業工程師試著估算此成本。此成本資料在變成標準成本、工作標準量、根據一定基準的工作速度、額定量。

標準生產量是為那些平均水準的工人而設定的。自然有半數的人在這個標準以上，半數落在此標準以下。結果，實際會發生的是同事間的壓力使半數的人達到標準，不會做得更多。低於標準的半數永遠達不到這個標準。於是造成員工迷惑、混亂、不

滿與離職。有些標準只是為那些做得到的人（achiever）而設定的，其結果更糟。

生產額定量是抗拒品質與生產力改善的壁壘。我從未看見過一個額定量含有任何系統觀念可以幫助任何人把事情做得更好。它與持續改善是不相容的。有比它更好的方法可用。

應用工作標準的企圖是很堂堂正正的：預測成本，建立成本的上限。可是實際上它會使得作業成加倍，工人也不再以技術本位為榮。因為必須有更多的工程師參與工作標準的設定、更多的人來點計產量，他們比從事實際生產的人更多。

很多工廠裡在下班前1～2小時，很多男女員工到處站著沒事做，只等下班鈴響。他們已經做完了一天的工作配額，雖然不願再多做，但也不能提早回家。難道這種現象對美國產業的競爭地位有幫助嗎？這些人因為沒事做而鬱悶，其實他們寧可工作，也不願站著等下班。

有家銀行是我的客戶，最近請顧問公司為他們設定工作標準。顧問公司設定各種活動的數值標準：出納員1小時內應該處理多少位顧客，職員1小時內應該計算出多少筆利息或罰款數，其它每一種活動都有數字標準，卻完全沒提改善工作品質，也沒有改善的建議。

我有學生向班上報告，在他工作的銀行每個人都要記錄自己的每個行動，像是打電話、計算、使用電腦、等候顧客等。每一行動都有標準時間，每人每天評定一次。某人某天可能得到50分，隔天得到260分。然後依分數排名，分數愈低名次愈高。該銀行士氣低落是不難理解的。

「我的標準量是每天155件。我無法達到這個數字（而我們都有共同的問題），要趕工達成標準會做出一批缺點很多的零件。」她要達到標準量，必須放棄她技術本位的榮譽感，否則薪水被扣，甚至會丟掉工作。如果有明智的督導與協助，而且沒有固有／本質的缺點，那麼這位操作員可以在一天裡更輕鬆地做到比標準量還多的好產品。

某位管理者說，他有更好的計算工資制：做出不良品就扣錢。這聽起來很不錯，使人很清楚地了解這裡不許製造錯誤與不良品。事實上，這可能是很殘酷的督導法。誰來判定不良品？工人及檢驗員是否都很清楚不良品包括那些因素？這樣的產品昨天是否被判為不良品？誰做出這個不良品？是工人？還是系統？證據在那裡？（詳見第11章）

計件制（論件計酬）比工作標準更糟，激勵獎金制（incentive pay）是計件制。計件制的時薪工人立刻會明白，她多做一件，不管是否為不良品或報廢品，就多得一份報酬，她做愈多不良品，當天的報酬就愈多，她如何能以技術為傲呢？

日本的工廠都不採用計件制。

工作標準、生產配額、激勵獎金制與計件制等，很明顯地反映出管理者不了解且不能提供適當督導的窘境。這種損失肯定很驚人的。多做產品就給紅利獎金制會有副作用，甚至會一敗塗地。

想提高公司股利的管理者，應該立即採取步驟，取消工作標準、生產配額及計件制，代之以明智的督導，遵行本書所提的原則與實例。如此才能移除掉工人以技術本位為榮的障礙（詳見第12要點）。

在我任教的紐約大學企管研究所中，有一位小姐描述她在一家航空公司的工作，接聽電話、預訂座位與提供資料。她每小時必須接聽25通電話。她必須有禮貌，不能催促詢問者。可是她卻常常受到干擾，像是電腦傳送她要的資料很慢，有時還顯示「無可奉告」，她只得被迫使用目錄或指南。我問她，克里斯汀（Christine），妳的工作是什麼？是不是：

每小時接聽25通電話？

或

給予詢問者禮貌的回答，不得拒絕？

她不可能兩者兼顧。當她不知道自己的工作是什麼，又怎麼可能以工作為榮？可是會計人員需要這些數字編列預算。

以下是我建議的計畫綱要，希望這麼做可以改善經濟與服務。當每個人都參與改善時，技術本位的榮譽感就會油然而生。

提醒：以下只是建立步驟的初步建議，統計人員當然可依自己的想法和所在組織的條件修改和增訂：

步驟1：給會計人員數字以利預算編列，以後再陸續修訂。

步驟2：清楚地讓每一位員工（像是500位）明白，企業的目的是要讓顧客滿意，並以自己的工作為榮。

步驟3：每個人都要留下電話紀錄。紀錄上要有來電時刻及談話結束時刻；並記載等候電腦顯示資料的時間，以及使用人工

翻查資料的時間。我們可以用一些代碼記錄不同種類的詢問。大部分的紀錄都可以自動登錄。

　　步驟4：每一工作人員要把顧客的特殊的、非普通的、非例行工作的等類型問題轉給督導人員處理。例如某顧客希望到水牛城（在紐約州，當然沒問題）停留數天後，要搭乘加拿大太平洋航線從多倫多前往倫敦。這位顧客需要多倫多到倫敦的起飛時刻與票價，也要知道從水牛城到多倫多的起飛時刻。

　　步驟5：一週結束後，從100個工作站取樣。繪製分布圖。依照工作人員的年齡別，服務時間別或其它特性別繪製連串圖，或能取得某些資訊。

　　步驟6：重複2、3、4、5步驟幾個星期，每週取一個新樣本。

　　步驟7：比較週與週、人與人有什麼新型態（patterns）？

　　步驟8：依上述步驟繼續研究，但縮小規模。

　　最後可以得到績效的分布。有一半的工人在平均水準以上，一半在平均水準以下。研究這些結果就可以使品質與服務持續改善。根據記錄的數據可做成圖表與進一步計算，可指出那些人的績效落在系統之外（依據的層別例如：轉給督導人員的電話次數、每小時各代碼類電話的次數異常），需要領導者特別協助（詳見第3、8、11章）。

　　到後來，會計人員每年可以有合理的數字來預測各類成本（編預算）。每個作業員都知道她的工作是提供服務，而不是達成配額，同時知道她是以最低的合理成本提供服務。每個人都能參與改善服務及降低成本，這是最佳的工作生活品質。

上述建議可加修改，應用在任何業務、任何產業（包括政府機構）。

例如，某郵局主管因為信件分類員經常出錯感到困擾。我問他：「你怎樣敘薪的？」他回答：「每天分類15,000封信，這就是他的工作。」他的問題源頭再明顯不過了。這種付薪方式，信件分類工作永遠不會有改善，分類的成本也不會降低。使用前述我們對航空公司的建議，就可以持續地減少信件分類的錯誤，改善生產力，並讓信件分類員以技術為榮。

管理者的工作就是以知識及明智的領導取代工作量標準。領導者必須了解工作本身，並且明白本書第8章與第11章闡述的原理。取消工作標準並以領導取代，品質與生產力就會顯著提升，工作人員也會更愉快。

第11b要點：廢除為管理者設立的數值目標

公司為了管理而設定的內部目標，如果不講求方法就會變成一種笑柄。例如：1.明年度將降低保固品成本10％；2.增加銷售量10％；3.明年度生產力提升3％。如果在正確方向自然上下起伏（往往由不正確的數據而得）就定義為成功。朝相反的方向上下起伏，有關人員就要急忙提出解釋，投入短期嘗試解決，結果反而是是更多的挫折與問題。

例如採購經理聲稱他的部屬明年要增加生產力3％，也就是每人每年平均採購案件數增加3％。我問他們要用什麼方法時，他們承認沒有任何計畫。正如勞埃德・納爾遜（Lloyd S. Nelson）所說（第25頁）：「如果他們沒有計畫，就能在明年達成目標，

為什麼不能於去年做到？」他們一定是懶人。假如能夠沒有計畫就達到3％成長率，那麼他為什麼達不到6％的成長？再說，這不過是些數字而已，沒有擬定全力達成最低總成本的計畫。

有一位郵局人員告訴我他的單位想在明年改進生產力3％。我問他有何計畫或方法時，答案如往常一樣：「沒有。」（他們只是想要改善而已）

如果系統是穩定的，那麼設定目標是沒用的。系統給什麼，你就會得到什麼。超出系統能力之外的目標是永遠達不到的。

如果系統不穩定的，那麼設定目標同樣沒意義。因為無從知道這個系統會產生什麼：它沒有能力。（研究第11章對於了解這些論點會有助益。）〔福特汽車公司的愛德華・貝克博士（Dr. Edward M. Baker）提供〕

要管理，就必須領導。要領導，就必須了解自己及部屬的責任是什麼。誰是顧客（下一個階段收到產品的人），如何能為顧客提供更好的服務？新進的經理，如果要在改善源頭領導與管理，就必須學習。他必須知道部屬在所做些什麼，同時還要學許多新領域的東西。新進經理很容易省略他的學習與責任，而把注意力放在流程的遠端以管理成果，例如取得有關品質的報告、關於故障、不良率、存貨數量、銷售額、人員的報告。把重點放在成果，無助於製程或業務活動的改進。

我們已經說過了，用數字目標來管理，就是不知道要做些什麼卻想去管理，事實上，往往流於恐懼管理。

現在，大家或許都了解「數字管理」的問題所在。

唯一可以允許管理者在部屬面前提出的數字，是那些與生存

有關的平實描述。例如：1.除非我們下年度的業績增加10％，否則將被迫歇業。2.一個地方一氧化碳的平均含量在8個小時內不得超過8 PPM（part per million，百萬分之一點）。原因是文獻上說含量超過9 PPM以上有害人體健康。

第12要點：去除那些剝奪人們以技術為榮的障礙

這些障礙必須從兩類員工之中移除，第一類是從事管理工作或領月薪的員工，障礙為年度績效考核，或稱為依考績任用及升級制，將在第3章中討論。另一類則為按時計酬制工人，我們接下來討論。

美國在品質、生產力、與競爭地位的驚人滑落，讓生產工人處於劣勢。這些障礙與不利的條件剝奪了工人以工作為榮、讓他們做好工作的權利。這些障礙幾乎存在於今日美國的每個工廠、大廠區、公司、百貨公司與政府部門。〔譯按：歐美對於工廠（plants）、大廠區（factories）看法可能不同，此處為美國用法。在歐洲為工廠（factories）、大廠區（plants）〕

如果現場工人不能確定什麼是合格與不合格的產品，也無法去找到答案時，怎麼叫他以工作為榮呢？昨天是對的工作；今天變成不對，他如何知道到底該怎麼工作呢？

對管理當局而言，不管是從事管理工作或現場工作的人，都已變成了商品（commodity）。我與某家公司的40位熟練技工聊天，該公司的業務很不錯。他們最大的抱怨就是，他們常常要等到星期四才能知道下星期是否有工作。其中有人說：「我們是一種商品。」商品這個名詞，正是我找了很久的字眼。管理階層視

需要依照（或不依照）公定的價格雇用他們。如果下星期不需要了，就讓他們回到就業市場去找飯碗。

位居管理階層的人早已習慣長時間工作，面對銷售量下滑、每季股利下降，與成本飆漲等問題。他們要擔心的事才多呢。他們勇於面對這些問題，卻對人的問題束手無策。對於人的問題，他們採用蟹行（橫向躡著方步來回走）和自我安慰的幻想方式來逃避，希望問題會自行消失。他們建立了員工參與制，工作生活品質制等，然而這些只是煙幕。幾個月之後，對於各種建議提案還無法採取行動，所有這些希望都幻滅了。（譯按：關於人的管理，請進一步參考戴明的《新經濟學》第6章〈人的管理〉）

有一位工人告訴我，她工作地方的所有各項工作，都有印成書面的工作指令，放在明顯的地方，卻沒人讀完。因為每個人讀到一半時，就已一頭霧水，再讀下去恐怕會更糊塗。

如果檢驗出了問題，像是檢驗員不能確定產品是否合格，儀器、計測器是否正常，領班又不顧品質地催促產量時，怎能讓工人以工作為榮呢？

工人要花時間來試著修理，或隱藏前站作業的不良品或前站來的不符規格物料或搬運損壞時，他如何以工作為榮呢？

工人每天要生產某一數量（工作標準量）的產品，不管喜歡或不喜歡，將好的、不良的和報廢品，統統都混合算成產量配額，他如何以工作為榮呢？

機器故障而又沒有人接受請求前來調整、修理時，他如何以工作為榮呢？

當他因不良品而停機調整以防再次繼續生產不良品時，領

班命令他「開機」，要他「製造」不良品時，他如何以工作為榮呢？

有位生產工人告訴我他認為是「溝通失敗」的事情：

我問他：「溝通失敗嗎？你不懂領班對你所說的嗎？」

他回答：「領班要我製造不良品，我還有什麼榮譽感？」

當一位女工要花很多時間在更換刀具時，她又如何能將工作做好呢？

她說：「這些刀具太軟、品質又差。」

我說：「公司買便宜的刀具可以省下很多錢，不是嗎？」

她回答說：「不錯，可是由於刀具磨損太快，又占用我們的時間，公司所損失的，其實10倍於他們所節省的。」

我說：「可是公司不是付給你這些工時的工錢嗎？還有什麼問題？」

她說：「我可以用這些時間做出更多的產品。」

還有更多對話的實例：

時薪工人說（以下簡稱「答」）：「主任很怕做決定。如果他不做什麼決定，他就不必向上級解釋。身居管理者不做事時也不必解釋。如此推卸責任的主任，又怎能做任何改善？」

我問：「生產力如何？」

答：「當輸送帶一壞掉，我們就毫無生產力。我們必須用手

搬運東西。這些東西剛出爐時很燙手，如果要立即用手搬運，皮膚會起泡。我們必須把工作放慢。管理者對此也沒有採取任何行動。」

我問：「這種事情已經發生多久了？」

答：「7年了。」

另一位生產工人：「一位督導員來了五週之後就走了。來了另一個，同樣不知道這裡的工作，也無心學習，就這樣一天過一天，他任何一天都會走人。」

另一位生產工人：「我們（原文如此）好幾年來就和一家公司簽約，供應150萬英尺的產品（譯按：這種產品的供應可以不考慮寬度）。管理者決定要降低成本，提高利潤。發給我們的材料愈來愈差。結果我們丟了這筆生意。這筆損失大大減少我們的利潤。我們不能用低劣的物料產出品質來。」

生產工人告訴我，他們將試用這些兩年前買進來的機器，至今還令人失望。另有工人指給我看那些維護不良的機器。維護人員不用新零件來更換，而用從報廢的機器上拆下來的零件充數，真是因小失大。

生產工人說：「送來的管子太長，我們必須剪短。」

我問：「所有的管子都要剪短嗎？」

工人答：「這批所有的管子都要剪短。然後另一批進來，長短恰恰好；接著又太長。」

我問：「這麼做有什麼不同？你們還不是照領工資。」

答：「我們照領工資，可是我們虧錢了。」

生產工人：「你不能依靠檢驗而得到品質，但是沒品質可言時，就只有靠檢驗了。」

生產工人：「我們的工作很累，因為請假的人太多。我們不但要做自己的事，還要做他們的。我們拚命趕工，品質大受影響。」

我問：「大家為什麼請假？」

工人答：「他們不喜歡這個工作。」

我問：「為什麼不喜歡？」

答：「因為我們無法把工作做好。」

我問：「為什麼你們不能把工作做好？」

答：「什麼事都很趕。領班要達到額定產量。我們不喜歡這樣，因此有些人寧可待在家裡。」

評論：缺席率多半決定於督導的好壞。如果大家自覺對工作很重要，他們就會來工作。

生產工人：「我的機器是可用程式邏輯控制的，但停機時間很長，停機時我就無法工作。」

我問：「然而不管你工作或閒著，公司都會付薪水給你，那你還有什麼問題？」

答：「停機時我無法工作。」

我問：「你能自己修理它嗎？」

答：「幾乎沒有過。我知道如何修理才自己修理。不知道的，就請技術員來，可是要等很久他才會來。」

我問：「但公司仍舊付給你工資，又有什麼不好？」

答：「我等待技術員時，非常緊張又有壓力，這不是金錢所能補償的。」

生產工人：「我們的領班大專畢業，學過人際關係的課程，可是他對這個工作一竅不通，根本幫不上忙。」

生產工人：「提建議給領班有什麼好處？他只會笑一笑，然後走開而已。」

評論：這樣的領班能做些什麼？他不了解問題所在，即使了解也無法解決。領班的職位，是為那些初入公司的大專畢業生而設的。

生產工人：「我們的機器一直運轉，直到燒壞為止；然後時間就被浪費了，預防保養做得不夠。」

領班：「任何事情一出錯，我都會寫報告交上去。我聽說管理單位會有人來查問題。可是目前為止從沒人來過。」

另一個例子

這件事情發生在某家電氣設備製造工廠，該廠最看得見及最引人注意的工作就是檢驗。

我問工程師：「貴公司投資在量規、儀器及電腦上的資本財設備百分比有多少？」

「大約80％，包括報告的印刷費用。」

我問：「檢驗人員的工資占全部工資多少？」

「在55到60％之間。我們必須確保品質，維護商譽。」

每一部負責保存資料的儀器都裝有記憶晶片，能印出此儀器中的1100個零件的序號，並顯示哪個是第一次檢驗就通過，那個是測試失敗後換上的。

「做了這麼多檢驗工作，所以我們不需要品質管制。」負責的工程師向我解釋。

後來，在一個工會代表開會上有兩位小姐問我：「我們為什麼必須花那麼多時間在工作前把塑膠盤弄直？它們有三分之一送來時已扭曲了。」

「為什麼送來的塑膠盤是扭曲的？」我問道。

「我們認為，是搬運時弄壞的。」

我說：「這對妳又有什麼不一樣？妳照時間領工資啊！」

「是的，但是我們可以把弄直這些塑膠盤上的時間用來做更多的工作。」她們這樣回答，而且還問我又能幫上什麼？

「這個問題已經有多久了？」我問。

「已經三年了，可是什麼都沒發生。」

管理者不注意她們的解決問題的請求，可想見這些人對於管

理者的看法是如何了。

　　後來我與高階管理者開會，我問他們：「你們80％的資本財設備是量規、儀器與成堆的電腦報表，55％的工時花在檢驗上，為什麼除了生產工人之外沒人知道塑膠盤扭曲的問題？」

　　如果你因為一位好客戶開始另找較低價格、較高品質的供應商，而開始擔心時，你可能會失去一位好客戶。但你沒辦法責備他，因為你浪費太多人力在重做、檢驗上，而且將龐大的資金花在檢驗設備及儲存不必要的資料在記憶晶片上。

再一個例子

　　在從明尼阿波利斯（Minneapolis）起飛的飛機上，有一位飛機駕駛員坐在我旁邊。他向我抱怨公司付錢給他搭這趟飛機，可是這樣做對誰都沒好處。他說他原本可以駕駛飛機為公司賺錢的。（很明顯地，公司管理者沒有向他說明某些時候為了回送飛機，讓飛機駕駛搭飛機而不是開飛機，是不可避免的事情。）

　　本書中到處都談論生產工人的問題。

　　那些使工人不能發揮以技術為榮的藩籬，恐怕就是美國在降低成本與改善品質上的最重要的障礙。

　　品質不良與生產力低落本身並不是損失的全部原因，領導能力不足也是一要因。例如因為工安意外而帶薪休假的平均日數非常高，就是因為督導能力不佳所造成。

　　離職率會因產品不良率的增加而升高，而當員工看到管理者很明顯地在努力改善製程時，離職率也會跟著降低。

一個人如果感覺到自己的職務很重要，就會盡力工作。如果一個人能以工作為榮，同時也能參與「系統」的改善時，就會覺得自己身居要職。缺席率與離職率高，多半是因為督導不周及管理不善所造成。

〔以下由南非比勒陀利亞市（Pretoria）顧問希羅‧哈克奎博德（Heero Hacquebord）提供。〕

我和45位生產工人談到哪些是妨礙他們改善品質與生產力的抑制因素：

‧不適當的技術訓練（工人說：「我不知道我的工作是什麼？」）
‧組件的延誤與短缺
‧工作指導文件不當
‧趕工（生產計畫不周）
‧過時的工程圖
‧不適當的設計（工作完成後才做設計變更，導致重做與修理。）
‧領班沒有足夠的知識領導
‧不適當與錯誤的工具及設備
‧工人與管理者之間沒有溝通管道
‧不良的工作環境（冬冷夏熱、空調不佳）
‧「不知道績效是怎樣評定的。績效考評簡直是胡

鬧。」

　　•「從供應商那裡來的不良品阻礙了我的工作。」

　　•「從工程師那邊要得到技術協助很費事。」

　　我曾與經理討論過以上這些問題，他承諾要針對這些問題採取行動。他可能會這樣做，因為他上過你在比勒陀利亞市（Pretoria）開的課。

還有另一個例子

　　某公司的計時工人罷工時，由領月薪的員工來接管生產工作。某部門經理報告說，他發現機器故障了，有的不太順，有的急需維護，其中一台必須汰舊換新。他把機器調整好之後，產量倍增。如果不是因為罷工，他就永遠不知道機器的使用狀況，而產量也就永遠只達到產能的一半。我說：「那麼，問題是出在你了，不是嗎？」他承認確是如此。這種事情以後就不再發生了。從此，在這個系統下，員工對機器故障，材料不良的報告，都受到重視。

發生了什麼事情？

　　依我的經驗，人們多半能面對各種問題，可是，人的問題除外。他們能夠長時間工作、面對蕭條的業務、面對失業，就是不能面對人的問題。面對人的問題時（包括管理者在內），許多人都會產生麻痺現象，都躲入品管圈（QC-Circle）、員工參與（EI，employee involvement；EP，employee participation）以及

工作生活品質（QWL，Quality of Work Life）等名目的活動中避難。假如管理者沒有意願對所提出的改善建議付諸實行，那麼可預測：這些小團體在幾個月之後，就因受挫而解散，大家會覺得受騙，不能做出什麼成果。這些活動或運動，都是想讓人逃避人的問題所設計。當然也有一些成功的例子：管理者知道自己的責任，能接受忠告去除那些壓制以技術為榮的障礙。

建立以技術為榮的方法，並不只是為員工建立體育館、網球場及娛樂中心。

提供員以工作為榮的機會，那麼少數（3%）對工作不關心的人，就會因同事壓力受到感化。

第13要點：鼓勵每一個人自我教育與改善

一個機構所需要的，不只是好人才，而且還需要那些自我教育並改善的人。

在自我改善方面，大家要牢記在心：好人才並不缺少。我們所缺少的是較高層次的知識，這在各行各業都一樣。某一課程承諾將來會值回學費，這或許太遙遠，我們不應該等待它的生效日。然而，只針對眼前需要開設的課程，也不一定是最明智的。

一般人普遍對知識感到恐懼（我們已在第8要點討論過）。可是，想要取得競爭地位的優勢就必須扎根於知識。

我們從前文了解到，每個人都有責任重建西方工業，都需要接受新的教育。管理者必須從新學起。

人們在自己的事業生涯中，希望有比金錢更重要的，我們要有更多的機會，以實質或其它方式增進社會福利。

行動計畫

第14要點：採取行動達成轉型（注8）

1.負責的管理者應該針對上述的13項管理要點、致命惡疾、各種障礙等奮鬥不懈（第3章）。他們應深切體認上述新觀念的各要點的意義與執行方向，並實行這套新哲學。

2.負責的管理者應以能夠接受新哲學及負起新責任為榮。他們必須勇於突破傳統，即使受到同事排擠也在所不惜。

3.負責的管理者將以研討會或其它方式來向公司的全體關鍵員工解釋為何要改變，以及這種變革將會牽涉到每一個人。公司裡必須有足夠的人員了解管理十四要點，以及第3章所說的致命惡疾、各種障礙，否則管理者將會勢單力薄。

　　整個活動必須加以組織，並由中階管理者推行，口令一致並達成目標。

4.每一活動、每一工作都是製程中的部分。下面我們將應用流程圖把工作分成幾個階段。這些階段合起來形成一個流程。這些階段不是單獨的實體，各自追求最大利益。一個流程圖或簡或繁，本身都是理論（或想法）的實例。

$$\longrightarrow \text{第1階段} \longrightarrow \text{第2階段} \longrightarrow \text{第3階段} \longrightarrow$$

工作由任一階段進入之後，狀態就會有所改變，接著進入下

一階段。每個階段都有顧客，即下一階段。最後階段會有產品或服務送到最終顧客手中。每個階段都會有：

・生產就是改變狀態，把投入轉為產出。材料或紙張進入任何階段時，都會有某些事發生，然後以不同狀態離開。

・工作方法與程序不斷地改善，目的是使下一階段的顧客（使用者）獲得更大的滿足。

每個階段都要與上一階段及下一階段合作，做最佳的配合。所有的階段也要整合起來，做出顧客也會誇讚的最佳品質。試想本書第2章第50頁的幾句話：

「這是我能為你做的。這些是你可以為我做的。」

如果我先知道程式要用來做什麼，就可以把工作做得更好（較少錯誤），可是規格並沒有告訴我該知道的事。（某位程式設計員的談話）

5.以審慎的速度儘快建立一個組織，正如第16章所建議的組織方式以指導持續改善品質。

任何階段都可藉著**圖5**休哈特循環（Shewhart Cycle）（注9）〔譯按：休哈特循環又稱PDSA或PDCA循環，分別是規畫（plan）、實施（do）、檢討或查核（study或check）和行動（action）。它們合起來的圈，都可採用休哈特循環研究。〕的幫助來改善工作。它也是統計程序可用來偵測出特殊原因的信號。（詳見第11章）〔譯按：請

步驟4：研究所得的結果，我們從中學到了什麼？可以用來預測什麼？

步驟3：觀察變革或測試的效果。

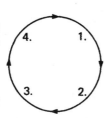

步驟1：本團隊的最重要成就會是什麼呢？

哪些變革可能是有利的呢？

有哪些資料可應用？需要新的觀測嗎？

如果需要，就要計畫、研擬變革或測試。決定如何應用這些觀測所得。

步驟2：實施上述步驟所說的變革或測試，最好先採取小規模方式。

步驟5：利用上次累積的重要知識，重複步驟1。
步驟6：重複步驟2，然後繼續推進。

【圖5：休哈特循環】〔編按：亦稱為PDSA（plan-do-study-action）或PDCA（plan-do-check- action）循環，在日本稱為戴明循環。〕

比較戴明著《新經濟學》第6章、圖13和內文關於休哈特循環（PDSA循環）的進一步說明。〕

　　我們之所以研究改變（或變革）之後的結果，是為了想知道如何改善明天的產品或明年的營業。要規畫需要預測。改變或測試所得的結果，可以加強對預測與規畫的直觀確度〔degree of belief，譯按：此詞重要。我請教威廉‧謝爾肯巴赫（William W. Scherkenbach），他表示，直觀確度用在分析型研究，由於在經驗的時空上，證據永遠無法完全，所以我們無法像在計數型研究中採用信賴取區間般計算到小數點，我們不能給它們數值來表示確度〕。

　　休哈特循環的步驟4（研究所得的結果：我們從這個改變之中學

到什麼？）將導致：（a）任何階段的改善，以及（b）提高該階段顧客的滿意。該結果可能會指出：不需做任何改變，至少目前如此。

如果改變或測試的結果顯示是有利的，我們可能會決定再進入循環一次，最好是安排在不同的環境條件下，以確定在第一次循環中所產生的有利成果，是否只是偶然現象，它在不同的環境下仍然有效。

在休哈特循環的任一步驟，都需要統計方法的指導，這是為了求經濟性、速度及保護我們因未能衡量與測試各種交互作用而做出錯誤的結論。

如果我們要研究提議的某項改變的效應，有時候可先在紙上計算、模擬，或改變工程圖，如此可免除實際的試驗。第15章有些例子，就是用簡單的算術與簡單的機率理論，就可以算出，為求總成本最低，是否需要檢驗或要在什麼地方設檢驗站。

1985年8月，艾弗·弗朗西斯博士（Dr. Ivor S. Francis）在紐西蘭戴明學院的研討會中舉一例：把下午休息、喝咖啡的時間，從15分鐘延長到30分鐘。

結果：節省時間也避免騷動。

解釋原因：15分鐘不足以使350位員工喝杯咖啡再回到座位。給30分鐘就夠了，不必太匆忙，都能並準備好再做事。

現在或可以把3個或更多的階段套成一個迴圈（loop），來

研究一個或幾個階段的改變之間的交互作用，當然這種研究也應該採取、應用休哈特循環。

6.每個人都可加入某一改善團隊。團隊的目的是要改善任何階段的投入與產出。團隊程園最好由不同部門的員工所組成。每個團隊都有單一顧客。

團隊的每一成員都有機會提出他的構想、計畫與數字；可是任何人都可能會發現，他的某些頂好的構想被團隊共識所埋沒。然而，他仍有機會在稍後的循環再提出。一個良好的團隊有其社會記憶（social memory，譯按：指成員的認同，尤其是大家共有的歷史，它們形塑大家的認同感）。

在接下來的的會議中，大家可能會拋棄前一階段的決定，而採用更清楚的構想重新開始。這是一種提升、進步的訊號。

7.著手建立如**圖61**（第16章第531頁）和相關內文所示的品質組織，此步驟需要知名豐富的統計專家參與。

一群人、一個小組應該有其目的、任務、目標。因此有關它們的說明，要簡要而不流於繁瑣，否則會阻礙創意。

這樣進行下來，每個人都會了解到自己能做的是什麼，高階管理者能做什麼。為達此目的，福特汽車公司愛德華・貝克（Edward M. Baker）提出下列各項查核問題供大家參考：

協助團隊開始運作的查核問卷

・關於你的組織

a. 你的部門在整個公司結構的定位為何？

b. 你們提供那些產品或服務？

c. 如何提供這些產品或服務？（過程為何）

d. 如果你的組織（單位、組／處、部門）停止提供這些產品或服務，會有什麼影響？

・關於你

a. 你在部門中的定位如何？你的工作是什麼？

b. 你創造什麼或生產什麼；你工作的成果是什麼？

c. 你如何做？（大略描述你所做的事情）

d. 你如何知道自己的成果是好還是壞？也就是否有良好績效的標準或準繩？

e. 這些標準是如何建立的？

・關於你的顧客

a. 直接顧客：

　i. 誰直接拿到你生產的產品或服務？（他就是你的顧客）

　ii. 顧客如何使用你的產品／產出？

　iii. 如果你沒有把工作做好，後果如何？

　iv. 你的錯誤對顧客有什麼影響？

　v. 你如何發現自己沒做到顧客的需求或要求（例如從顧客、老闆的回饋或根據報告）？

b. 中間顧客與最終顧客：

　i. 除了直接顧客之外，你的影響能追蹤到多遠？

・關於你的供應者

 a.你的工作是怎麼開始的？（例如老闆交辦、顧客要求、自動自發）？

 b.提供你材料、資訊、服務，及其它工作所需的（例如由老闆、顧客、同事，或其它部門的人）？

 c.如果你的供應者沒有做好工作，會怎樣？

 d.他們有績效標準嗎？

 e.他們如果犯錯，對你有何影響？

 f.他們如何得知是否達成你的要求？你是否與他們一起工作？你是否履行你對他們的義務？

  事情發生了。隨著時間快速前進，品質愈來愈好，人人都以品質為榮，全世界的人都和諧地工作的時間就快到了。我們看到新進員工或重新雇用的老員工，他們都半信半疑，無法相信品質業已成為此地的第一要務，益發茁壯。〔由通用汽車公司龐蒂亞克事業部費爾羅廠（Fiero Plant）的胡安妮塔・洛佩茲（Juanita Lopez）提供。〕

關於進料績效的資訊差距種類任何一批送達工廠的物料都可分成以下4類：

 1.可用於生產，無問題。

 2.不好用，因為不合製造與成品的要求，不可避免的會造成材料浪費或重加工成本，或者材料與重加工都損失。

  例如一塊材料表面應該要平坦以便塗上水泥，現在中間凹陷

了，使用之前必須修理。另一個例子是一塊板子（薄木板或生皮裝飾）的顏色不均。為了避免成品會受到影響，有些物料必須丟棄，浪費了物料與處理時間。

另外一個例子是，只有一家供應商能夠供應合格的材料，可是為了應付大訂單，不得不向其它供應商訂購相同的材料。投料生產之後很不理想，結果需重做，又造成浪費。

3.依廠長的判斷，完全不合用。處理這個問題的一種方法是召集會議，由廠長、採購人員，或實驗室的專家參加。這些人的共同決定是：

廠長的觀點是對的，材料不合用，應該退還供應商。

或

廠長不了解成品的要求，以為該物料仍可使用。

或

問題出在規格不當，不合需要。你可以將此物料保存、作其它用途或乾脆賣掉；可能回賣給供應商（要賠些本）。重新採購合用的材料。

4.庫存的材料。這類包含：①物料購進後，儲存備用。可是這些儲存備用的物料，很多時候是貨源不明。有些材料後來發現是是不良品。由於來源不明，為安全企起見，只好在使用前做100％檢驗。應該盡量避免存料，除非怕價格會高漲或因有罷工而不能供料。②進料沒用上，例如：（a）成品停止生產了。（b）顧客在未開工之前取消訂單。（c）顧客訂購2,000件；可

是存料僅能供應1,000件；顧客不能只用1,000件，同時也無法等待，因此取消訂單。（d）成品交到顧客手中的時間太遲，旺季已過，因此取消訂單。這類問題有好幾個對策。你可以將這些材料回賣給供應商。另一個方法是存入倉庫，希望不久之後就能用到。你也可以打電話通知同業競爭者，也許他們正需要。

公司會計部門對第3、第4類物料握有正確的數字，可是很少公司能清楚知道第1、第2類物料有多少。

依據我的經驗，第3類物料（完全不合用）的數量甚小，它們往往少於總物料價值的1％。第2類物料（不好用）的金額雖然不小，可是還比不上比花在重做與浪費的多。

每類一個（注10）

每種／類一個（one of a kind）（譯按：此詞表示「獨一無二」「可一不可再」等意思，我交互使用這些同義詞。）

這一觀念是由我的朋友威廉・戈洛姆斯基（Willian A. Golomski）所提供，他認為大部分的產品或服務都屬「每類一個」，他在文中也提供了許多例子。

萬物都是獨一無二

我們很難想像每類一個的產品多到多少。事實上幾乎每件物品都是獨一無二的，正如在第5要點中所說的。我們通常把房子認為是獨一無二的；又如辦公室裡的地毯、你家的鋼琴當然也

是。訂貨生產的工廠就是專門生產獨一無二產品的地方，雖說此工廠能夠生產1個或200個相同的物品。某一型別的汽車也是獨一無二的：一旦生產之後，就很少能再修改以迎合採購者，正如我們很難將建造好的戰艦翻新一樣。一家公司可以製造特別設計的飛機6架或37架，但它們都是獨一無二的。就像大樓一旦動工後，就定了型一樣，要改變就很花錢了。

機器設備一旦購入後，它們就成了家具，彷彿長了腳一般。房子、平台式鋼琴、大樓、汽車、飛機也是一樣。想想看，你如何測試一艘戰艦？〔提醒：請參閱第57頁有關訂貨生產工廠（job shop）的例子。〕

例1：飛機引擎已經發動，我們即將起飛，航程是從美國納什維爾（Nashville）到華盛頓。一切都已就緒，除了9位旅客還站在走道上尋找座位。空中小姐要求他們就近找個位置坐，可是為什麼他們還站在那裡？因為他們在找自己的座位。原來識別走道的座位號碼太小，不易辨認，又受到光線遮蔽。但是誰花了幾百萬美元買一架飛機，卻沒有考慮到顧客？就有人這樣，誰會買它？就是有人買下這種飛機。

例2：任何熟悉航空業務的人都知道，大部分美國機場的行李轉運（從一條航線到另一條航線）有多困難。行李沒有隨著客人轉機，就會給航空公司增加許多的成本，同時對旅客造成極大的不便。誰會在設計飛機場時，沒有考慮到航線間的行李的轉運問題呢？都是因為航管當局為了降低成本，卻沒有考慮到整體成本

（包含使用後）而造成的。

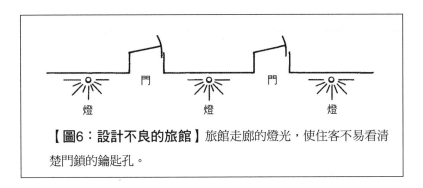

【圖6：設計不良的旅館】旅館走廊的燈光，使住客不易看清楚門鎖的鑰匙孔。

　　例3：圖6是一座九成新的旅館，但是在設計走廊燈光時，因為位置不佳導致門鎖鑰匙孔處於黑暗中。旅客再怎麼抱怨，經理也無能為力。因為這個問題對他而言是與生俱來，除非旅館改建，結果旅客只能用手來摸索。還好就我所知，尚未有人因進不到自己的房間而被迫在走廊過夜。哪位建築師會完全忘記了顧客的存在？就是有這樣的人。哪位旅館主人會犯這樣的錯？就是有人會。（第7章有更多說明）

　　例4：有一條離地兩英尺高的輸送帶載著玻璃罐裝食物，玻璃瓶掉落到地上，瓶子打破了，食物也濺得滿地都是，有些食物濺到輸送帶底下。為了清理必須找到身高不及兩英尺（約60公分）的人爬進輸送帶底下，或跪在玻璃碎片上才能清掃。會有這樣從沒想到有時需要清掃的建築師或工程師？就是有這種人。

　　例5：哪一家公司會製造沒有閱讀燈的飛機？畢竟一架飛機

造價幾百萬美元，工程及空氣動力設計都很好（但願如此），但有航空公司為了省錢而犧牲旅客的舒適。誰會買了幾架這樣的飛機而沒有考慮到顧客的需要？就是有這樣的公司。

第2章注

注1：由威廉・戈洛姆斯基（Willian A. Golomski）提供。

注2：美國福特汽車公司詹姆斯・巴肯（James K. Bakken）在1981年1月27日的發言。

注3：參考沃爾特・休哈特（Walter A. Shewhart）所著《產品的經濟品管》（*Economic Control of Quality of Manufactured Product*），（1931年Van Nostrand首印；1980年美國品管學會重印；1986年喬治華盛頓大學Ceepress重印）。

注4：感謝貝徹製造公司（Bettcher）總經理拉爾夫・辛森（Ralph E. Sinson）給我一份參訪心得報告。

注5：參考田口玄一和吳玉印（Yuin Wu）於1979年合著的《生產線之外的品質管制》（*Off-Line Quality Control*）〔譯按：亦可參考《實驗計畫法》（*Experimental Designs*, 3rd Edition）日文版復刻『実験計画法（3版）』2010年由丸善（Maruzen）出版，ISBN：978-4621082805（上）與978-4621082812（下）〕，以及田口玄一於1981年出版的《生產線上的品管》（*On-Line Quality Control During Production*）〔以上均為日本規格協會（JSA，Japanese Standards Association）〕〔譯按：此兩本書有合訂修正本，2005年由田口玄一、吳玉印與舒伯・喬賀瑞（Subir Chowdhury）合著的《田口品質工程手冊》（*Taguchi's Quality Engineering Handbook*，Wiley出

版，ISBN：978-0471413349〕，又可參考福特汽車公司的彼得‧杰瑟普（Peter T. Jessup）的論文〈績效改進的價值〉（*The Value of Improved Performance*），發表於美國品管學協會汽車分部於1983年11月4日的底特律會議。

注6：美國核能管理委員會（NRC, Nuclear Regulatory Commission）發行的《有系統地做取得執照廠商之績效評估》（*Systematic Assessment of Licensee Performance*），編號NUREG-0834，華盛頓，1981年10月20日發行。

注7：我要感謝威廉‧拉茲科（William J. Latzko）在很久以前就向我指出，業界人士的恐懼感蔓延頗廣，造成一定程度的經濟損失。

注8：我要感謝費城的菲莉斯‧索伯博士（Dr. Phyllis Sobo）對於擬定此行動計畫的協助。

注9：圖5所示的觀念，摘自沃爾特‧休哈特（Walter A. Shewhart）所著的《品質管制觀點下的統計方法》〔（*Statistical Method from the Viewpoint of Quality Control*），1939年美國（華盛頓）農業部研究院（USDA，Graduate School, The Department of Agriculture, Washington）首印；1986年Dover出版社重印〕一書第45頁。我1950年在日本講學時，稱之為「休哈特循環」。日本企業立刻採用，並稱為「戴明循環」沿用至今。

注10：每種／類一個（One of a Kind）（譯按：此詞表示「獨一無二」「可一不可再」等意思，我交互使用這些同義詞）這一觀念是由我的朋友威廉‧戈洛姆斯基所提供，他認為大部分的產品或服務都屬「每類一個」。他在文中也提供了許多例子。

第3章 | 管理惡疾與障礙

我的百姓因缺乏知識而滅亡。

——《舊約聖經》〈何西阿書〉第4章第6節

本章目的

上一章所討論的十四要點已構成一套管理理論。如果能切實運用，就可以改變西方的管理模式。然而，在轉型的過程中會遭遇到各種致命惡疾。在本章中，我們要嘗試了解它們所帶來的致命影響。可悲的是，要治癒這些病態，必須徹底整頓西方的管理方式（像是公司被接管的恐懼，以及短視近利的毛病）。

本章說明我們所要面對的，有管理惡疾（diseases），也有管理障礙（obstacles）。這兩者的區別，部分在於根除的困難度以及傷害的嚴重程度。

A.管理惡疾

管理惡疾嚴重威脅西方世界大部分的企業。著名的經濟學家卡羅琳・艾米（Carolyn A. Emigh）批評，唯有徹底重整西方的

管理模式，才能治癒這些致命惡疾。

致命惡疾舉例

1.缺乏共同目標，導致無法籌畫產品和服務，讓公司在市場上占有一席之地；甚至造成無法永續經營或提供就業機會。

2.太短視，過分強調或僅止於考量短期利潤（和永續經營的一致目標正好相反），害怕被惡意接管，以及承受銀行和股東的壓力。

3.績效評估、依考績而任用與升級的制度和年終檢討制。

4. 管理階層流動頻繁、跳槽成風。

5.管理者只知應用看得見的數字，而忽略或很少考慮有些數字是未知或無法得知（unknown or unknowable）。在美國企業界，這種無知尤其嚴重，但本書不加贅述。

6. 超額的醫療成本。

通用汽車公司（GM，General Motors）龐蒂亞克（Pontiac）事業部的經理威廉·豪格倫德（William E. Hoglund）曾對我說，（就金額而言）藍十字醫療公司（Blue Cross）是他們的第二大供應商。平均生產每部汽車必須負擔的直接醫療成本是400美元〔參考〈應診〉（Sick Call）一文，《富比世》（Forbes）1983年10月20日第116頁。〕（譯按：此文描述員工的高額醫療成本）。6個月後，他又說：每部車負擔的藍十字醫療公司的費用，已經超過鋼板的成本，因此醫療成本也自然灌入汽車的成本。此外，還有其它保健及衛生直接成本，例如因公負傷的醫藥費；對員工因年終

考績不佳而引發憂鬱症所需的諮商費用，再加上因酗酒或是藥物中毒造成績效不佳而接受諮商與治療的費用。

7.產品責任成本過高，再加上律師要求產品責任訴訟成功的報酬過高，更是雪上加霜。（注1）

接下來，討論這些致命惡疾的特性：

1.跛足症：缺乏持續一致的目標

大部分美國企業的經營是追求每季的利潤（譯按：證券交易所要求上市公司公布財務季報），更好的方式是持續不斷地改善產品、製程和服務，這樣才能讓顧客再次光顧，從而保護投資。（第2章管理十四要點的第1要點和第5要點。）

2.過分強調短期利益

只顧追求每季股利和短期利益，將會危害持續而且一致的目標。為何會熱衷於每季股利呢？是什麼力量驅使大家在每季最後一分鐘，編造出漂亮的股利呢？任何人都可大肆吹噓，他們的「魔術」是不顧品質，而將手邊的產品快速出貨，編成應收帳款，再將物料及設備的訂購遞延至下一季；並降低研究、教育及訓練費用。

其實股東更感興趣的是未來的股利，而不是目前股利的多寡。對他們而言，3年後、5年後、8年後所能分派的股利是相當重要的。過分強調短期利益，將會影響一致目標以及長期成長。接下來，引述霍見芳浩（Yoshi Tsurumi）於1983年5月1日在《紐約時報》F-3版發表的文章：

　　美國產業界的問題部分在於公司經理的目的失焦。大多數美國公司的執行長認為：企業管理的首要之務，應該追求利潤，而不是追求產品和服務。反之，日本企業的信條則主張公司應致力於成為該行業中最有效率的產品和服務的供應者。一旦成為世界的領導者，並能持續地供應良好的產品，公司的利潤自然會隨之而來。

在公司給股東的年報上，通常可以看到對於營運狀況的生動描述，並附上創造性的會計作帳（譯按：假帳）。然而，我們卻很少看到它對於附加價值以及社會貢獻的報導。管理者誤以為，讓企業閃過一次次的難關是豐功偉業。

　　1983年，由於公司所有重要管理職位大幅換血，他們都是老練的執行者，這讓各團隊的管理能力大增。同時，公司實施一系列的成本控制計畫，包括進一步的人事精減計畫、共用設備，以及改善應收帳款及存貨管理，這一切的措施都是為了改善營運毛利。

為何日本的系統會比美國的更容易提高生產力及世界貿易呢？我們可以在羅伯特・考斯（Robert M. Kaus）的〈工會的困擾〉（The Trouble with Unions），這篇文章發表於《哈潑雜誌》（*Harper's Magazine*，1983年6月，第23至35頁，特別注意第32頁）中獲得解答：

　　日本企業並不追求股東的最大股利，因為資本是由銀行借貸而來，只要求固定的資產報酬率。由於日本企業不需要討好股東，就可以委託另一批人（企業的員工）經營。彼得‧杜拉克（Peter F. Drucker）類似的觀察：大企業是為了員工所經營的，以傳統的法律用語來說，員工是受益的所有者，勞資之間自然會相互信任。（注2）

　　害怕惡意接管（unfriendly takeover）：不管什麼原因（甚至是為了長程計畫），股票上市公司的股價滑落，都會害怕被接管；就算是股價表現優異的公司，也有同樣的危險。害怕不友善的接管，可能是公司持續成長的最重要障礙。除了不友善的接管之外，槓桿收購也同樣嚴重。上述任何一種方法的勝利者都要強索利益分配，對被接管或購併的公司則有不良後果。

　　難道美國管理界必須永久屈從這種掠奪嗎？

　　紙上興業主義（paper entrepreneurialism）是美國經濟情勢搖搖欲墜的原因，也是其後果。那些獨占組織高位的專業經理們，唯一能唾手可得的就是帳面利潤；但是，這種設計出來的生產形式，已不適合美國的世界經濟處境。同時，這種無情地一心一意追求帳面利潤，會迫使企業的可用資源和注意力分散，增加轉化生產基礎工作的困難。必要的轉變被延遲了，讓未來的轉變更為困難。於是紙上興業主義有自我延續的特性，如果不加制衡，就會讓美國更為衰退。〔摘自羅伯特‧賴克（Robert B. Reich）所撰〈下一個美國的邊境〉，刊

於《大西洋》月刊，1983年3月，第43頁至第57頁。〕（譯按：賴克教授曾為美國勞工部長，現為加州大學柏克萊分校教授，仍很活躍，此文擴增為《美國的再開拓》）

照理來說，銀行可以幫助廠商做長程計畫，才能保護信用貸款。美國銀行卻常反其道而行，像是銀行真的會對其企業客戶這樣說：「吉姆，現在並不適合討論品質和未來。目前最重要的是減少支出，關閉工廠和你必須減薪。」

當然，從長遠觀點來看，透過公司接管讓兩家公司的營運單位合併，或可能改善國內某產業的整體效率，從而對人民的福祉有利。然而，對於因此而突然失業的人，卻是情何以堪。日本公司在合併、重整作業時，會慎重考慮對於從業人員的影響，雖然有時免不了管理階層必須減薪。

3.績效評估、依成績任用及升級制或年終檢討

很多美國公司每年一度都有考評制，所有管理者或研究人員都會由上司打考績；有些政府機構有類似的制度。實行目標管理制會導致相同的惡果，純靠數字管理也會如此，有些德國人甚至建議稱它為「恐懼管理」。

它帶來的惡果包括：它助長人們重視短期績效、放棄長程計畫、製造恐懼感、破壞團隊工作、鼓勵相互為敵和鈎心鬥角。

它讓員工相互惡言相向、傾軋，因此感到沮喪、灰心、

挫敗、孤立、消沉、自卑、有人在接到考績結果之後，甚至在幾星期內都會感到憂鬱、無法勝任工作，一直無法了解為何表現輸於他人。這是不公平的，因為將這種績效差異歸因於團體內的個人差異，其實很可能完全是工作於其中的制度所造成的。

基本上，考績制或依成績任用及升級制的錯誤，在於只考核最終成果而非領導並幫助員工。這是避免處理人的問題的一種方法。事實上，經理已變成管理「缺失」者而已。

依績效任用與升級制（merit rating）是相當迷人的想法，它的英文字面意義「針對你的成果給予報酬」讓人迷惑；針對所得到的報酬而決定付出；激勵員工盡其所能為利益而奮鬥。

結果卻恰恰和字義相反，每個人都力求自保為先，進而試圖力爭自身利益，組織整體卻淪為輸家。

依績效任用與升級制是獎勵在既有制度內表現良好的員工，但並不獎賞、鼓勵員工試圖改善既有制度，藉此同舟共濟、不要興風作浪。

如果最高階管理者詢問某廠長，明年他想達到的目標，所得到的回答不外是背誦公司政策（數字目標）。

〔以上感謝美國福特汽車公司詹姆斯‧巴肯（James K. Bakken）提供〕

再者，在預測工作績效上，用依成績任用及升級制當預測基礎是無意義的，除了預測那些績效差異落在同事績效的穩定系統之外（超好或超差）的人。（譯按：系統如為穩定，只可預測那些為

特別差而要格外輔導者，請參考第11章。）

傳統的考核制會增加人員的績效變異性。它的問題出在讓人誤以為考核制是很精確的。事情會演變成這樣：低於平均值的員工如果與平均值以上的員工比較時，很自然地會疑惑：為何會有此一差距？他想設法仿效平均值以上的。結果卻對績效有所損害。（注3）

美國雷根總統在1983年春天突發奇想：「今後公務人員的升遷，必須視工作績效而定」。問題是，很難界定有意義的績效評量尺度（標準）。唯一可查證的尺度只是某種短期的考慮項目。雷根總統在數個月後又中重述上述的錯誤（1983年5月22日《華盛頓郵報》第1至6版）

「依成績任用及升級制」
是學校可採納的改善方法

作者：胡安・威廉姆斯（Juan Williams）

紐澤西州南奧林奇（South Orange）報導：雷根總統對今天來此地開會的全國主要的教師組織說，公立學校逐漸沒落，他提出了一項不需增加聯邦預算的改善方式，即採用「依成績任用及升級制」，依教師績效而非年資，支付教師薪水。

這是對大多數教師組織的詛咒，他們說，目前並沒有一套精確的制度來衡量老師的品質，而採用學生的考試成績為指標的傳統方式是誤導。

我們總統的經濟顧問在那裡呢？總統自己竭盡其所能。

〔摘自《維吉尼亞周刊》（*Virginia Weekly*），1984年4月12日，第1頁〕

依據警察開立的總罰單數考核績效

作者：邁克爾・馬丁內斯（Michael Martines）

警方宣稱這種評核制將不設配額，僅供警員在街頭巡邏時，引導其有效地工作的參考。然而，少數警察持相反意見，他們認為這種達成目標的壓力，會迫使警察對駕駛人濫開罰單（過去他們只給警告），干擾了其它更重要的工作。

在亞力山德拉市（Alexandria），同一巡邏小組的32位警察，根據他們在當月開出的罰單（違規停車或違反交通規則），分別被評為「傑出」「優於標準」「合乎標準」和「不符標準」。任何一位警察，只要他在1個月中開出25張以上的交通違規罰單，以及21張以上的違規停車罰單，即可被評為「表現傑出」。

在亞力山德拉市的警長威廉・班克（William Banks）說，這種考核標準在去年9月即獲得警員及長官的同意，並納入新的全市警員考核制度中。所有的警察同仁都將納入此種評量制度。

福爾斯・徹奇市（Falls Church）的警長保羅・盧卡斯（Paul Lucas）說，整個部門努力要達成年度預算上所列的

目標，包括他們預測要開的交通違規罰單數。在1984會計年度內，這個部門必須開出551張酒後開車罰單、2,592張超速罰單和3,476張其它交通違規罰單。

「這不是最低限額」他說：「這是整個部門的目標，而非個人目標。」

墮落為只會計算

績效評估制有一項主要影響：它會助長短視近利的想法和短期表現。一個人必須有某種事情讓他可以表現。上司之所以會被迫走上採用數字管理部屬，因為使用數字才容易計算。管理者淪為「計算數字」，讓他忽視必須發展出有意義的衡量方式。

很不幸地，以數字衡量的方式讓人無法以工作為榮。譬如說，工程師在一定期間內必須完成多少設計案的績效指數，最能讓人喪失以工作技能為榮。因為他會一心求量而不重質，不敢再花時間研究及修正剛完成的設計，否則會降低他的產出。

以「開發出多少件新產品」衡量研究發展人員的成績，情況也類似。他們告訴我，為了讓產品能快點上生產線，他們不敢讓某一專案在研發部當待太久，不然考績就會差。

縱使他的老闆能欣賞他的努力與能力會對方法及組織結構有長遠的貢獻，在升遷上也必須準備一些看得見到的證據（也就是數字），以說服升遷委員會。

有位聯邦仲裁員（mediator）告訴我，他的考績是根據一年中出席會議的次數來計算的。為了改善考績，他將原本一次會議即可解決的協調會，分三次開完，像是由福特汽車公司（資方）

與汽車工人產業公會（UAW）談判，他其實可以在一次會議就將所有問題解決。

出席會議的次數，部分可以被所完成的仲裁案件數的加分所扣抵（譯按：有時也考慮仲裁案件數，不只是會議次數）。不過，所謂仲裁完成也只是形式上如此而已，才不管它是否讓公司倒閉，或是讓勞工吃大虧，或是讓美國人民有長遠的利益。

某位美國郵局的採購人員告訴我，她的考績是依據一年中所談判的契約數目來衡量，並且每一契約都要採用最低的成本。她無法做長期契約案子，因為它很花時間，會降低她當年能完成的契約數。

上述這些績效指標實在荒謬，在美國的企業界和政府部門卻屢見不鮮。

只要在採購部門的人員必須依據所完成的契約數來打考績，他們當然不會花時間了解生產線的困難，以及會因採購引起的問題所造成的損失。

新產品和新服務，可能在今後5或8年內產生新的事業，並能提供人們更好的物質生活。對於新產品和新服務的從業者的評等，需要更富啟發式的管理。參與這種工作的人，必須研究教育上的變革，生活型態的變遷，都市人口的流動等等。他需參加美國社會學會的會議，美國統計學會及美國行銷協會的商業討論會等等。他會寫專業論文在這些會議中發表，所有這些都是計畫未來產品和服務所必須的。他希望在數年中沒人要求他說明任何具體的工作表現。同時，由於缺乏啟發式的管理，其它追求短期利益的同仁的考績，可能遙遙領先他。

壓抑團隊精神

我相信，績效評估制度可以解釋為何公司員工無法為公司利益而共同工作。因為他們不是團隊，各單位都自以為是唯我獨尊的要角，無法合作，弄得公司慘敗。良好的團隊表現可以幫助公司成長，卻無法衡量個人的無形功勞。團隊作業的問題在於：「誰」做了些「什麼」工作？

在現行的評等制度下，我們怎能要求採購人員對於生產、服務、工具及其它材料的品質的改善感興趣呢？這些工作都需要與生產線一起合作。這可能影響採購部門的績效，因為該部門的考績，經常是根據一年中完成的契約數來衡量，並未考慮所買進材料和服務的品質。如果他們有足以誇耀的成就，功勞會被製造部門搶去，而非採購部門的。情形或可能是製造部怕給採購部搶走光彩。因此，儘管公司多需要團隊合作，可是在年度考績制下，團隊精神無法茁壯。恐懼支配著每一個人：要小心、不要冒險、過得去就好。

研討會上的見聞

有人因為扮演救火隊角色而拿了好成績，因為他的結果是看得見的；可加衡量的。如果你在第一次就做對了，這正是你的工作。因為你完全符合所有要求，別人都看不見你的表現。要出風頭，你先把工作搞垮，再當「救火隊」加以修正，這樣你就可以變成英雄。

兩位化學家一起做同一個專案，並將成果寫成科技論文。論

文被接受，將在德國漢堡舉行的研討會上發表。但在那時代，只能由一個人前往漢堡宣讀論文，也就是考績較高的人去。此後，考績較低的人發誓，從此再也不與其它人密切合作。

結果是，每個人只顧自己。

這公司的化學家應該了解到，有時候只能由少數人到會議宣讀論文。更好的辦法是由他們自己決定那一位參加。如此，他們會平等地輪流出席。

美國管理者偏愛新科技，多給獎勵，這會讓人們不重視系統其它層面的努力。公司在一個設計完成時，會設建議案（或稱提案）制，發獎金給改善提建議案的人。改善建議案由建議案委員會來審查。可能的情形是，再好的建議案也不被接受，因為此時此地採用它，可能時機太晚了，或成本太高，因而必須作罷。然而，如果在稍早階段提建議案，則可能會被接受。因此，最佳的改善時機是在發展階段初期（譯按：詳見作者的《新經濟學》第6章的討論）。然而公司採用的評等制度會有一種風險，即可能扼殺某些能提高品質，降低成本的好建議案。在美國的大部分建議案制，原提案人多未能出席審查會議，而審查委員可能無法了解某一建議案的意義和種種可能性。

在日本，建議案是經由團體共同考慮之後再提出，提案人並得出席審查會議。因此，建議案的決定責任不在於個人，而屬於團體。團體會做出對公司有利的結論。一旦決策全體無異議通過之後，每個人都肯為團體竭盡以己能。不同意的人，或是不願為此盡心盡力的人，則會設法找到適合他的團體或工作。

績效評估會滋養恐懼。員工害怕提出問題，因為這可能意味

著懷疑老闆的想法、決定，或是其做事的邏輯。這會演變成組織的政治遊戲。凡事設法討好老闆。任何人如果提出自己的觀點或問問題，都可能冒著被稱為「不忠」、不合群、只想出風頭的危險，要學會做個附和主管的人。

許多美國公司的高階團隊的薪水和福利都近乎天文數字、異常優渥。年輕人自然會興起「有為者亦若是」的期望。達成這種升遷。只有一條路，就是年年在考績上都得優等，都不能失敗。這類有志的年輕人不會想善用知識來貢獻公司，只想如何取得好考績。只要錯失過一次升遷，就沒希望了：因為別人會先馳得點。

人們不敢冒險、不改變程序。去做改變卻可能搞砸了。去做改變會對他有何影響？他當然要先捍衛自己，要「立於不敗之地」。在這種情況下，蕭規曹隨最穩當。

在這種績效檢討制度下，經理人就像下屬一般，只考慮自身的前途工作，而不考慮公司。他必須好好地表現。

　　　經理對下屬說：「不要浪費時間在別部門的工作上。你的時間要花在我們的專案上。」

取消年度績效評估，會使大家鬆一口氣。

可供深思的問題：你如何自我評估？使用何種方法或準則？針對何種目的？如果你考核他人，你會考慮那些地方？你如何來評估他人，並且能預測他未來的表現：（a）在目前工作崗位上，或是（b）更高責任的位置（更多的責任）呢？

另一位歐文‧朗繆爾（Irving Langmuir）

在目前這種績效評估制度下，美國是否能夠再造就出另一位如同歐文‧朗繆爾（Irving Langmuir）呢？（1881～1957。譯按：美國化學家，以燈泡設計突破等聞名）或諾貝爾獎得主W. D.柯立芝（W. D. Coolidge）？他們都在奇異公司（GE）服務過。而西門子公司（Siemens）能否再培養出一位恩斯特‧維爾納‧馮‧西門子（Ernst Werner Von Siemens）（1816～1892，發明家）？

這是一個值得重視的問題，美國的諾貝爾獎得主有80位，個個都有一份終生有保障的工作。他們都只為自己負責，不必在意別人給的考績。

公平評等是不可能的

一個共同的錯誤假設為「人人都可以評量」：根據上一年的工作成績，由高而低排列，以預估未來一年的成績。

其實任何人的工作成績，都是結合了許多內外的力量：員工本人、與他一起工作的同仁、工作本身、所使用的材料、設備、他的顧客、上司、下屬、工作環境（噪音、紛亂、公司伙食不良）等而成的。這些力量均會產生對員工們無法想像的大幅差異。事實上，人群間明顯的差距，大多來自於工作制度，而非工作者本身。因此，怪不得一個未能升遷人，是不能了解為何他的考績較別人差。這並不足為奇；他的考績通常只是碰巧的結果。不幸地，他很重視自己的考績。

下面的數字例可用來說明，人們之間的難以置信的差異，必須歸因於系統的作為，而不該怪某些個人。如何判斷某位人士的

績效是卓越異常呢?只有經過仔細的計算,判斷其績效超出此系統的變異範圍,或是另外創造出一種型態(參考第132頁)。

必須強調的是,我們在書上能夠很好地模擬穩定(一定的原因)系統,所以所觀察出的人與人之間的差異,一定遠比實際系統所顯示的小得多。

【表:紅珠實驗紀錄表1】

姓名	抽出紅球的數字
麥克	9
比德	5
泰利	15
傑克	4
路斯	10
凱利	8
總計	51

例1:6個人參加一種簡單的實驗。每個人把裝滿3,800個紅球和3200白球的碗中攪伴均勻,隨機抽取50個球,然後將混合的球交給第2個人。此實驗的目的在於抽出白球,顧客不能接受紅球。而實驗的結果如上,由此可知,要建造一個給予此6個人公平的環境,頗為困難的,因為他們的成果明顯地呈現很大的差距。

如果我們用統計的方法來解釋,先計算6個人之間的界限,

這種界限可能是由於制度上的機遇變異所造成。這種計算是根據平均成績,並假定同仁們抽出的紅球是獨立的。

讀者要是對下述的計算不熟悉的話,請參考第11章,或是請教老師,或是參考第11章末所列的相關書籍。

$$\bar{x} = \frac{51}{6} = 8.5 \qquad \text{(平均每個人抽出的紅球數)}$$

$$\bar{p} = \frac{51}{6 \times 50} = 0.17 \quad \text{(紅球的平均比例)}$$

再計算這種制度所造成的變異界限:

$$\left.\begin{matrix}\text{Upper上限}\\\text{Lower下限}\end{matrix}\right\} = \bar{x} \pm 3\sqrt{\bar{x}(1-\bar{p})}$$

$$= 8.5 \pm 3\sqrt{8.5 \times 0.83}$$

$$= \begin{cases}16\\1\end{cases}$$

顯然地,這6個人均落於此系統所計算的上下界限範圍之內。沒有任何證據可以說明,傑克在未來會比泰利表現得好,根據此種原理,每個人均應該得到相同的加薪,但是任何一位資深人員均應拿到較高的待遇。

很顯然地,探討傑克為何抽出4個紅球,或是泰利只抽出15個紅球是徒然浪費時間,更糟的是,任何人均嘗試尋找原因並希

望給予解答，這些行動會使得事情更為惡化。

　　管理者的問題在於改善這系統，讓每個人均能抽出更多的白球，並且減少紅球（詳見第11章更深入的討論）。

　　例2（由福特汽車公司的謝爾肯巴哈提供）：你是位經理，共有9位員工直接向你報告。基本上他們均有相同的職責，而在去年各自犯下的錯誤記錄如下，每一位員工犯錯的機會幾乎是相等的。這些錯誤包括登帳錯誤、製圖錯誤、計算錯誤、裝配員的錯誤及其它錯誤。目前正是準備打考績的時節，你準備獎勵或處罰誰？我們究竟對這個員工所工作的制度有多少影響力？

【表：紅珠實驗紀錄表2】

人名	錯誤數
珍妮	10
安德魯	15
比爾	11
法蘭克	4
狄克	17
查理	23
艾莉西亞	11
湯姆	12
喬安	10
總計	113

$$\bar{x} = \frac{113}{9} = 12.55$$

再計算此系統的變異界限：

$$\left.\begin{array}{c}\text{上限}\\\text{下限}\end{array}\right\} = 12.55 \pm 3\sqrt{12.55}$$

$$= \begin{cases}23.2\\1.9\end{cases}$$

　　沒有任何一個人落在所計算的上下限之外，因此，造成這9個人的差距，可能是制度（系統）上的其它問題。所以，所有9個人均必須依照公司的公式計算調薪比率。（參考第135頁）

　　請注意，這兩個例子中的數字，也可能自行製作綜合指數（composite index）導出來的。

　　〔譯按：我用電郵請教邁克爾・特威特（Michael Tveite），這段是什麼意思。他說，這兩例的績效都是單一項／類的，可推廣到具不同的項／類，譬如說，如果部門的工作有多項／類，主管可給各項工作不同的加權（weighting），再取所有項／類的加權平均，做為其管制圖，在此向他致謝。〕

　　例3（由通用汽車公司莫恩提供）：設計零件的程序〔（現在處於產品開發展程序中的請求（request）階段〕

　　步驟1.請求的原始文件（交給產品工程師）

　　步驟2.工程師繪畫設計圖

　　步驟3.他向核發工程師（release engineer，即為放行品管工程師）提出設計圖，核發工程師可能接受這個設計，或要求再設計，在這種情況，產品工程師要重複步驟1至3。

　　步驟4.核發工程師接受這個設計。

　　在整個計畫引進過程中，此部門11位工程師所做的產品變更數均加以記錄如**圖7**，根據「工程變更為獨立的」此一特性，管制界限計算如下。這11位工程師所做的變更總數為53，平均為4.8。

$$\begin{matrix}\text{上限} \\ \text{下限}\end{matrix} = 4.8 \pm 3\sqrt{4.8}$$

$$= \begin{cases} 11.4 & (\ \text{化整為} \ 12) \\ 0 \end{cases}$$

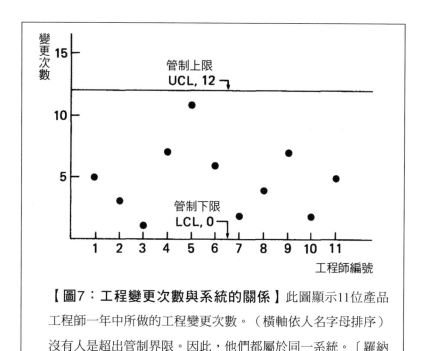

【圖7：工程變更次數與系統的關係】此圖顯示11位產品
工程師一年中所做的工程變更次數。（橫軸依人名字母排序）
沒有人是超出管制界限。因此，他們都屬於同一系統。〔羅納
德‧摩恩（Ronald Moen）提供〕

　　這11位工程師中，沒有一位超出管制界限，因此他們構成了
一個系統。事實證明，沒有人可以保證明年會做得更好，所以他
們的加薪應該都一樣。11位工程師均對於工程變更的理由，說法
相同：

　　　　（請求包括）一個困難案子、特殊案子、新產品、從未
　　　有過這種物品，以及嚴苛的核發工程師。

再談領導

任何人的點子，如果落在所計算的管制限界之外，即被認為是超出系統，而優秀的領導者應該調查其可能的原因。如果點子落在好的一面，則有合理的基礎預測將來的表現會良好：他應該受到尊重。如果點子落在不好的一面，其原因可能是永久的，也可能是偶發的。凡是無法做好工作的人，都會影響環境。公司聘用他是要他作好工作，因此更有義務把他安插在適合的位置。例如，可能有人擔心他自己的健康或他的家人，自然他的工作表現就不佳。在某種情況下，採用「懇談」方式，是有助於重建信心和成績。如果制度上讓某人從事特別困難的工作，可能會促使他表現不佳。也許沒有注意到惡劣的環境或害怕受到責備，就不發一語。這和機器故障的情形是相同的。如果沒有人知道困擾在那裡，或沒有人動手解決問題，則他的表現可能會年復一年，一直落於不良一面。

配戴眼鏡可能是短期措施，最好的方法，是把他送去看眼科醫師（參考第8章第294頁的11名焊接員例子。）

如何處理一再重複的型態呢？

我們所討論的表面差距，甚至是巨額差距，都可能全由一恆常原因系統造成的。而我們一再提醒大家，任何實際系統，均可能會造成人群間更大的差距。

一個人可能因優於或是劣於他人，而贏得他的定位，他會有一致的水準表現，在至少7個時期（可能7年）中持續維持著與別人的相對定位。如果連續7年的表現均相當優秀，我們可安全地

下個結論，他確實不錯，不論這個指標是否有意義。只要是指標正確，表現良好者，在20年後可能會確實突出。如果指標為「在某一段時間中，設計工程師的設計數量」，這就可能會是個很好的例子，解釋為何員工沒有機會以工作手藝、匠心為榮。

　　表揚傑出表現者的最好方法是，列舉出他在7年或更多年中，在技能上、知識上、在領導上，年復一年的改善。相反地，如果有人連續7年逐漸衰退，可能意味著他是真的需要幫助。

　　這些可能都是理想，因為沒有人會在同一個工作上持續這麼久。在實際應用上，可以根據工作的性質，將時間縮短。例如對作業員而言，連續7個或更多個星期的工作表現，或可忠實證明他的相對表現。

「它不可能一無是處」

　　廢除年度考績制度，常遭高階主管擱置，因為採信如下的推論：「這個制度不可能一無是處，至少它讓我坐上這個位置。」這是個很容易掉落的陷阱。每位我共事過的高階主管都值得尊敬、共事與彼此辯論，他的晉升是因為每年在考績上領先他人，然而卻可能毀了許多同事；我們應該還有更好的方法才對。

領導的新原理

　　本書中一再強調並舉例說明的領導新理論，將會取代年度考績。公司的第一個步驟是教育員工領導理念。然後，年度考績或許得以廢除，因為我認為領導力將會取代傳統的考績制。這是西方經理人必須努力的地方。

目前的年度考績制被逐漸引進而至廣泛採用，是因為它不需要任何人面對「人的問題」。做法容易而且只要注意成果即可。美國企業所需要的是能改善成果的各種方法，建議如下：

1. 強化領導能力的教育課程：領導的義務、原則和方法。

2. 在一開始就謹慎選人。

3. 選出的人員應給予更好的教育和訓練。

4. 一個優秀的領導者並不是裁判，而是同事和顧問，在日常工作上領導同事，一起工作，並且相互學習。每個人都必須發揮團隊的力量，依照休哈特循環（Shewhart cycle）中的4個步驟（PDCA，plan-do-check-action）來改善品質。（參考第2章第99頁的圖5）

5. 領導者必須隨時注意他的下屬：（a）是否有人落於良性之系統界限外；（b）落在不良的系統限界外；（c）屬於這個系統。上述的計算方法並不困難（參考第11章，以及第130至131頁），對於系統內的人，按照表現好壞排列等級的做法，是違反邏輯並具毀滅的政策。

缺少數據時，領導者必須做主觀判斷。領導者每天均應花許多時間在同事身上，他必須要知道他們需要何種幫助。員工有時需要的無疑地會與工作表現相關，例如專利權的申請，發表演講，出版論文等等。

落在系統上不良這一邊的部屬，則需要個別輔導。

對於超出系統的績優者，若只用金錢而不用更有意義的獎賞方式，效果可能適得其反。（譯按：請參考戴明《新經濟學》第4章更詳細的「內在激勵」討論）

6.團體中的成員，必須遵守制度上所規定的公司調薪公式，這個公式可能涵蓋年資，但不能在此團隊中排名，因為無法評成第一名、第二名和最後一名等。在不景氣時可能無人能調薪。

7.一年中至少與每一位員工面對面長時間懇談一次，3至4小時，不是給予批評，而是給予幫助和增進彼此的了解。

8.工作之數字化成績，並不能用來排列團隊中每個人的等第，而是幫助領導者從事改善系統的工具。由這些數字，也可能指出一些他自己的缺點〔由克爾‧多蘭（Michael Dolan），哥倫比亞大學1986年3月提供〕。

改善系統會幫助每個人，並且能減少個人間的差距。

任何人因為誤用考績數字而被剝奪調薪或其它權益，可以申請調查此冤情。（讀者此時可參考第8章第312頁圖28）

孤獨的工作者

有很多例子指出，有些人在團隊中無法做得很好，卻由於發明及經常在科學雜誌上發表文章，而贏得同事們的尊敬。這些人也可能對公司有所貢獻，就如同他對知識的貢獻一樣。公司必須表揚他在知識領域上的成就，並且隨時幫助他們。

領導力取代年度考績

上述的一些原則，對美國福特汽車公司目前的執行長唐納德‧彼得森（Donald E. Peterson）而言，在數年前已非常清楚。福特汽車的轉變，對於西方企業將是一個強烈的訊號，至少有一家大企業已非常重視公司裡最重要的資源，那就是為公司工作的

員工。促成這項轉變的最大理由是：要消除公司在生產力和品質計畫上持續的改進上的重大障礙。（注4）

政府機構服務的問題〔喬治亞娜‧畢曉普（Georgianna M. Bishop）提供〕

在內政服務的專業領域中，因未能達成持續且一致目的而導致損失，已經逐漸引起關懷。在美國政府人事工作上，歷經了四種急速變動的管理措施，各自代表著極不同的思想，我們已經可以看出每四年一換的公共系統的激烈變化。缺少一致性，損失效率和工作滿足感，是當然的結果。每一次試圖改善全面的公共服務系統，均造成民眾巨大的損失。改變的措施經常是政策性的，需經過國會批准，但我們已可以看出，法律上的大變動，會助長行政系統巨大的震盪。依我們的政治制度，可以選出了高階管理者來做聯邦服務工作，大家應該了解持續且一致性以及知識的重要。官派經理人員應該了解上章的十四要點和本章的絕症及障礙。唯有如此才能做好領導的角色。

某位聯邦工作人員的心聲

每位財務長祕書的平均任期為18個月，有的人長些，有些人短些。

每位副手的平均任期也是18個月，同樣地有人長些，有些人短些。

政治的運作鼓勵了短期工作表現。即使是選上了，也馬上得

積極為下次選舉舖路。（我們向他報告的這位仁兄，其工作遠景只有接下來兩個星期而已。）

下面一段文章摘自馬文・孟代爾的書中，可以幫助我們了解政府措施：

在已開發國家中，今日的政府角色相當複雜，（政府與社會的關係）是否已被社會大眾所廣泛了解，實在值得懷疑。更進一步說，政府對於他所服務的社會之公開目標，是否有充分反應，也值得懷疑。事實上，這些目標是否以看得到並且可以了解的方式，展示出來也有問題。在很多方面，政府已經是習慣成自然，並且認為本來就應該如此，這實在令人難以忍受。在這種架構下，很明顯地我們無法討論有意義的事，例如談本書所談的改善等。一個組織如果連自己的目標、必要而適當的限制等都不甚清楚，要討論如何走向更理想的境界，實在是緣木求魚。

4.管理階層流動頻繁

公司的高階管理者對於品質和生產力的根本，能給予承諾，將可以免除不確定性和困惑。但是，如果他們只在位幾年，如何能要求他們承諾呢？

野口順一（Junichi Noguchi）為日本科學與技術聯盟事務局長（即為總裁）在與顧客討論中曾經如此註解：「美國人無法做到，因為他們流動率太高。」

管理工作與公司福利息息相關。管理者在公司之間跳槽會產

生重視快速成果的明星，卻妨礙團隊合作，而團隊合作是公司持續生存的根本。當董事會由外面找空降部隊救火，不安的情緒將更為激烈，於是每個人只關心如何保護自己。

員工無法從年度考績得到滿意的評等，自然會往外尋找更好的工作機會，頑強的競爭對手通常是無法升遷而離職的前同事。

美國勞動力的流動性

美國勞工的流動率是另一個問題，它幾乎與管理者流動率不相上下。其中有一項很重要的原因是不滿意目前的工作，即在工作中無法感到自豪。如果員工不以他的工作為榮，自然會尋找另一種工作或是寧願待在家裡。員工的缺勤和流動性，大多來自不良的領導和管理（參考第2章第90頁）。

5.只根據看得見的數字來經營公司

任何人不可能只依賴數字而成功。當然，看得到的數字（帳面損益金額）是相當重要的。我們要付薪資，應付帳款，稅款；折舊，罰款和其它必須兌現的偶發款項。不過，如果只是根據帳面損益數字而不用領導力來經營公司，終將失去公司和數字。

事實上，管理者所需要的重要數字，常是無法數量化的或無從得知〔參考勞埃德・納爾遜（Lloyd S. Nelson），第2章第25至26頁〕。但是成功的經理人必須時常考慮他們。例如：

・由於客戶的滿意，會使得銷售量產生乘數效應（multiplying effect），而不滿意的顧客則損及銷售量。

滿意的顧客遠比10位準顧客重要。他不需要說服及廣告，甚至會介紹朋友。保持顧客的滿意是值得的。如果車主很喜歡他目前的車子，他在往後的12年會購買4部或是更多相同的車子。同時，顧客樂於將這個好消息告訴8位以上的朋友。但是如果汽車公司出售不良車子，生氣的車主會告訴16位以上朋友他的遭遇。〔摘自《汽車與駕駛人》雜誌（*Car and Driver*）1983年8月號第33頁〕

・品質和生產力是相輔相成的，並且是來自成功的上游工作改善。

・管理者清楚揭示公司政策，將會提升品質和生產力，而且會幫助公司屹立不搖，而這個政策不管是誰掌權均不會改變。

・品質和生產力的提升，來自持續的製程改善（第2章的第5要點）、工作標準的建立，以及更好的訓練和督導（第6、7、11要點）。

・品質和生產力的改善，來自一個團隊，包括了挑選過的供應商、採購人員、工程人員、銷售人員和顧客對新零件的開發和既有零件的改善。（第2章第47頁）

・品質和生產力的提升，來自工程師、生產人員、銷售人員和顧客的共努力。

・損失來自年度考績。

・虧損來自工作人員無法以工作為榮。

・在汽車運輸業，貨車在送貨途中迷路的代價有多高？因為維護不良而造成交貨延誤的損失為何？

以本書中所闡述的原則進行工作改善，企圖算出它們究竟會帶給公司多少收益，終將感到迷惑。在展開行動前應先了解，我們量化的僅是收益中的瑣碎項目。

財務報表上的數字，只能顯示公司信用部門成功地保留大部分按期付款的顧客而已。在所賦予的責任下，信用部門已成功地做好工作，應該得到很好的考績。然而，有些數字並不是馬上可以看到的，像是信用部門逐漸走向與忠實顧客競爭的道路。（譯按：諸如應收帳款日與現金折現延後支付等項目，與顧客會有利息上的「競爭」，更不論美國汽車公司常經營保險貸款業務）等到高階管理者從整體成本中來看，發現為時已經太遲了。

保固期的成本固然顯而易見，但無法描述品質的狀況。任何人都可以用拒絕或是延遲處理抱怨來降低保固成本。

再談只依數字管理的危害

當公司的前景愈來愈蕭條時，管理者會愈加重視由財務長主責的數字管理。然而公司的財務人員若對生產線的問題無知或不了解，會淪為只根據財務報表的底線（譯按：最終合計值，即利潤）來壓低採購成本，它包括了工具、機器、保養、運送成本。忽略了這些會變動的總成本之上，更為重要卻未必知及無法知道的因素，會讓企業得來不易的利潤進一步損失掉。

只靠看得見的數字來經營公司的管理者，最好是搬到鄉間花園、夏威夷檀香山或是任何他想去的地方，只要藉由各種通訊管道接收數字，再設法照舊運用即可。以下摘自美國《商業周刊》（*Business Week*）1983年4月25日的報導，告訴我們在當今蒐集

和重組看得見的數字有多麼容易：

> 桌上型計算器的誕生和其它通訊工具的演進，結合現代化通訊網路，可以蒐集各種更多樣而廣泛的數字資料。在美國也因此造就出1,000萬個高生產力的經理。有一些科技怪才已經就位。

> 現代管理者做決策都使用公司從外界蒐集得來的資料（包括經濟和工業統計），這些資料讓他們僅花數小時內，就可以把有關市場、業務、競爭、價格和其它問題都放在一起研究，以前這要花許多功夫才辦得到。

> 新系統能使一大堆資料迅速整理成圖表或各種彩色圖，這些有助於經理更容易了解、消化與快速行動。

> 電子郵件能使報告、備忘錄和草圖同時傳遞至許多公司同事手上，這種系統的確大幅加速公司內部訊息的溝通。

一家公司可以看起來經營得很好（如果管理者僅以看得見的數字來經營，忽略看不到和無法衡量的數字），其實它一路滑向失敗之途。

公司如何評估各部門？

就像對個別員工的年度考績一樣，公司也會對每個部門或事業單位進行評等。就我看來，難免會造成短視的想法，並遠離長期改善的目標。例如某公司用一種方法，在該部門生產的千萬零件之數以千計的規格中，隨機抽取20種規格；再隨機抽出每種規

格相對應的20種零件；以判斷上週產製的零件的合格率。

這件舉措的可笑之處在於，每個部門可能月復一月得到良好的評等，贏取獎品，使該部門管理者的紅利大增，但同時卻使公司走向失敗的死胡同。

我們很容易看出那裡出了問題，「只要合乎規格」當然一樣行得通。但是該部門會因而損失：①現場人員為了遷就不適用的材料而浪費的時間；②設備保養不良；③重做；④領導者喪失威信；⑤工具價廉質劣；⑥無法處理顧客抱怨；⑦產品設計不當；⑧無法改善製程等等。

沒有人可以責怪該部門主管只注意公司對該部門的內部考核，因為他的薪水和紅利都告靠這些。

這種只重視下游管理的考核方式，用來管理結果的時效往往太遲了，雖然它們遠比領導改善來得容易些。比較好的方式是在年初即事先要求：

1.消除計時或按件計酬的工作人員無法以工作為榮的障礙。

2.減少供應商數量。

3.比較同一個供應商目前和數年前的產量。

4.與挑選過的廠商共同達成團隊合作（第2章第48至49頁），組成一些團隊專注於重要零件的品質保證。

5.降低某些部門去年生產的零件或次系統的變異。

6.其它改善製程的努力。

7.加強新進人員的訓練。

8.員工教育。

清單列不完，但是以上所提的全部或部分要求，需要公司創

新與變革。

B.管理障礙

除了上述管理惡疾之外，尚有很多障礙存在。有一些障礙，從結果而言，與這些惡疾不相上下。只是障礙通常比較容易醫治，在第2章中已談到某些障礙，在此需要進一步解釋，有些障礙則是新的主題。

速成布丁（注5）的希望

公司常會有一重大障礙是，認為只要有信心，品質和生產力即可以提升。公布上述謬論的作者或管理者，立即會收到一大堆的信件和電話，認為一、兩位顧問再加上一位能幹的統計人員，即可以立即讓公司像速成布丁（instant pudding）一樣，朝著品質和生產力提升的道路上邁進。

有些公司向我求救：「來，請花一天時間與我們一起工作，請用你指導日本的方式指導我們；我們也多麼希望獲得拯救。」然而他們卻只能望洋興嘆，事情並非如此簡單。首先，必須先花時間研究，再確實執行。（曾有人寫信給我討教我的公式，並且附上支票。）

一份擁有眾多讀者的雜誌在1981年的企業財經專欄中，報導有關於日本的文章。這篇文章的作者寫了破壞整篇文章的一句話：「戴明博士在1950年前往日本，並發表演講。瞧！各種妙事發生了。」我深信上百萬的讀者已被誤導，認為美國企業模仿日

本企業是件容易的事。

美國有許多期望不需要努力，不對工作者給予訓練，而能快速成功的例子。在一封寄給納舒厄公司（Nashua）的統計學者勞埃德·納爾遜（Lloyd S. Nelson）博士的信件中，充分顯露這種幻想，信件內容如下：

> 本公司總裁已指定敝人擔任與您在貴公司的相同職務。總裁充分授權給敝人執行工作，並且希望敝人自行設法達成任務而不要打擾他。敝人應該做什麼事呢？應該如何著手新工作呢？

指定某人去做與納爾遜博士相同的工作，並不能製造出另一個納爾遜博士。這位總裁認為不用他的參與，即可推行品質改善計畫，這是極大的錯誤。有誰可以從老闆處接得下這種工作呢？只有對品質與生產力改善的新手才敢。

認為「解決問題、自動化、新機構和新機器」可以改變工業界

沒有人會輕視每年節省80萬美元或每年節省1,000美元的改善計畫，不過團隊的同仁卻會為每年節省3,500美元的改善提案而驕傲。其實，每一種對於效率改善的貢獻，即使是很小的貢獻，都非常重要。最大的收穫並不是每年節省500美元，而是員工們做了這種改善而感到自豪，他們體會到自己的工作對公司的重要。其產品的改善，要隨著產量增加而日益精進。更重要的是，這種改善促進更好的品質、生產力和工作士氣。這種改善是

無法衡量的，這是看不見的數字，對管理者卻相當重要。

計算使用新的自動化設備和機器手臂如何節省公司的成本，必須考慮整體成本（依照經濟學家給予的定義）。在我的經驗裡，很少有人真能夠掌握整體成本的意義。

尋找範例

品質改善是一種方法，可以用於不同的問題和環境上，但是對於特定用途和產品，並沒有特定的成功程序。

要求顧問列舉出類似生產線的成功例子，是我們經常會遇到的。有位讀者想知道本書所用的方法，是否曾用於輪軸製造業呢？有位讀者想知道，應用於空調機內壓縮機的製造業條件。另外一個人詢問這十四要點原理可以用於醫院管理嗎？也有人懷疑是否可以用於大型會計公司（詳見第7章）。有人問是否適用於汽車製造廠，好像他從未聽過日本汽車成功的改革似的。有位銀行家懷疑應用於銀行業的可行性（詳見第8章）：

> 有人剛從南非的約翰尼斯堡打電話來，建議與我共同訪問美國6家成功的公司，他需要典範。

我對這些問題的回答是，任何品質改善和生產力提升的個案沒有任所謂成功或是失敗的，它們都不能夠指出詢問者所關心的公司是否可以成功引用。詢問者是否能成功，取決於他對十四要點的了解，以及對管理惡疾和障礙的認識，加上自己的努力。

故事經常是這樣的。管理者想要改善品質和生產力，但不知

道如何著手，因為沒有原理指導，於是開始尋找啟蒙的線索，像是參觀成功的公司。參觀時受到歡迎並且交換意見，也學到主人在做什麼事，而其中某些恰好與十四要點原理吻合。由於缺乏指導原理，他們都在漂流，沒有一家公司知道什麼是對的？為什麼是對的？什麼是錯的？為何是錯的？問題重點不在於企業是否成功，而是為什麼成功？或是為什麼不再卓越？大家希望的只是訪問者感到愉快。這些人實在堪憐，何忍苛責。

完全模仿是很冒險的事，我們必須先了解「想做的事情」相關理論基礎。美國人善於模仿〔品管圈（QC-Circles）、日本的看板式管理（Kanban）或及時管理系統（JIT, just in time）等都是好例子〕。事實上，日本人是先學「想做的事情」相關理論基礎，然後改善。

品管圈對於日本產業貢獻極大，而美國管理者在尚未了解他在品管圈活動中所扮演的角色前就模仿引進，等到實施一陣子後，才發現品管圈在該公司並不可行。如果管理者樂於協助並鼓勵，其實品管圈在任何地方均能成功。之後本章（第153至154頁）再討論品管圈。

　　在我的研討會上，曾聽說有一間家具製造公司，經營得很成功，管理者於是想擴充生產線以製造鋼琴。行有餘力，為何不試著做鋼琴呢？於是他們買了一架史坦威（Steinway）鋼琴，之後分解它，再自製或外購其中的零件，最後組成一部完全與史坦威一模一樣的鋼琴。然而，卻發現這架鋼琴只能發出「碰！」的聲音。他們只好將原史

坦威鋼琴重組回原樣，希望收回老本，不料發現它也只能發出「碰！」的聲音。（譯按：此故事為戴明式幽默，令人深省。）

「我們的問題並不相同。」

管理者和政府行政人員有個通病，那就是感覺「我們所面臨的問題與別人並不相同」。問題顯然是不同的，但是幫助大家改善品質和服務的諸原理，本質上卻是相同的。

學校的退化

人們經常問及計畫性淘汰（planned obsolescence），是否為造成美國企業喪失領導地位的原因之一？過時而遭淘汰是用不著計畫的。

一般而言，自1970年以後，很多美國公司利潤開始衰退，就希望透過增資和帳面利潤來增加盈餘，於是財務和法務人員變成公司紅人，品質和產品競爭地位反而被忽略了。商學院立即開設普受歡迎的財務和創造性會計課程，結果造成美國企業更形衰退。〔與羅伯特・賴克（Robert B. Reich）的私人通信。〕

在美國的商學院中，學生遭到灌輸所謂的「專業管理」的觀念；畢業後即可成為高階主管。這是殘酷的欺騙行為，使得大部分學生並沒有生產和行銷的經驗。要求MBA（企管碩士）畢業生到工廠現場工作、實習，而所拿到的報酬卻只是他所希望的一半，這對MBA而言簡直不敢想像，這並不符合美國的生活方式。於是MBA畢業生繼續掙扎，對他們的限制並不自知，不能

面對填補差距的必要，結果可想而知。

　　現代美國商學院的學生，經常會問自己和老師，哪一種課程可以直接教導人改善貿易平衡的知識。數學、經濟學、心理學、統計學、法律，的確沒錯。但是，大部分的會計學、行銷學和財務學偏重於技藝傳授，並非教育（思想）；就如同電腦只用來做文書處理一般，諸如此類課程，不勝枚舉。〔譯按：戴明任教美國紐約大學史騰商學院（NYU Stern School of Business）達30年，他及其同好想提倡本書的「淵博知識體系」，而非只是技能。〕

　　學習技藝的最好方法是選擇一家好公司，在前輩的指導下，既可以領薪水又可以學習。教育的誤失在愛德華・雷諾茲（Edward A. Reynolds）於1983年發表於費城的《標準化新聞》（*Standardization News*）的文章談到：

　　　　有很多理由顯示，為何美國的品質和生產力（兩者相伴而行）無法保持領先。有些重要的原因為：教育制度忽略了數理的啟發，而過分強調了MBA，它告訴經理們如何接管公司，但並不教導他們如何經營公司；短視的企業首腦們（要追求獲利才能拿到今年的紅利或是跳槽到更好的工作）；為了廉價勞工，遷移工廠至海外（而忽略直接人工只占少部分的成本）；喪失誠懇的領導和工作倫理，淪為每一團隊瀰漫著「拿你的份」或「每個人都這麼做」的想法。

　　　　實際上我們的主要企業，大多由技術人員、發明家、機械人員、工程師及化學家創設的。他們對於產品品質均有高度的熱忱和興趣。現在這些公司卻由唯利是圖的人所經營，

他們足以自豪的是在損益表或股票報告。

產業界缺乏良好的統計教學

雖然大家醒悟到品質是必要的，但對於品質到底是什麼意思卻沒有概念，更不用說要如何達成。在品質的學習這領域，美國管理人採取大量裝配法，各種速成統計方法課程充斥市場，雇用類似江湖術士的老師，因為企業界無法區分誰是勝任者，誰是無知者。結果許許多多的人所學到的都是不正確的知識。

沒有起碼相當於碩士學位的統計理論基礎，又沒有導師指導過的經驗，就無法勝任管制圖的理論和應用之教授。我的說法是經驗之談，我每天都可以看到由不勝任的統計教導和錯誤的應用所造成的惡果。

在大學裡教授純統計理論（包括了機率論及其它相關科目）的教師，幾乎都無懈可擊。在計數型研究（enumerative studies）上的應用大抵正確，然而應用於分析型問題（analytic problems）（計畫改善明日的生產營運、明年產量的改善），許多教科書都寫錯並誤導學生。（注6）

就分析型問題而言，統計教科書中的變異數分析、t檢定、信賴區間（confidence interval）和其它統計技巧，儘管有趣卻不恰當，因為這些既沒有提供預測的基礎，又喪失生產線產出的順序資訊。絕大多數號稱是統計資料分析軟體套件，其實相當無效率的。

信賴區間有其可運作上的意義，在計數型分析的結果的摘要上相當有用。我在研究法律證據的計數型分析上，使用過信賴區

間。但是信賴區間對於預測並沒有可運作的意義，因此無法提供
計畫的信賴區間。

　　一再重複及可重複的形態，在一定應用環境條件範圍內，失
敗的原因都可解釋，就可以依計畫的目的談直觀的信賴度。直觀
的信賴度並無法量化成0.8、0.9、0.95及0.99等。方法一和方法二
之間的所謂顯著性機率水準，並無法提供規畫用（或預測用）的
可信度。

　　舉例來說，在德國科隆（Köln／Cologne）某一工廠的聚合物，
混合60分鐘較混合30分鐘之後的製程更好（當然溫度是相同的）。為
了計畫，可假設在美國戴頓（Dayton）也可得到相當的結果。

　　這種信心的躍升，是來自化學知識，而不是統計理論，我們
不能忽略固有（基礎）知識的主題特性。

　　不論我們直觀的信賴度多強，必須隨時記得經驗數據永遠
不會完全（注7）。在工業界和政府機構中，統計碩士是與電腦
終日為伍，這是惡性循環，統計學者不知道什麼是真正的統計工
作，卻與電腦一起工作而自滿。雇用了統計人員，卻沒有統計工
作的概念，反而認為可以由電腦中得到解答。統計人員和管理者
彼此誤導，並且造成了錯誤循環。〔1984年7月7日與克利夫頓·貝
利（R. Clifton Bailey）的談話紀錄。〕

使用美軍品管105D標準和其它允收標準

　　每小時有許多價值數萬美元的產品在交易，各批次能否
允收，決定於從批次中取出的樣本的測試結果。最有名的抽樣
表即是美軍品管105D標準和道奇-羅米格（Dodge-Romig）的

平均出貨品質界限（AOQL，average outgoing quality limit），或是道奇-羅米格不良率容忍界限（LTPD，lot tolerance percent defective）。這些抽樣計畫只能增加成本，（我在第16章中會詳細說明）。如果將它們做出貨稽核，一定會有某些顧客會收到不良品。現在這些方法都該壽終正寢了。美國企業再也無法承擔它們所造成的損失（詳見第15章）。

令人難以置信的是，教科書和學校課程上，仍然花費相當大的篇幅和時間講解允收抽樣（acceptance sampling）。

「我們的品管部門負責我們所有的品質問題。」

每一家公司都設品管部，可惜品管部門搶走了對於品質有重大貢獻者的工作，如生產線主管、採購部經理和作業員等人。他們無法向管理者解釋良好管理的重要性，以及只根據價格來採購物料、供應商家過多，不良工作標準和耗費成本的工廠布置等等的弊端。管理者被管制圖和統計思考搞得頭昏腦脹，還很高興地把品質責任交給製造這些迷思的人。

不幸地，很多公司的品質保證機能常常都只能提供一些後見之明的資料，譬如說告訴管理者每星期所生產出的不良品數量，或是比較每個月的品質水準、產品保固成本等。

管理者所需要的管制圖，要能顯示系統是否達到穩定狀態（任何一種方案，管理者都必須負起領導改善的責任），或是仍有特殊原因仍然橫行。（詳見第11章）

在我的經驗裡，有些品管部門似乎一直認為管制圖愈多愈好。由品管部在管制圖上畫點、製圖，然後歸檔。這就是美國

1942年至1948年間所發生的事。可到了1949年，所有的管制圖卻消失了。為什麼？那時候的管理者就跟現在的一樣，不了解自己的工作，也不了解那些貢獻只有他們才能做到。

「我們的問題全出在工人。」

這種想法盛行於全球。大家都認為，只要生產線員工照我們教的方式工作，就不會有生產或服務的問題，這真是愉快的美夢。作業員都被系統綁死了，而系統則該由管理者負責。

約瑟夫·朱蘭博士（Dr. Joseph M. Juran）早就說過，改善可能性大部分都在於我們是否對系統採取行動，而生產線員工的貢獻是相當受到限制的。

> 捷克這兒也盛行著同樣沒根據的假設，他們以為大部分的不良品是可以由作業員控制的，所以如果作業員好好努力，工廠的品質問題就會大大減少。〔摘自約瑟夫·朱蘭《工業品質管制月刊》（*Industrial Quality Control*），1966年5月22日，第624頁〕

就在最近，有家大製造商的管理者堅稱，如果全廠2700位作業員的工作無誤，產品都無缺點，工廠就不會有品質問題。我花了3小時聆聽他們如何在生產線上使用統計方法達成令人興奮的成就。然而，我卻發現他們的工程師都將問題視為由「特殊原因」造成的方式處理（發掘問題並且加以解決），並未解決系統本身的問題（即共同原因，參考第11章）。同時，售後服務、保固成

本大為上揚，生意日益走下坡。管理者似乎對問題沒有全盤了解：他們必須改良主要產品的設計，以及更注意進料品質。為何他們要花這麼多精神在現場統計方法的應用呢？答案是：還有那些地方可以用呢？品質是對別人說的，不是對自己。

　　芝加哥有家大銀行由於隨波逐流而處境危險，這種麻煩仍然會繼續存在，即使銀行經手的每一筆計算和每一張紙都完全沒有錯誤。

　　有家零售店因為管理者沒有即時調整進貨，以順應社區需要及收入水準，以致虧損連連，甚或倒閉。縱使其收銀台不曾發生計帳錯誤，或每項存貨都很充足。

　　所以說，單是改善流程還不夠，我們必須隨著新產品、新服務、新科技的引進，持續地改善產品的設計與服務。這些都是管理者的責任。

錯誤的開始

　　錯誤的開始是不容易看出來的。它們會帶來滿足，並給人「一分耕耘，一分收穫」的假象，最後卻會導致挫折、失望、灰心和延遲。

　　有一種錯誤是由下述假設開始的：只要有足夠的生產人員了解統計方法，就能將事情做好。早有許多例子證明這種假設是錯誤的。

　　了解「變異」、「特殊原因」和「共同原因」，並持續地降低共同原因所造成的變異，都是相當重要的。事實上，就算一家公司的紀錄是清白的，如果管理者忘記他的品質責任，而只依賴

現場的統計方法，並且強迫供應商也跟樣使用的話，不到3年，他將會把所有的統計方法和相關的人員棄置不用。

我有位能力比我高明得多的朋友，他在1983年春夏兩季，花了6個星期在一家美國著名公司的某事業部當管理顧問，發現下列的問題：

1.工廠在6月30日（當季的最後一天），出貨量為當月產量的30％。公司政策是每季結束前貨品要全數運出廠，採購和付款遞延到下季才開始。

2.工廠中使用了154張管制圖，但只有5張的應用和計算是正確的。

3.每年考績方式極端不合理。所有部門人員的考績分布，都要有人是優等、有人劣等（觀察名單），即便只有5個人。

4.廠長以上還有5級管理階層。怪不得廠長無法從他的老闆處得到任何具體的行動支援。

5.有位新廠長上任之後，就要求所有管理者都要打領帶，結果是：全廠混亂、反抗。（打領帶並沒有什麼大罪過，只是大家就是不了解領帶與績效有什麼關係）

另一種錯誤是從設立品管圈開始的。這主意其實很有吸引力。生產人員可以告訴我們許多錯誤，以及如何改進，為什麼不善用這些情報和助力呢？在大多數美國公司，品管圈要能有效實行，還要等很多年呢，正如本章後面霍見芳浩所言。品管圈只有在管理者聽取實施的建議並採取行動之後，才可能生存。我怕很多品管圈活動，只是管理者貪圖方便的取巧藉口而已。

石川哲於1983年11月16日在
美國紐瓦克博物館的演講

〔石川哲（Akira Ishikawa）是石川馨（Kaoru Ishikawa）的兒子、石川一郎（Ichiro Ishikawa）的孫子。這場演講可能是石川哲代替父親石川馨發表或陪同擔任翻譯。〕

在美國，品管圈的組織方式通常採取正式職工組織形式，在日本則是由作業員組成的非正式組織。日本的管理者的角色只是諮詢或顧問。在美國，某生產經理要擺脫它，就指定他人員為活動輔導員，提倡像是工作生活品質、員工參與、員工貢獻、品管圈等，所有這些活動都是分離而且不成整體。

美日的第二種不同在於品管圈「主題的選定」以及給予品管圈討論會的「輔導」。在美國，題目或專案的選定以及指導如何進行討論，都由經理主導。在日本正相反，這些工作都是由員工自動自發決定的。

第三種不同是討論會召開的時間。美國人只在工作時間中開會，日本人可能在上班、午飯或下班後開會。

在美國，建議案（提案）獎金是發給個人。日本則將利益平均分給所有員工。日本重視團隊成就的表揚、肯定，比較不重視給個人的獎金。

在美國，最適合成立品管圈活動的是管理團隊。例如採購經理應該根據生產需求來採購材料，可以成立一個品管圈，包括採

購、生產、研究、工程設計和銷售各部門主管。很多公司已在管理者已有品管圈制度，只是尚未使用「品管圈」這個名詞。品管圈最好能包括生產主管和檢驗人員，這會讓組員自動自發，帶來一些鼓勵。下述的信件讓我受益良多：

在某個研討會上，很多參與者詢問起品管圈活動。此外我也聽說世界上有很多工廠開始實行品管圈活動。很多管理者可能很認真地以為：如果能成功地實施品管圈，他們就可以解決工廠的主要問題。到那時，管理者將不用親自發起品質改善活動。無疑地，品管圈在解決營運層次的品質和生產力問題時是極有效的工具。然而，我們必須知道，品管圈不是萬靈丹。缺點不單是因為員工錯誤操作而產生的，更常見的、更嚴重的問題還在於設計不良、不適用的規格、不正確的教育和訓練、不良的機器保養。這些都是管理者的問題，品管圈並不能解決。〔譯按：日本友人狩野紀昭（Noriaki Kano）博士給戴明的信。當時狩野博士服務於東京電氣大學，後來轉到東京理科大學，現已退休。〕

「我們設置了品質管制」

這種說法不對。我們可以擺放一張新桌子、放置一張新地毯、或換一位新院長，但不能安裝品質管制。很多人建議設立品質管制（譯按：作者此段批評英文install的用法），其實對品管知識一無所知。

要使公司能夠成功地改善品質和生產力，就必須年復一年地

學習，最高領導團隊必須以身作則領導整個組織學習的過程。

無人化電腦

電腦可以是福氣，也可以是詛咒。有些人善於利用電腦，然而卻很少人注意到電腦的負面效果。在我的經驗裡，曾一次次地詢問檢驗數據，以了解製程是否在管制狀態？或是超出管制狀態？何時超出管制界限，為什麼？或查詢檢驗員之間，生產人員之間，生產者及檢驗者之間有何不同處，試想發現問題來源，改善效率。我所得到的答案常是：「資料在電腦中。」它們的確就只能藏在電腦裡。

人們被電腦嚇壞，像是人們無法告訴電腦哪些資料和圖表是他們想要的。但他們對電腦輸出的照單全收，收到一大堆數字。

有一則電腦廣告誇說：只要敲一下鍵盤，立刻可呈現昨日的銷售資料或是應收帳款。

就電子化而言，這當然這是個偉大的成就。然而從管理而言，這可能是另外一種美國公路上的取締超速的陷阱。一筆獨自的資料（例如昨天的）幾乎不能傳達什麼信息，它可能被誤用。數字天天在變動，除非因恐懼而作假，使其保持不變。

管理者需要的是「了解變異」，所以要將昨日的資料繪在圖上，利用某些變異知識加以解釋，如果顯示有「特殊原因」的變異，必須立刻調查，此變異也可能可歸因為來自系統本身（即為共同原因）。

「只需符合規格即可」的假說

規格並無法告訴我們整個故事。而供應商必須知道所供應材料的用途。例如鋼板的規格裡必須說明有哪些成分，有些鋼板厚度和強度不足以做汽車的內側車門，因為汽車對伸展、扭曲力有一定要求。如果供應商事先知道鋼板會用於內側車門，就可以供應能夠應付這種需求的鋼板。剛好符合所有規格的鐵板，可能會造成一大堆問題。

某程式設計人員也有相同的問題。她根據送來的規格完成完美的程式之後，才知道規格有缺失。如果她能知道此程式的使用目的，就可以做得更好，讓程式合乎目的，即使規格有缺失。

某位製造副總裁告訴我，半數問題來自合乎規格的材料。

問題並不只是尋找好供應商的好零件而已。兩家統計資料都合乎品質要求，都能製造一流產品的供應商，並不意味將美國製活塞頭換成義大利製品，就不會遭遇任何問題。該兩種活塞頭的品質都合乎要求，但是一種換成另外一種卻需要花5小時。

製造複雜的產品，例如由一座城市傳遞到另一座城市的光纖電纜，這個系統所需要的，不僅是好電纜，更需要能夠自動轉發裝置和負載線圈、傳送設備和過濾器，以及無數其它必要的設備。這些項目並不像紅磚或是灰泥，只要熟練的工人即可組合，他們必須同時設計，經過一次又一次的小規模系統測試，再根據需要更改，然後擴充至較大的系統層次繼續測試。

任何向多處買材料來裝電腦的人都可證實下述問題。不管發生什麼，只要有問題發生，一定是設備裡的某零件是由別處製造。

有位巴黎的朋友羅伯特・皮克托（Robert Picketto）比喻，聆聽倫敦交響樂團演奏貝多芬的《第五號交響曲》之後，再聽聽其它業餘樂團的演奏，感覺完全不同。當然，兩者的演出你都欣賞，何況本地的演奏也有天分。兩個交響樂團都符合規格，沒有任何失誤。但是，請細聽兩者之間的差別，不一樣就是不一樣！請用心聆聽、用心聽。（譯按：戴明博士在業餘時候喜歡譜「聖樂曲」，音樂造詣頗高。）

最終消費者（如汽車使用者）並不關心傳動系統上800多種零件的規格，而只關心這種傳動系統是否管用，是否寂靜無聲。

零缺點的謬誤（注8）

這顯然有點問題：某一種品質特性測量值稍微落在規格內，就宣稱它完成符合規格，而稍微超出規格時即宣稱不符合要求。這種「凡是規格內的都沒問題，而規格外的就有問題」的想法，與現實世界的人的想法不同。

田口玄一（Genichi Taguchi，1924～2012）倡導的損失函數（loss function）較能描述當今世界的情況。它說明在標稱值（規格中間值）的損失值最小，並且強調離正常值愈遠損失愈大。（譯按：參考第56頁的標註。進一步請參考本書的姐妹作《新經濟學》第10章）

使顧客剛好滿意並不夠。任何不高興的顧客都可能見風轉舵，他們的損失不會太大，還可能有好處，因此揚長而去。企業的利潤來自顧客會一再上門購買，對公司的產品和服務極為誇讚的常客，自然會推介給朋友。將成本完全分攤計算之後，更能顯

示出來自忠誠顧客所產生的利潤，10倍於來自廣告或其它方式吸引而來的顧客。

經由機械和電路板保證零缺點的伺服系統和道具等，將會破壞量度值集中分布（變異小）的好處。這種人為的零缺點控制系統，會使測量值在規格界限中上下滑動，以達成零缺點的要求，同時卻造成成本和損失的極大化。（這是本書第11章第372至373頁中漏斗實驗所談的規則2、規則3或規則4的「干預」）所以，最好關掉它。

不當的產品原型測試

工程師們習慣採用零組件〔它們的各種特性接近標稱值（nominal）或目標測量值〕裝配成為模型（prototypes）產品。測試的結果也許相當好。問題是一開始投入量產線時，所有的品質特性就開始變化了。在最理想狀態下，它們會在正常值或目標測量值附近形成分布。實際上，很多零件可能並沒有可預測的分布曲線，它們距統計品管的狀態還遠得很。事實上，在量產的10萬件中很可能只有1件與原型產品類似。

任何從事測試者都應該問自己下列問題：

1.這些結果可歸咎於什麼原因？

2.結果會與明天的批次或下年度的生產相關嗎？

3.它們在何種狀況下可以預測明天的批次或下年度產量？

4.它們是否可提升我們做計畫時的預測的直觀確度（degree of belief）？

5.它們會以何種方式幫助我規畫改變呢？

6.在研究製程的目的是改善時，「學習」的可運作定義是什麼呢？

蒙地卡羅模擬法（Monte Carlo methods）在測試時可能有所幫助，尤其在電腦輔助設計階段，可在合理與不合理的範圍內，藉由維度、壓力、溫度和扭力的改變，以探求其功能。這些方法在實際測試硬體時也會有所助益，偏離正常值的組合勢必減少許多。

因為對測試的變異性了解不足，遺傳學的發展因此延宕多年。像是高矮豌豆的變異比例，經常在3:1（高：矮）的理論值上下巨幅振盪，這種變異困擾了每一個人，包括那位發現單純顯性基因的神父格雷戈爾‧孟德爾（Gregor Mendel）在內。（注9）（譯按：2006年，我與徐歷昌先生就此段請教美國的潘震澤老師，他說原文1:4的比例有誤。以上翻譯承蒙他的修改，謝謝。）

「想要幫助我們的人，必須先全盤了解我們的企業。」

所有的證據都顯示這種假設是錯誤的。在每個職位上勝任的人都知道，他們雖然盡力而為了，卻只能了解工作，而不知道如何改善。能協助企業改善只能是外界具備某種知識的人。也許可以向外界尋求幫助，再善用公司內擁有但未被利用的知識。（譯按：戴明博士的意思是指改善及轉型無法單由系統內的人完成，而要由具備客觀、淵博知識系統的顧問，與公司員工的工作知識相輔相成。）

常聽和常看的例子

1.顧客的規格常常比他的需求嚴格得多。去請教某一顧客如何得出他的規格，以及為什麼他需要指定的種容差，這會是件有趣的事。

2.我們拒收某批材料，並退回給廠商。然而，對方將原貨再度送來闖關，這一次，該批貨通過檢驗。很快地，廠商食髓知味，知道該如何虛應故事處理退貨。事實上，這是載運退貨的司機和重新將退貨入料的司機兩人在路上相遇，一起喝咖啡時發現的取巧方式。

3.即使有需要再次加工的數量也無法知道如何降低。然而，這些數據能讓我們了解問題嚴重程度。任何人都可以了解重做的損失，這讓花很多錢學習如何降低它是有道理的。

4.我們的預算裡允許6%的重做。如果沒有因為不良而導致產品必須再加工，公司不知道可以多賺多少錢。這「6%」並沒有激勵我們做得更好，反而成為工作標準，要求員工達成它，而不是降低它。

5.某台複雜的機器需要一種特殊且昂貴的油才能運轉，廠長下令降低費用，他的確做到了。他貪圖一時方便向本地代理商買油，省下一大筆錢。結果呢？多花7,500美元的修理機器。

6.機器有問題了，雖然照樣能夠運轉生產。每一產品都有問題，尚可使用，最終成品都有些瑕疵。操作人員已經呈報3次機器出問題，卻沒人有什麼作為。

7.在印刷線路板（PCB板）上有1,100種零件，根據政府規

定，每一片線路板必須分別由4個人檢驗並簽字，第4位是政府派來的檢驗員。這表示每片PCB板上有4,400個簽名。簽名的問題比線路板的更多。譬如說，如果4個人都沒有剔除不良品，則必須將4人召回來再次檢查該零件，並在紀錄上簽名。像是4個人都檢查了某零件，卻有一個人忘了簽名，那會是誰呢？

8.領班對發問的工人說：「做好你自己的工作就好。」

9.現場某婦人因計算零件數錯誤而須停工。她這一批有24項零件。有一盒某零件短少了一件。結果是，為了找到尺寸正確的零件共花了35分鐘。

10.鞋子樣品送出廠；訂單接到了。正要準備開始生產才發現問題：採購部門無法買到與樣品的顏色與質地最接近的材料，沒有人事先預料到這個問題。

11.有家公司運交一部機器給顧客。啟動機器之前，銷售人員在客戶廠房查看機器，發現磨料漏溢。他不想告訴客戶這是不良品，打電話要求公司的服務部門派員過來並更換不良零件。服務部門經理說他早就知道會漏溢磨料，卻無法採取行動，因為除非機器無法運轉，否則沒有設計工程師肯接受他的意見。機器的確停擺，延誤顧客的生產計畫近5週，所以顧客扣款1萬美元做為賠償金。〔凱特・麥基翁（Kate McKeown）告訴我這則個案。〕

12.車床操作員說：「沒有管制圖之前，我無法說出我在做什麼，只能事後得知。以往不良率有十分之一，現在卻能及早發現問題。我們三班的同仁都使用同一張管制圖，並不用在交班時調整機器，因為管制圖告訴了我們機器的狀況。現在我們不再製造不良品，我更快樂。」顧問：「為何你會更快樂？」作業員：

「因為我不再製造不良品了。」

13.某住屋主管單位在低價住宅區建了100個住宅單位（dwelling units）。政府雇用了3位檢驗人員在其完工時驗收。冬天到來時，住戶每月的暖氣費高達300美元，不符合低價住宅居民的經濟狀況。為何暖氣成本這麼高？答案是：天花板沒有隔溫設備。這3位檢驗人員都宣稱他們早就發現了這項缺點，但是沒有人提出，因為大家都認為另外兩人不會發現，不願意傷害同事。

14.我們這幾年來都在製造汽車的煞車加襯〔來令片（lining）〕，卻從來沒了解自己在做什麼，也不了解顧客想要什麼樣的煞車加襯。沒有一位客戶希望買到有不良煞車加襯的汽車。事實上，顧客雖然不斷抱怨，卻仍然收下這些煞車加襯，可能他們沒其它貨源。我們決定一起來解決這個問題，於是先對不良的可運作定義，同時了解我們相對的生產作業能力。當然這是個大工程，因為煞車加襯良是由很多因素組合而成。現在我們對主要品質特性繪製了 $\bar{x}$ 和 R 管制圖，而且我們不再有問題了。

15.我們嘗試在生產線上實行品管圈活動，卻忘了教育主管們了解他們應負的責任，以消除一些由下報上來的障礙。我學了痛苦的一課：解散品管圈活動。

16.我們25年來都在和各式問題纏鬥，卻一直沒有研究造成問題的過程。

17.我們並不需要管制圖及實驗設計，因為有電腦可以幫助我們解決品質問題。（引述某精密電子儀器製造商）

18.我們看到這家公司對所生產的煞車來令片做100%檢查。

但管制圖上指出，除了採樣以外，根本沒必要再檢查。

美國管理忘了最重要的一點，
那就是管理本身。（注10）

作者：霍見芳浩（Yoshi Tsurumi)

　　美國管理者在走訪日本企業後，都會感觸良多。在過去一年已有數百家企業嘗試品管圈活動，但是在日本50大企業中，卻很少人強調品管圈。大部分的日籍主管們都知道，品管圈並不是建立企業文化的首要工作，而是最後一件工作。這種企業文化將會促使全公司上下，對於提高品質和生產力有所承諾。

　　在美國經理、學者以及工人之間，沒有任何觀念比「生產力」更受到誤解。美國工人認為呼籲提高生產力帶有裁員的威脅。管理者認為，生產力與效率和產品品質之間的關係是經濟上的權衡取捨。商學院的管理課程經常會被稀釋成存貨管制和生產流程的數字遊戲，並過分強調財務預算和嚴格控制為最佳的管理工具。在生產線上和公司的辦公室裡，社會學無用的多言取代了對於人類行為的基本了解。

　　嘗試處理勞工的人性面往往流於表面，美國經理人自以為找到同時能解決勞工情緒化和生產線產出落後的方法。工人卻對經理們追求管理學流行的做法深表懷疑，因為他們看過太多經理來來去去。嘗試過工作時放音樂、增設建議信箱和心理諮商等而又放棄。工人說，這些努力無非是要讓工人更努力工作的天真想法

罷了。他們問道，品管圈又有什麼不同呢？特別是有家電子公司採用品管圈制，卻為達成預算的利潤大舉裁員，真是過分。

在日本，如果公司想吸收突然到來的經濟困境，譬如銷售額降低25%，各階層應該分別犧牲多少，這已有嚴格而固定的規則可循。第一先降低公司股利，然後刪減高階主管和中階經理人的薪水和紅利。最後才輪到要求生產線工人接受減薪、自願或指定離職方式減少人力。美國的企業碰到同樣的困境，典型的做法可能先從基層裁員開始，做法與日本相反。

品管圈永遠無法取代管理者的基本責任，無法重新定義管理者的角色或是重建公司文化。在美國製造和服務業裡，只要管理者在品管圈成功時搶功，在它失敗時同樣很快地責怪作業人員將它搞垮，就絕對無法期望任何克服低生產力的難題。

大型的日本企業將其人力資源當做最能讓公司生生不息的資產。員工和管理者的招募，訓練和升遷，都屬公司（做為一整體）的責任。即使身為執行長，也不會直接或間接威脅要裁掉部屬。相反地，管理者的工作是協助員工成長，讓他們從工作取得滿足和自我實現，從而鼓勵員工努力達成共同目標。

有位日本廠長整頓一家低生產力的美國工廠，在3個月內轉虧為盈。他告訴我：「這很簡單。你將美國工人當成具有普通人的需要和價值的人對待，他們會以人的方式回應你。」一旦主管和工人之間的這種表面、有敵意的關係消除後，他們在困難時期裡會更願意團結在一起，來保護他們共同的利益和公司的健康。

美國管理者如果沒有一場文化革命，品管圈並不能產生想要的效果。也沒有人可以保證讓基層的工作獲得保障，就足以提升

生產力和產品品質。話又說回來，如果沒有管理者對工人個人福利的承諾，自然就無法鼓舞員工對於生產力和產品品質的提升感興趣。工作獲得保障之後，管理者的工作會變得更為困難和更富挑戰性。

在美國歷史上，當下是第一次要在資金短缺，加上原料、能源、管理技巧和市場機會都不足的情形下，帶領美國企業取得經濟成長。美國企業面對的是政府與企業間關係緊張，管理者與員工關係有敵意，要學習日本的成功奧祕，可不是一件容易的事。

第3章注

注1：摘自美國《品質》月刊（*Quality*）1984年3月號專訪尤金・格蘭特（Eugene L. Grant）教授一文。〔譯按：格蘭特教授著有《統計品質管制》（*Statistical Quality Control*）等書〕

注2：版權屬《哈潑雜誌》（*Harper's Magazine*），本書獲准轉載1983年6月號中的本段文章。

注3：由美國福特汽車公司威廉・謝爾肯巴赫（William W. Scherkenbach）提供。

注4：摘自威廉・謝爾肯巴赫的〈汽車業重視品質〉（Quality in the driver's seat），出於《品質進步》月刊（*Quality Progress*），1985年4月號第4頁起。

注5：福特汽車詹姆斯・巴肯（James K. Bakken）建議使用此詞。

注6：參考戴明《某些抽樣理論》（*Some Theory of Sampling*，1950年Wiley首印，1984年Dover重印）第7章；《企業研究的樣本設計》（*Sample Design in Business Research*，1960年Wiley首印）第

356頁。（譯按：此為二種不同的研究，舉例式研究只問「有多少？」而不問分析式研究的「為什麼」，前者在統計上可無限精確，而後者牽涉到許多其它專業知識的配合，才能從事「預測」工作。）

注7：參考克拉倫斯‧劉易斯（Clarence Irving Lewis）所著《心靈與世界秩序》（*Mind and the World-Order*，1929年Scribner's首印，1956年Dover重印）第6至9章。

注8：這一節謝謝美國福特汽車公司（Ford Motor Company）威廉‧謝爾肯巴赫（William W. Scherkenbach）。

注9：參考奧斯卡‧肯普索恩（Oscar Kempthorne）所著《遺傳統計學導論》（*An Introduction to Genetic Statistics*，1957年Wiley首印）。

注10：摘自霍見芳浩（Yoshi Tsurumi）〈美國管理忘了最重要的一點，那就是管理本身〉（American Management Has Missed the Point - The Point Is Management Itself）一文，發表於1981年9月《刻度盤》雜誌（*Dial*），謝謝作者與出版商。

第4章 什麼時候？多久？

開鑿石頭的，必為石壓傷。砍伐樹木的，必遭遇危險。
——《舊約聖經》〈傳道書〉第10章第9節

迎頭趕上？

許多人提問，美國還要多久才能趕上日本？這個提問太模糊了，這是缺乏了解所致。難道有人以為日本人會呆坐原地，等別人追上嗎？我們怎能追得上總是在加速前進的人？這樣做不足以應付競爭的挑戰；因此一心只想競爭的人，早就遭到擊敗。我們必須能找出方法，在最後機巧地克敵致勝，我們一定能做到，即使需要數十年的努力。

真正的問題是什麼？

我們生活在一個致力於追求股利的環境、組織、決策、命令和戰鬥（非贏即輸）的社會裡，只知道面對競爭者（不管本國或海外）要全力攻擊和消滅。這種不留活口、你死我活的生活方式，無法引領我們邁向較好的物質生活。

這個時代的每一個人都希望自己的生活水準持續提升，只要稍微計算一下，就或能澄清思路。世俗財貨不斷供應，帶動食物、衣物、住屋、交通和其它服務的供應也持續增加，這繁榮的源頭究竟在哪裡？除非美國產品在國內外都具有競爭力，否則我們很難理解美國的經濟會有重大的轉機。

不能把自己的產品和服務賣出去，又怎能購買別人的財貨呢？唯一可行的方法就是創造出更好的設計、更好的品質及更高的生產力來。

唯有更好的管理才能帶來這些需要的改善。最大的問題是，高階主管需要多久才能體會危機並積極負起責任？要花多少時間？美國企業應朝什麼方向發展？是回到從前嗎？當然不是。我們需要轉型。這不是單靠解決問題和增添機器設備就能達成。

管理階層最大的問題可能在於無法從事任何的變革。事實上，這些改變很困難，幾乎導致公司的運作癱瘓。

這些產業龍頭的薪水與福利，都和每季紅利密切相關，因而無法激勵個人為公司做些符合長期利益的事情。最重要的步驟還是由董事會宣布他們對公司長程的遠景深感休戚與共。為了保護這樣的決心，必須通過法案禁止惡意接管（unfriendly takeover）與槓桿收購（leveraged buyout）。

轉型的延滯

美國的管理階層到底多快才能消除障礙，恢復美國的領導地位呢？我在第2章和第3章已列舉許多致命惡疾和其它弊病。這些都是美國式管理帶來的結果，只有美國管理階層才能根除。

其它進步阻礙不管真實與否，都很容易讓大眾轉移注意力企業的管理者，反而忽略管理者應負的責任。它們是人為操縱匯率、非關稅貿易障礙、政府干預等。然而，它們即使統統彙總起來，比起美國企業的管理者自己創造的障礙，也只是小巫見大巫。

像是管理者是否能為了公司的長治久安著想，決定未來的產品和服務的長遠目的？並能堅守崗位，帶領公司朝此方向邁步？

前文已經說明，企業永續經營、提供工作機會、規畫能贏得未來廣大市場的產品和服務等，都是管理者最重要的責任。但是要實行此種政策並不容易。任何想要這樣做事的人，都會冒著挨罵的風險，罪狀是所運用的資金侵蝕原本可多發放的股利。

1982年3月15日的美國《商業周刊》〔*Business Week*，編按：現為《彭博商業周刊》（*Bloomberg Businessweek*）〕報導，某位負責為大型公司規畫未來的領導者，因去年第4季股利大降而遭到解雇。

管理者一向引領股東相信「股利可衡量管理績效」。有些商學院也教導學生如何在短期內使公司利潤最大化。不過，股東們比管理者更精明。換句話說，股東們（包括投資產業的退休基金經理人）對於成長潛力及未來的股利應比對現在的股利更感興趣才對。不知要到何時，管理者才會知道他們自己有道義責任保護投資者的利益？

要等多久？

改變上述的風氣，需要多久？有家廣告代理商花費10年時間，改變整個國家對於某種商品（譯按：鑽石）的看法（注1）。

廣告代理商能否改變民眾對於快速獲利的看法並給予管理者採用長遠的政策呢？如果答案是肯定的，到底需要多久？10年？20年？甚至可能30年？

直到經濟學家學會這種新經濟理論，進而授課前，不知道我們還要等多久？10年？還是20年？

政府的各種抑制力量又是什麼？

等到政府立法機構明白促成價格競爭的力量，並不能解決品質和服務的問題時，不知道要花多少年？10年？或20年？這些破壞服務品質的競爭，絕非當初立法的原意。

負責管制的機構本身也是法規的受害者，因為法規多到他們弄不清楚，或是觀念過時，不知道如何考量公眾利益，可能同時又造成產業在改進生產力上困難重重。美國司法部的反托拉斯法案，已經摧毀電話通信和運輸系統，只因為當初政府相信價格競爭會帶給善良民眾好處，誰知道苦頭在後頭（譯按：參考戴明著《新經濟學》第3章）。

舉一個既浪費而又可笑的例子，福特汽車（Ford Motor）、龐蒂雅克〔Pontiac，通用汽車（GM）事業部之一〕和克萊斯勒（Chrysler）的員工，竟然無法合作，將汽車左前方擋泥板用鋼材的量規數從15種降至5種。美國人民成為政府立法下的犧牲者，美國產業又如何能在成本上與日本競爭？

銀行家、企業主、政府主管機關，是否能夠接受此一挑戰以服務美國產業？還是仍舊依然故我呢？

　　過去幾年來，原本立意良好的政府政策和規範最後卻傷害了投資者，而其受損程度還遠較原先的弊病還大，這類例子真是比比皆是。（參考1978年7月3日的美國《商業周刊》社論，第112頁）。但是，反托拉斯（antitrust，意即反壟斷）的問題還比變遷中的環境更為廣泛。執法者常常忘了什麼才是最為重要的問題。我們到底要怎樣做才能使美國更具生產力呢？（中略）在反托拉斯的事務中，我們應該進一步改善得更聰明、更健美〔譯按：指智慧與體重的比率。原文仿體適能（BMI, Body Mass Index）說法〕。〔萊斯特・瑟羅（Lester C. Thurow），《新聞周刊》（Newsweek），1982年1月12日，第63頁〕。

　　妨礙企業生產力的另一因素為政府的法規。企業必須耗費巨資與人力來符合這些法規的要求：平權法案（affirmative action，譯按：它是指防止對「膚色、宗教、性別或民族出身」等少數群體或弱勢群體歧視的一種手段，將這些群體給予優待來消除歧視，從而達到平等）、（勞工等的）安全及其它公約等。光是1967年，政府法規加諸在美國企業上的成本即約達300億美元。

　　我們都知道銀行必須應付不計其數的繁文縟節，美國聯邦1968年《借貸法令》（TILA，The Truth in Lending Act）即是個美國的典型例子。結果銀行必須雇用大量的法務人員才能應付該法案的繁重法律規定（譯按：該法案旨在促進消費信貸的使用要告知公眾，要求銀行界揭露其貸款條件和成本等資訊）〔美國銀行董事長利蘭・普魯士（Leland S. Prussia）於1982

年1月25日在亞特蘭大召開銀行管理協會會議講詞。〕

　　讓我們再進一步反省，即使管理階層都熱烈地從事管理十四要點，以提升品質及生產力的競爭地位，然而進展仍相當緩慢。我們必須給予採購部門5年時間讓他們學習新職務，才能看到效果，也就是從尋找更低價並以最低價決標的做生意方式，轉移至兼顧品質和價格。同時公司還要投入其它改善方案，像是停止依賴大量檢驗，減少供應的數目，並要求交貨時附品質處於統計管制狀態的證據。

　　即使管理卓著的公司，也要5年的時間去除種種造成員工無法以工作為榮的障礙；很多公司甚至需要10年才行。落實其它項目的管理十四要點，也需要時間才行；治療第3章的致命惡疾也很費時，即使管理者已經排除採取達成共同目標的障礙。

什麼時候完成？

　　我們反省過上述的障礙之後，大概每個人都可以看出，美國產業仍有一條充滿荊棘的長路要走，至少10至30年，才可能贏得相當程度的競爭力地位。依當時全球生活水準而調整，這個地位可能是世界第2或第4位。

　　到那時，出口的主力產品將會減少甚至消失，而新的產品源自對未來有信心而把資源投入開發的公司。

　　問題也許不在於「何時」達成，而在於「是否」能夠達成。

　　過去幾年，農產品有利於貿易的平衡，不然赤字將會更大。然而土壤和水之利益能夠取多久呢？我們是否會重回農業社會？

　　然而令人感興趣的是，統計數字指出，美國農業的經營愈來愈有效率，已達到一人可養77人的地步，因為農業從業者從不放棄任何能夠提高生產效率的機會。順道一提，農業創新實務大部分來自世界各地的實驗站，他們都應用統計方法來改善效率和試驗的信賴性。

　　不幸的是，農業經營多半只著重生產，而且依賴關稅、配額以及政府津貼的保護。如果我們能投注相同的智慧和努力來開發新用途和拓展世界市場，而不是讓政府管理、發展和銷售，美國農業利潤可能會提升至新水準進而開啟新境界。如果能夠取消政府的價格補助，農業還可能更具生產力。

適者生存

　　誰能倖存呢？唯有採用追求品質、生產力和服務的一致目的，並投注智慧和毅力的公司才能生存。當然，這些公司必須提供具有市場潛能的產品和服務才行。達爾文的物競天擇、適者生存的規則也適用於自由企業界，這規則雖然殘酷但無法避免。

　　事實上，此問題可以自行化解。唯一的生存者，必須是在品質、生產力和服務維持一致目的、堅守崗位的公司。

第4章注

注1：參考愛德華‧愛潑斯坦（Edward Jay Epstein）〈你曾試過賣鑽石嗎？〉（Have You Ever Tried to Sell A Diamond？），《大西洋》月刊（*Atlantic*），1982年2月號第23至34頁。（譯按：大意為全球鑽石市場完全由某大財團所獨控，並且大肆宣傳、廣告）。

第5章 協助管理者的提問

我默不作聲，以免口出惡語，但我的痛楚更因此而加劇。
——《舊約聖經》〈詩篇〉第39章第2節

本章目的

本章中所列的許多問題可做為藍本，幫助管理者了解自己的
責任。

問題

1a. 貴公司是否已建立恆久一致的目標？

 b. 如果是，目的為何？如果不是，障礙在哪裡？

 c. 目標是否固定不變，或隨總經理的更迭而變動？

 d. 假設您已經擬出貴公司恆久一致的目標（生存的理由），
    所有員工是否都已知道？

 e. 有多少員工相信這一目標，並身體力行？

 f. 總經理要向誰負責？董事會要向誰負責？

2a. 您希望貴公司5年之後會發展到什麼境界？

 b. 你如何達到這個目標？用什麼方法？〔重述第25頁威廉‧戈洛姆斯基（Willian A. Golomski）的談話。〕

3a. 您如何知道某一品質特性的製程已經穩定或成為系統？

 b. 如果製程或系統已經穩定，進一步改善的責任應由誰來負責？為什麼在這種狀況下，懇求廠長、主任、課長、科長與工作人員以提高品質，是無濟於事的行為？

 c. 如果不穩定，差別何在？對您所要達成的改善措施有何不同的做法？

4a. 您是否組成小組來執行第2章的管理十四要點的每個要點，及第3章所說的致命惡疾與障礙？

 b. 您如何執行第十四要點？

 c. 您如何讓採購人員與生產人員建立團隊關係？

5a. 貴公司的曠職狀況是否相當穩定？

 b. 火災的發生次數是否呈穩定狀態？

 c. 意外事故呢？

 d. 如果回答為「是」，誰應該負起改進的責任？（答案當然是管理者。）

6a. 為何管理者的轉型是求生存所必須？

 b. 您是否已創造推動轉型的必要人數？

c. 為什麼需要這麼多人？

d. 關於新哲學，是否管理者的各層級參與？

e. 是否每個人都能夠主動提供方案？事實上是否如此做？

7. 如果您經營服務業：

a. 貴公司有多少比例的員工知道「服務」是公司的產品？

b. 每一個員工是否都知道他有位顧客？

c. 您如何界定品質？如何衡量？

d. 您提供的服務是否比一年前進步？為什麼？您怎麼知道？

e. 為何如此？（如果 d 回答為「是」）

f. 對於某一經常採購的物料，你是否有一家以上的供應商？

g. 為何如此？（如果 f 回答為「是」）

h. 如果某一物料只有一家供應商，您是否與他建立起長期而忠實的關係？

i. 員工曠職率是否穩定？

8. 如果您經營某家營造公司：

a. 您對顧客的服務是否比兩年前進步？

b. 在哪方面或方式更進步？

c. 您曾做了什麼改善服務？

9. 您曾做了哪些措施來營造各部門間的團隊精神？

a. 產品（或服務）的設計與生產？

b. 產品（或服務）的設計與銷售？

c. 產品（或服務）的設計與採購？

10. 您做了哪些措施縮小「產品與服務之設計」和「實際生產與交貨」要求間的差距？也就是在生產與交貨之前，做什麼以改善產品與服務的測試？

11. 您採取哪些步驟來改善下列事項的品質？
   a. 用於生產的進料？
   b. 工具、機器與間接生產的物資？
   c. 內部溝通（信件遞送、文件、電話或電報）？

12a. 您的採購部門是否仍堅持最低標政策？如果「是」，原因為何？這種政策之代價為何？
   b. 使用成本是否考慮在內？您如何計算？

13a. 您用什麼執行計畫來減少下列事項的供應商數目？
   b. 經常使用的4種重要項目（包括物品本身與運輸服務）。
   c. 上述4項中的每一項您有幾家供應商？
      ・現在有幾家
      ・一年前有幾家？
      ・兩年前有幾家？
      ・三年前有幾家？
   d. 您用什麼程序來建立與供應商間忠實而可靠的長期關係（包括量產品與運輸）？

14. 您對管理者是否每年加以考評？如果是，您是否有更好的辦法取代此制度？

15. 您的管理者是否知道工程變更的各種成本？工程變更的真正原因為何？您的工程師是否有時間在一開始就把工作做好？他們是如何考評的？你有沒看出工程師的考評制有些問題？如果有，您計畫針對它做什麼改善？

16. 貴公司做每一項作業的訓練與再訓練時，是否先教他下一站作業的要求？

17. 有多少比例的員工有機會了解下一站作業的要求？為何不能做到每個人都了解的地步？

18. 如果不是每個人都了解下一站作業的要求，它所造成的損失您如何計算？（這是第3章第5項致命的惡疾中未知的與不可知的數字中的一項。）

19. 您有何行動計畫取消工作標準（工作數量、工廠中每天工作量的衡量數字），而代之以由勝任的領導者運用其知識？（參考第2章）

20a. 您是否實施目標管理？如果是，那麼這種管理方式的代價為何？您了解這種實務有什麼錯誤嗎？您將以哪種更

好的管理來取代它？（參考第2、第3章）

b. 您是否以數字管理（要求一個人將生產力與銷售額提高達某一數量，或降低某一數額廢料、工資或費用達某一金額，例如上述一律設定為6%）？（參考第2、第3章）

c. 請說出勉力達成的數字並非「系統穩定」的表示。（像是要求工廠每天生產1200個產品，或要求銷售員每天要爭取7200美元的訂單）這些績效數字，要不是設計得過分巧妙（像齒輪般密切結合），就是出於畏懼而經過調整或偽造而已。

21. 您是否以領導取代督導（至少在貴公司的某些部門能這樣做）？

22a.您如何選用領班？換句話說，您的領班是如何變成領班的？

b. 您的領班知道本身職責所在嗎？

c. 他們如何經由（統計）計算而知道某人非系統的一部分，需要個別輔導？

d. 他們如何計算而知道某人的表現特別傑出，他不是系統的一部分？

23. 您是否計畫取消：

a. 論件計酬制度？

b. 獎金激勵制度？

24a. 如果管理者每個月寫封褒獎信函給本月業績超過平均水準的經銷商，他們的士氣能否提高？

　b. 您如何知道某些人應予表揚？

　c. 您如何知道某些人需要特別協助？或在某方面需要特別指導？

　d. 寫信給那些業績低於平均水準者的做法適當嗎？

25. 對於移除「使按時計酬工人以工作為榮」的障礙，您有何計畫及做法？

26. 您是否在牆上貼滿各種目標及口號？如果是，如何以各種展現管理者決心（減少那些剝奪論時計酬工人以工作為榮的障礙）相關報導取代？

27. 您採用哪些步驟以減少各種紙上作業（paperwork）？

28a. 您採取哪些步驟來減少差旅費及供應商付款單據上的核簽數目，使其只剩下一個簽名？

　b. 您採用哪些步驟立刻償還員工的旅費墊款？

29. 過去幾年來您因為文書錯誤所造成的損失有多少？

30a. 貴公司未來有什麼開發新產品與新服務的計畫？

　b. 您打算如何來測試新設計或新構想？

31a. 您知道顧客在使用貴公司產品時有什麼困難嗎？您對使用中的產品做了哪些測試？

  b. 顧客如何比較您的產品與競爭對手的產品？您如何得知？手中有什麼資料？

  c. 顧客為何買您的產品？您如何得知？手中有何資料？

  d. 顧客對您的產品有什麼問題或不滿？您如何得知？手中有什麼資料？

  e. 顧客對競爭對手的產品有什麼問題或不滿？您如何得知？手中有什麼資料？

32. 今天的顧客在一年後是否仍是顧客？兩年之後呢？

33a. 您的顧客是否認為您的產品符合期望？您的廣告與您的銷售員想要引導顧客有什麼樣的期望？期望是否超過您的能力範圍？如何得知？

  b. （如果適用的話）您的顧客是否滿意您或您的經銷商所提供的服務？如果是，滿意些什麼？產品品質嗎？打電話服務就來嗎？您如何得知？

34a. 顧客心目中期望的品質，與貴公司廠長及工作人員心中設定的品質，兩者之間的差別能分辨嗎？

  b. 貴公司顧客所認定的產品品質，跟您想給的是否一致？

35a. 您是否藉著顧客的抱怨得知產品或服務的問題？

b. 您是否由產品保固成本才知道產品或服務的問題？

36a. 為何顧客會改向他方購買？

　b. 您最主要的利潤來源為何？（熟客）

　c. 您如何留住顧客？

37a. 買不買您的產品是由誰決定的？

　b. 哪種新設計將在4年後提供更好的服務？

38. 在下列各站您做了哪些檢驗或驗證？

　a. 進料？

　b. 製程？

　c. 最終產品？

　　（不必針對每一產品回答這些問題。只要找3至4種重要產品，或3至4條生產線就可以。）

39a. 針對以上各點，您的檢驗多可靠？您如何得知？

　b. 您從那些資料知道您的檢驗員彼此袒護？

　c. 測試儀器如何？如何使用？您能不能針對這些測量或分類系統提出證據，說明這些系統是在統計的管制狀態之中？採用目視法？還是用儀器檢定？

40a. 哪些地方能不做檢驗就能使總成本降到最低，但目前卻在檢驗？（參見第15章「全檢或免檢」。）

b. 在必須進行100% 檢驗才能使總成本降到最低之處，哪些項目至今尚未檢驗？（見第15章）。

41a. 您保存哪些檢驗紀錄？以什麼形式？是管制圖？或是連串圖？如果沒有保留紀錄，為什麼？

b. 保存的這些紀錄，是否有其它用途？

c. 如果未留紀錄，為什麼？

d. 如果在某些製程檢驗點未留紀錄，為何不停止檢驗？

42a. 有多少材料是因為生產經理趕工而分發至生產線？（它們必然造成材料的浪費或重做？或兩者都有）（試用2、3條重要生產線來回答上述問題。）您多常遇到下述狀況？

· 材料是符合規格要求，卻無法在製程或最終產品組合時使用。

· 進料檢驗被視為必須的，但因為生產線嚴重缺料，因此檢驗匆促，甚至省略檢驗。

b. 有多少進料最後被生產經理判為完全不合用？（同樣的，只針對2至3條重要的生產線來回答。）

c. 您用什麼制度來反映並改正這些問題？

43a. 您與供應商之間達成何種協議，證明他們送來的物品是處在統計管制狀態之中，因此可以放心地減少檢驗？

b. 您與供應商之間有何合作措施，以確保彼此所談的是同一種尺度和同一種測試方法？

44a. 您如何讓品質（與生產力）成為每個人的工作（包括管理者在內）？

 b. 您知道由於不良材料、不良產品，或生產線上的某處錯誤所造成的損失有多大嗎？

45. 在銷售或物料採購方面，您是否仍在使用美軍品質標準105D抽樣表（Military Standard 105D）或道奇-羅米格抽樣計畫（Dodge-Romig Plans）？為什麼？（詳見第15章）

46. 有多少比例的成本是由於前站的作業缺失所致？

47. 您在品質與生產力遭遇的困難，有多少比例是來自：①生產員工：②系統（管理者的責任）？您如何知道？（針對3～4項重要項目回答這個問題。）

48. 由搬運所造成的損失，有多少是由於生產線上造成的？或包裝、運輸、安裝時造成的？針對這些問題您手上有什麼數據？打算怎麼處理？

49. 您打算怎樣改善新進員工的訓練？您如何因應新產品、新程序及新設備進行重新訓練？

50a. 為何我們說每次推出新產品或新服務的努力，都是「良機只有一次（one of a kind）」？（一旦計畫付諸實施，以

後的改變就會損失大量的時間與金錢。）一旦原計畫付諸
實行，再改善的機會就很小。

b. 為何我們說工作訓練課程、新工作的再訓練課程，或鋼
琴、小提琴的訓練課程，都是獨一無二（one of a kind）？
（學生一旦受教並熟練之後，就很難改變。）

51. 如果您經營的是訂貨生產工廠：

a. 跟兩年前相比，您的顧客是否更滿意？為什麼？

b. 材料與設備方面如何？每一項目有幾家供應商？

c. 如果多於一家，為什麼？您打算採取什麼步驟減少？

d. 設備的維護如何？有改善嗎？

e. 工作績效如何？

f. 員工流動率如何？

g. 重複許久卻從未改善的產品作業流程該怎麼處理呢？是
否對某些作業保存連續操作紀錄並做成管制圖？

h. 某些問題是否呈穩定狀態？如果是，改善的責任屬誰？
（答案：屬管理者）

52a. 負責訓練的員工是否了解誰已受訓（或未受訓）？

b. 他們是否知道自己受訓機會只有一次？員工一旦受過訓
練後，就很難用同樣的程序再進一步訓練？

53. 您是否對自己工廠裡設定生產的目標數字而有罪惡感？

54. 如果公司裡有一位能幹的統計專家，您是否充分運用他的知識與能力？他有沒有傳授統計觀念給管理者、工程師、化學家、物理學家、生產工人、領班，督導人員與採購人員等？您有沒派他參加統計會議？他是否能在全公司尋找問題所在，追查原因並追查改善措施的結果？他是否努力設法解決所有關於設計、品質、採購、規格與儀器測試等的問題？他有權及責任在公司各處尋找問題並予解決問題嗎？如果沒有，為什麼？（參考第16章）

55a.您是否依據公司最高利益設定統計工作？（見第16章）

  b. 如果貴公司沒有適任的統計專家，那麼您做出什麼努力來處理品質、生產力、採購、產品重設計等問題，如何找人解決？

56. 您是否鼓勵部屬自我改善？怎麼改善？採用什麼方法？

57. 貴公司內部是否設有教育計畫？

58. 您是否提供員工有關當地大專院校的課程資料？

59a.您是否僅以看得見的數字經營公司？

  b. 如果 a 回答為「是」，為什麼？

  c. 貴公司管理階層採取哪些步驟了解未知或不可知的數字

有多重要？

60. 貴公司是否加入「標準化」推行團體的委員會？

61. 貴公司為社區做了哪些貢獻？

62. 您是否藉著建立員工參與小組〔Employee Involvement Groups，或稱為EPG（Employee Participation Groups）〕，品管圈（QCC，Quality Control Circle）、工作生活品質（QWL，Quality of Work Life）等小組活動，把問題都推給現場員工，然後讓它們由於沒有管理者的參與而自生自滅？

63a. 公司裡的各種業務是否都參與改善？是否有些地方仍在觀望？

 b. 您採取哪些步驟發覺「冬眠」地帶，並予協助？

64a. 您心目中，「穩定的系統」是什麼？

 b. 某些惱人的品質問題或低生產力問題是否已呈現穩定狀態？您如何得知？為何改善的措施在開始時都非常有效？為何品質水準會背向穩定的系統發展？（詳見第11章）？

 c. 如果製程穩定之後，應由誰負責開創與應用新的方法及變革來改善？（答案：應由您負責）

65. 您是否沒有善盡職責，而太依賴員工參與小組、工作生
活品質小組、品管圈、海報、訓示等以改善品質？

66. 試想4年後，您準備用什麼樣的品質服務顧客呢？

　　接著請各位參閱石川馨（Kaoru Ishikawa）《日本式
品質管理》（*What Is Total Quality Control*？，1985年由
Prentice Hall出版）一書中，詳列有關申請「戴明獎」的一
連串問題，對各位將會有很大的幫助。（原書由日本科學技術
聯盟出版，繁體中文版由鍾朝嵩譯，先鋒企管出版）

第6章 | 品質與消費者

早期放映有聲電影的問題，大多因為操作說明書指示不當所致。這些從德文譯成英文的說明書文章完全不通順，因為譯者連德文、英文都不精。

——《華盛頓電影人學會公報》（*Bulletin of the Washington Society of Cinematographers*），1967年11月。

工業不斷地發展，消費者的偏好也是如此，雙方都要求更多、期望品質要更好。

——埃及棉花輸出（Egyptian Cotton Exporting Companies）公司發言人，摘自1971年1月15日《紐約時報》（*New York Times*）。

本章目的

本章的目的要提出品質相關的問題，像是什麼是品質？由誰來界定？誰來關心它？誰來決定是否要購買貴公司產品？我們將會發現，有關品質的印象並非是靜態的，它們會改變。更有甚者，顧客很難描述能在未來對他們有用的產品與服務是什麼。與消費者相較，生產者反而較易創作出新的設計與新的服務。像是

任何一位在1905年擁有汽車的人，會說他想要充氣輪胎嗎？（譯按：當時採用實心輪胎），你曾經問過他需要什麼嗎？如果我有精準的懷錶，我會建議別人發明帶有小型計算器的石英錶嗎？

品質的幾個面貌

1.管理者決定零件、成品、性能及所提供的服務等的品質特性的規格。此規格正是廠長及所有生產線同仁所關心的，他們必須知道自己目前的工作是什麼。

2.管理者決定是否預先規畫未來所需要的產品或服務。（參考第2章）

3.消費者對你的產品或服務的評價。

消費者對於許多種產品與服務的評價，可能需要一年或幾年才能形成。現在新買車子的人，一年後所提出的新車品質評價，才會比他現在所提出的更為實用。

在春季剛剛買了新割草機的人興奮地向人展示。但是他對未來銷售的影響，則要看今年夏末他的興致還剩多少而定。

什麼是品質？

品質只能用代理人（agent，譯按：即下文的生產工人和廠長等）的用語才能加以界定。究竟誰是品質的裁判？

在生產工人心目中，如果他能以工作為榮，就能創造品質。對他而言，不良品質就會讓企業失去生意，或許還會使他丟了工作。他認為，好的品質會使公司永續營運。這些對於服務業或製造業而言都是成立的。

對於廠長來說，品質就是確保產量達到要求，並且符合規格。他的工作也包括（不管他知道與否），持續改善製程及持續改善領導能力。

關於廣告，且看我的朋友歐文‧布羅斯（Irwin Bross）在《決策的設計》（*Design for Decision*，1953年Macmillan出版社首印）一書第95頁睿智的觀察：

> 研究消費者喜好的目的，在於改善產品以適應大眾，而不是改變大眾來適應你的產品。

試圖界定某一產品（幾乎所有的產品）品質時，碰到的各種固有問題，品管大師沃爾特‧休哈特（Walter A. Shewhart）在他的大作中已有所說明（注1）。界定品質時所遭遇的困難在於，我們需將使用者的未來需要轉換成可衡量的特性，以便設計產品，訂出使用者願意支付的價格交出去，來滿足他們的需要。這可不是容易的事，而且，當你覺得努力已相當成功時，消費者的需求又改變了。競爭者爭相加入，新的材料出現了，有些比舊的好，有些比較差；有些比舊的便宜，有些則較貴（注2）。

什麼是品質？什麼是某些人所談的「鞋子」品質？我們假定某人所說的是男鞋。那麼，他所說的「好品質」，是指能穿很久嗎？或是說它的鞋面很光亮？還是穿起來很舒服？這雙鞋是防水的嗎？與這雙鞋的品質相比，定價是否合理？換句話說，哪一種品質特性對顧客才重要？某人所說女鞋的品質是什麼？鞋子的最大缺點在哪裡？是鞋底的釘子？還是鞋跟是否很快脫落？是否有

汙漬？哪一種品質會讓顧客心底感到不滿意？你又怎麼知道？

　　產品或服務的品質可用很多種不同的尺度來衡量。一種產品在某顧客評判下，某方面的品質可能得分很高、某方面卻很低。像是我目前正在寫的這張紙就有許多品質特性：

1.它是硫化紙，重16磅（一令500張紙的重量）。

2.它的紙面不滑，便於鉛筆與鋼筆容易書寫。

3.寫在紙張背面時，不會滲透到正面。

4.紙張的大小是標準尺寸，可以裝在我的三環筆記簿裡。

5.任何文具店都買得到。

6.價格合理。

　　剛才所檢視的紙張，在以上6項的考驗得分都很高。但是，我也需要印上頭銜的信紙，而必須用含有布漿（rag）的紙張品質才會夠好。因此我訂了10令（ream）硫化紙製成的便條紙，而為要印上頭銜用紙，我著手研究其它的布漿紙。

　　現在我們在市場上推出產品時，除了要能吸引消費者、促進銷售之外，更需要在服務顧客上樹立口碑。不巧的是，顧客今日購買的產品，必須經過一段時間後才能評定其滿意度；但是這時太遲了。凡事都是「可一不可再」（one of a kind），只有一次機會。（詳見第2章第56和105頁）。

　　一本教科書（或任何書籍）的品質是什麼？是作者想要傳達某些訊息嗎？對印刷業者而言，品質決定於字體、易讀性、大小、紙質和有無錯別字。對作者與讀者而言，品質意謂傳達訊息

的清晰程度與重要性。對出版商而言，銷售量才是重要的，萬一銷量差，公司就會經營困難，無法繼續出版其它新書。除此之外，讀者會進一步要求能從書中有所學習或能賞心悅目。一本在印刷者與作者眼中品質都相當高的書，對讀者及出版商而言卻可能很低。

　　一卷教學錄影帶的品質是什麼？顧客欣賞它的攝影技術嗎？還是影像內容？對於製作演講用的投影片的（商）人而言，品質的涵義是色彩豐富（像是紅底橘字）。至於易讀性如何，就不干他的事了。對觀眾而言，投影片的品質是指的是易讀性。（當然，投影片的內容是另外一回事，演講者應負責任。）

　　美國華盛頓大都會區的捷運的電扶梯及售票機，常常製造很多麻煩。當它們最後試營運時，表現得很不錯，但是正式啟用之後，設計及維護保養問題重重。華盛頓大都會區捷運局設定5.7%為改善故障率的目標。這5.7%的目標從何而來？為什麼不借助有效的辦法來持續改善？品質對捷運局的意義又是什麼？

醫療照護品質

　　找出醫療照護品質的合適定義，一直是行政及研究人員長久以來頭痛的問題。對於許多從未想過這個問題的人而言，事情似乎很簡單。醫療照護品質有多種定義。每一種定義都是針對某類型問題而定，例如：

　　1.讓接受醫療的病患感覺舒適（請問如何衡量「舒適」？）。

　　2.接受醫療的人口百分比，依年齡、性別分類。

　　3.由於安養照顧得當，而不需要住進醫院或療養院的病患人

數（適用於年長者的日間照護中心）。

4.檢驗設備是否完整充足。（像是實驗室、X光掃描設備）。

5.公共保健。

6.出院病患的平均壽命（依出院時的年齡分別統計）。

7.醫療機構花在每一位病患身上的費用。

顯然地，有些定義互相衝突，例如，接受醫療的人數如果很多，可能表示醫療水準高，可為很多人服務，事實完全相反。人數多可能表示公共保健措施不好，也可能是因為日間照護中心沒有做好工作，才造成很多病患住院治療。准許離開療養院的病患比率如果相當高，可能表示病患所受到的照顧非常好：病患只需要待在院裡很短的時間，復健後很快即可留在家，也可能表示院方管理政策良好使然。當病患進入某一階段的治療、看護後，可能加重療養院的負擔時，必須強制出院。醫療機構的花費，幾乎無法顯示其所提供的服務是否良好。設備是一回事，如何有效運用則是另一回事。

在某次國際性的醫療會議上，我聽到幾篇論文是這樣說的。有一位醫生以醫療檢驗設備衡量醫療服務的水準，另一位醫生則以醫師及護士的教育程度衡量；還有一種衡量方法，則可用我到過的歐洲某城市的經驗來說明。這些人都在這個國家的醫療機構中服務，每個人都有這樣的問題：儘管該國有超高水準的醫療設施，與畢業於世界著名醫學院的一流醫生，可是大部分國民並沒有善用這些設施。大家都知道某些疾病如果不醫治就會惡化。明知如此，大家卻依然不予理會，任由病魔作亂。這些人想進行一項普查，藉此了解民眾為什麼不使用這些醫療設施，以及如何說

服他們接受入院服務與檢查。從醫療設施與專業水準來看，這個國家的醫療品質非常優良。可是從提供服務與相關主管的判斷來看，卻不算好。

這個例子只不過說明了「醫療品質」定義的困難。

更困難的問題還在後頭〔節錄自大衛・歐文（David Owen）著《牙醫的祕密生活》（*The Secret Lives of Dentists*）第49頁，1983年3月哈潑出版社（Harper's）〕：

> 更重要的一點是，有多少牙醫（不管被迫或其它原因）把工作做得很好？
>
> 這個問題無法回答，理由很簡單，因為有關牙醫界的品質的定義，從未有過明確的研究，將來也不可能有。部分的原因是牙醫總是單獨作業，反對被人評估，甚至也反對別人在旁觀察。而且，不良的牙醫工作，可能要經過多年才會被發現，病患很少能夠有足夠的資訊做判斷。

教學品質的評論

你如何界定教學的品質呢？你又如何界定優良教師呢？我現在只針對高等教育來說明。優良教師的首要條件是他必須有內容可教。他的目的應該是激勵學生，並指導學生做進一步的研究。為達此目的，老師必須具備這一學科的專業知識。教學所需知識的「可運作定義」便是研究。研究並不需要驚天動地，它可能只是把既有的知識或原理加以延伸。把研究成果發表在著名的期刊上，就是成就的指標。這個衡量標準可能並不完美，但我們尚未

找到更好的方法。

　　我曾經看過一位能使150位學生為之傾心的老師，所教內容都是錯的。他的學生把他評為了不起的好老師。相對的，我有兩位在大學教育的偉大老師，依照一般學生的標準，他們卻會遭學生的惡評。可是為什麼有人（包括我在內）從世界各地來向他們求教？理由很簡單，因為他們有內容可教，他們能夠激勵學生做進一步的研究。他們是思想的領導者，一位是在大學裡教統計羅納德・費舍爾爵士（Sir Ronald Fisher，1890～1962，譯按：戴明博士在1930年代中期曾到英國研究一年），另一位為歐內斯特・布朗爵士（Sir Ernest Brown，1866～1938，譯按：戴明攻讀博士學位時的老師），在耶魯大學教授月球理論。他們的作品可說是世紀經典。他們的學生能夠有機會親炙這些偉大的學者在思考什麼，以及如何為新知識鋪路。

　　　實例：有家出版社正準備發行一套為小學生廣泛使用的新版系列叢書。被邀請做為顧問的人士中，有人仔細地說明：他反對故事內容過於枯燥乏味。負責教科書事宜的副總經理承認確實如此，這些敘述的內容，對小讀者而言實在索然無味。然而，事實上即使小孩及老師都不會買這樣的教科書，可是校董及主任們一定會。（注3）

遲來的賞識

威廉・迪爾（William R. Dill）任職紐約大學（New York University）商學院院長時，在1972年左右，他邀請我一起進行

一項研究，調查畢業5年以上的學生現況，並詢問他們成功的要件是什麼。其中有一個問題是：

您的人生是否受到本校老師的影響？

如果是，請說出他們的名字。

其中有6位老師的名字，為每一位上過他們的課程的學生都列出來。而且每一位學生都記得他們的名字。除了這6位之外，校友幾乎沒有提到別的老師。

不幸的是，這種賞識來得太遲了。學校當局並沒有採取特別措施留住這6位教授（他們是那種會使學校成名的老師），而他們當中也沒有任何一位獲頒學生團體選出的「年度優良教師獎」。

消費者是生產線上最重要的一部分

消費者是生產線上最重要的一部分。如果沒有人來購買我們的產品，整個工廠恐怕非關門不可。然而，消費者的需要到底是什麼？我們要怎樣做才能對他們有用？消費者知道他需要是什麼嗎？價格他負擔得起嗎？沒有一個人能回答全部答案。所幸，優秀的管理者並不需要所有這些問題的答案。

研究消費者的需求及提供產品服務，是日本管理者在1950年以後所學到的品質管理原理。（譯按：戴明博士於1950年以統計品管為題在日本各地演講，講義《統計品管的基本原理》也在同年出版）

最重要的原理在於是消費者研究的目的是了解消費者的需要與期望，以此進行產品與服務的設計，以便在將來提供消費者更

好的生活品質。

　　第二個原理是，沒有人能估計顧客的不滿意將對企業造成多大的損失。在生產線上更換一個不良品的成本很容易估計，可是不良品流入顧客手中的代價是無法估計的。

　　奧利弗‧貝克衛斯（Oliver Beckwith）於1947年在美國材料試驗學會（ASTM，American Society for Testing and Materials）的E11委員會上說：「不滿意的顧客不會抱怨，只會改向他人購買。」又如我的朋友羅伯特‧皮奇（Robert W. Peach）也對西爾斯百貨（Sears Roebuck & Co.）說：「會回來（公司）的是貨品，而不是顧客。」

誰才是消費者？

　　我們可以假定，凡是付款的人，以及我們要提供產品或服務讓其滿足的個人或公司就是顧客。不過，也有一些又趣的例外。這裡舉出三個例子來說明。（當然讀者或許也有其它例子）。影印機所使用的硒質滾筒的顧客通常為技術員，他是機器故障時接聽顧客電話後前來修理，或是定期維修的人。他是將決定一個硒質滾筒品質究竟是好或壞的人。滾筒兩端有一些刮痕或凹點，並不會影響影印機的性能，可是這時候技術員便能拒用它或採用另一品牌的產品。在這種情況下，不是由機器使用者，也不是由機器購買者做決定，而是維修人員。

　　另一個例子是，由誰決定零售市場上牛肉包裝上所貼的標籤的品質？他們可不是買肉的人，只要價格合理，他才不關心標籤的好壞。可是對於店長而言，一張不透氣的標籤會造成標籤底下

一小塊的牛肉色澤變暗。買肉的人永遠看不到這個暗塊，也不會介意，因為去除包裝之後，不久這個暗塊就會自然消失。

所以說，硒質滾筒的製造商必須滿足技術員的要求，牛肉標籤的製造商必須滿足店長的要求。

您所帶的眼鏡的鏡片製造商與您從未謀面，他的顧客是那個為你配眼鏡的人。另外一個例子在第6章第196至197頁教科書出版商的故事。

互動的三角關係

產品的品質及它的性能如何或是否可以允收，並不是在實驗室和試驗場上的製造和測試就能夠確保的。品質必須由三方面的互動來決定，如圖8所示：1.產品本身；2.使用者和他如何使用產品、如何安裝、如何保養（例如允許灰塵掉落到軸承上）、受到引導（例如廣告）而產生的期望；3.使用說明、顧客訓練、維修人員訓練、維修服務、零件提供。光是三角形最頂點是無法決定品質的。這讓我想起一首日本古詩（注4），大意如下：

是鐘在響呢？

還是撞木在響呢？

或者鐘及撞木互撞的齊鳴呢？

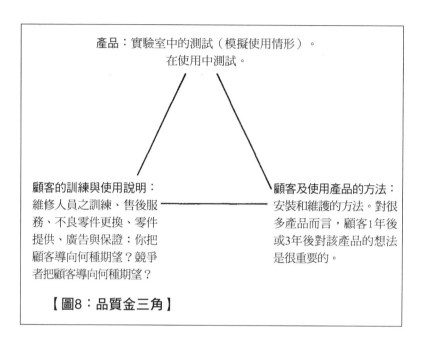

產品：實驗室中的測試（模擬使用情形）。
在使用中測試。

顧客的訓練與使用說明：
維修人員之訓練、售後服
務、不良零件更換、零件
提供、廣告與保證：你把
顧客導向何種期望？競爭
者把顧客導向何種期望？

顧客及使用產品的方法：
安裝和維護的方法。對很
多產品而言，顧客1年後
或3年後對該產品的想法
是很重要的。

【圖8：品質金三角】

向消費者學習

消費者研究的主要用途是把消費者的反應回饋到產品設計裡，經營者才能預期到消費者需求的改變，並設定符號經濟效益的生產量水準。消費者研究必須能抓住消費者的反應與需求脈動，並解釋這些反應。

消費者研究是製造者及使用者加上潛在使用者之間的溝通過程之一，就像這樣：

製造者　　　　　使用者與非使用者

目前我們可以利用適當的統計方法所設計出來的抽樣程序與測試，經濟而可靠地進行這種溝通過程。從這種溝通過程中，製造者可以發現他的產品在使用中如何發揮功能、消費者對產品的看法為何、為什麼有人會買（或不會買）、不再買。之後製造者可以重新設計產品，使品質更好、更均勻，讓最終使用者覺得最為合用，也付得起這種價格。

服務的品質

讓我們提一個好問題：你認為服務（洗衣店、乾洗店、金融、郵務、汽車售後服務等）的品質是什麼？

第7章我們會看到某些服務的品質，就像工業製品一樣，很容易量化及衡量。但是就像工業製品一樣，其中也有我們不甚了解的互動因素和力量存在，決定服務品質是否讓消費者滿意。

我們也可以畫一張類似圖8的品質金三角，說明讓消費者對服務品質滿意與不滿意的互動因素和各股力量。這些原則和做法我們將在下章做進一步的討論。

遲來的抱怨

我們從第3章中（第159頁）得知，僅讓消費者對產品滿意還不夠。不高興的顧客和勉強滿意的消費者會變節。利潤其實來自那些經常光顧的常客，他們才會到處對產品或服務誇耀。

在顧客抱怨之前，品質已經定型了。有關客訴的研究固然需要，但它們很容易扭曲對於產品或服務的性能的認識。有關售後保證（保固）成本的研究也一樣有缺點；這些原則同樣適用於服

務業與工業製品。

新方法與舊方法的比較

工業時代之前，裁縫師、木匠、鞋匠、酪農、鐵匠都可以叫得出他們顧客的名字（注5），親自了解顧客是否滿意，並且知道應如何改善自己的產品讓顧客更欣賞。請看下段文章：

> 有一位雜貨商總是慣於挑剔他所賣的乳酪。製造和販賣切德（Cheddar）乳酪的小工廠有好幾百家，但各工廠的經銷商都有特定的顧客。乳酪是依雜貨商的需要用手工製成的，有餅式乳酪、美式及各種乳酪。有些人喜歡辣一點，有些人喜歡黃一點，有些人喜歡撒一些茴香在乳酪裡，或放一些葛縷子（caraway）。〔摘自菲利普·懷利（Philip Wylie）所撰〈科學毀了我的晚餐〉（Science Has Spoiled My Supper），1954年4月號《大西洋》月刊（Atlantic）〕。

隨著工業的發達，這種溫情的人際接觸很快就消失了。由於批發商、經紀人與零售商介入，實際上已在製造者與最終消費者之間形成無形障礙。但是藉著「抽樣」這種新科學，我們可以介入及穿破這道牆。

製造商通常以圖9a的三步驟經營，在這種情況下，成功與否決定於「猜測」哪種式樣與設計的產品賣得出去？要製造多少數量？在傳統方式裡，如圖9a的三步驟是各自獨立的。

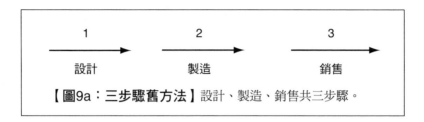

【圖9a：三步驟舊方法】設計、製造、銷售共三步驟。

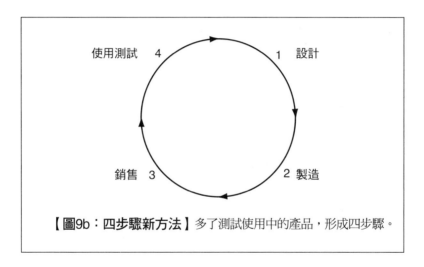

【圖9b：四步驟新方法】多了測試使用中的產品，形成四步驟。

在新方法裡，管理者通常借助於消費者研究，引進了第4步驟（如圖9b）：

1.設計產品。

2.製造並在生產線上及實驗室裡測試。

3.進入市場。

4.使用測試：找出使用者對產品的看法，為什麼非使用者還不買它。

不斷地進行四步驟，就會演變成**圖**10所示的螺旋式持續改善，以愈來愈低的成本讓消費者滿意。

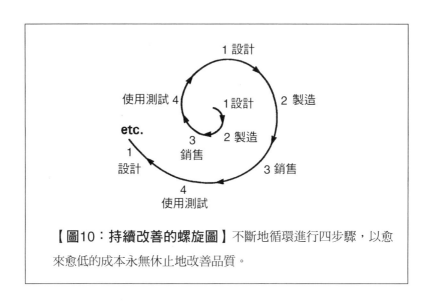

【**圖10：持續改善的螺旋圖**】不斷地循環進行四步驟，以愈來愈低的成本永無休止地改善品質。

製造商一向留意使用者與潛在使用者的需求與反應，但一直不能以經濟且可靠的方式調查，直到近代統計方法發明為止。

大家千萬不要認為新方法與舊方法的前3個步驟是相同的。以圖9或圖10第1步驟設計為例，今日所講的適當的設計，並不是只把注意力放在顏色、形狀、大小、硬度、強度和表面光潔度而已，還要把注意力放在均勻度。說來矛盾，在消費者研究的輔助之下，品質改善永無止境，不但能獲得更佳的品質，同時也會讓成本愈來愈低，並提升競爭地位。

製造者與使用者（與潛在使用者）之間的溝通，能使大眾在產品或服務的設計時，表達自己的意見。讓使用者能以更低的代

價獲得更適合自己需求的產品與服務，可以說是工業民主。

我對消費者研究的建議

在此我要提出警告和建議，凡是試圖以粗劣的研究或粗糙的技術進行設計以降低成本者，必定會因錯誤或不當的資訊而造成無法計算的損失。不幸的是，許多行銷研究的課程都未能區分下列各項問題的屬性：

①屬發現問題的研究，例如不滿的原因；②研究具有上述問題的家計單位或使用者數目及比率研究，依不同使用者類型來畫分市場；③研究調查以預測消費者對產品改變之反應，這些改變可能只是包裝大小或顏色不同而已。①與③是屬於分析型問題，②則為計數型問題。（參考第162頁「常聽和常見的例子」）

新產品與新服務

消費者很難在今天說出今後3年或10年後所想要的產品或服務。新產品或新服務的推出，並不是問消費者就能得到線索，而是生產者藉著知識、想像力、創新、冒險、嘗試等開發而得，同時需要有足夠的資金支撐這段開發期的艱苦歲月。

在我的經驗，有關推出新產品與新服務的每個案例，都是運用創新與知識來完成的。

第6章注

注1：摘自沃爾特‧休哈特（Walter A. Shewhart）所著《產品的經濟品管》〔*Economic Control of Quality of Manufactured Product*，1931

年Van Nostrand首印；1980年美國品管學會（American Society for Quality Control）；1986年喬治華盛頓大學（The George Washington University）CeePress重印〕第4章。

注2：關於此點，讀者可閱讀尤金・麥克尼斯（Eugene H. Mac Niece）所著《工業規格》（*Industrial Specifications*，1953年Wiley出版），尤其是第32至33頁和第5章。

注3：摘自布魯諾・貝特爾海姆（Bruno Bettelheim）與卡倫・澤蘭（Karen Zelan）合著〈為什麼兒童不喜歡閱讀〉（Why children don't like to read），《大西洋》月刊（*Atlantic*）1981年11月號第27頁

注4：摘自愛德華・巴拉金（Edward W. Barakin）所撰〈概率與東方〉（Probability and the East）一文，刊於1964年東京數理研究所《統計數理學會年刊》（*Annual of the Institute of Statistical Mathematics*）第16卷第216頁。

注5：本段大部分摘自沃爾特・休哈特所著《從品質管制的觀點來看統計方法》（*Statistical Method from the Viewpoint of Quality Control*，1939年華盛頓大學農業研究所首印；1986年Dover Publications重印）第45頁。

第7章 服務型組織的品質與生產力

英國派任的駐美公使中，他最符合眾望。而他的平凡，正是他能成功的主要原因之一。

——《約翰‧昆西‧亞當斯日記》（*The Diaries of John Quincy Adams*）：論1819年英國駐美公使查爾斯‧巴蓋特爵士（Sir Charles Bagot）歸國離別有感

本章目的

在前面所學到的管理十四要點與管理惡疾，不只適用於製造部門，也適用於服務部門。在本章中，我們將著眼於服務部門。

簡論服務業

誰需要改善？

一個品質改善的系統對於製造產品、從事服務或研究的人都有幫助，只要他們願意改善其工作的品質，用較少的勞力和較低的成本，得到較多的產出。服務業和製造業都需要改善。我相信，任何住過美國旅館的人，都會贊同我的說法。服務業缺乏效

率，正如製造業一樣，會使消費者的支出增加，並且降低生活水準。改善的原則與方法，在製造業和服務業都是一樣的。當然，正如在製造業中各事業彼此不同，服務業之間彼此也有些不同。所以實際應用時，要能隨著產品與服務類型不同而有所制宜。

從事服務業人員的雇用對於經濟的重要性

什麼是服務業呢？以下是若干信手拈來的例子：

- 餐廳
- 旅館
- 銀行
- 提供醫療照護的機構：包括醫院和療養院
- 幼童與老人的日間照護中心
- 所有政府部門提供的服務：包括郵政服務，以及各級地方自治體所提供的服務
- 教育機構：公私立學校或天主教等宗教團體所經營的教區學校
- 批發商與零售商店
- 客貨運輸
- 保險公司
- 會計服務
- 油漆（室內、室外、家具）
- 印刷業
- 新聞業

- 電腦軟體

- 神職人員

- 通訊業（電話、電報、語音與數據傳輸）

- 不動產業者

- 建築物維修保養業

- 水電安裝與改裝

- 保全業、資訊安全維護業

- 電力供應與輸送

- 營建業

- 洗衣與乾洗

　　據美國人口調查局公布的數字顯示，在美國，每100位從業人員中，有75位是從事服務業。如果我們把這一數字，與在製造業中從事服務性質的人員加總起來，將高達86位。也就是每100人只有14人所做的是具體的工作，像是製造我們能使用、誤用（misuse）、捧打的產品。而且在這14人當中，還包括從事糧食、水果、棉花、菸草等農業人口（注1）。

　　儘管美國從事製造與農業的人數十分有限，但是他們卻擔負著整個貿易平衡的角色。

　　顯然地，我們可以從上述的數字得知，美國有這樣多的人從事服務業，但是如要改善我們的生活標準，有賴於提升服務的品質和生產力。因此，如果生活費用過高，表示我們付出的代價高於應得到的服務。這才是真正的通貨膨脹。

服務業的品質（參考第205頁）

如果任何人對於所提供的服務或產品有意見（不論他用什麼標準衡量），而且願意說出來時，此等顧客滿意程度的分布很廣、差異很大，由極為不滿到十分滿意的人都有。

有人可能只會向賣給他劣等車的車商抱怨，卻不曾檢討他自己的洗衣店所提供的服務品質如何？或去抱怨（美國的）郵政品質比起50年前投遞次數既少得多，而且經常有延遲等問題。

有許多人對於從複印機印出來的文件，無論好壞都照單全收，畢竟只是影本而已。我和一位朋友埃爾伯特・馬格魯德（Elbert T. Magruder），曾經在華盛頓的切薩皮克和波托馬克（Chesapeake and Potomac）電信公司進行一項用戶抽樣訪問，發現竟沒有人對於電話線磨損、聽筒裂痕、撥號盤扭曲、或電話機破裂感到有什麼不對勁。只要是通話狀況良好，電話設備就是好的。但是有的用戶卻十分挑剔，只要有一處輕微的刮痕，也要求電話換新。

有許多貨運業者的客戶，根本不在乎運送時間、等待空車到達的時間與裝貨時間，而只在乎什麼時候把貨運走。而在分布的另一端，有些客戶卻對到貨時間斤斤計較。（參見第242頁與248頁）。

服務業的品質特性，有些是和製品品質一樣，易於量化與測量。像是書面工作的正確度、速度、交期的可靠度、搬運時的謹慎程度、運送時的細心等，都是易於測量的服務品質特性。像是洗衣店是否把衣服上的汙垢洗淨，送洗回來的衣服是否和原來的一樣合身，都是例子。

顧客對於服務良好與否的反應十分直接，但對於製品品質不良的反應卻較遲鈍。在今天，我們很難確定，顧客在一、兩年之後，將如何來評定產品或服務的等級。消費者的判斷力，不僅會因製造品而改變，也會因服務的不同而改變。他的需求也許在改變中。在市場上將會出現多種的服務等待顧客選擇，猶如製造產品一樣。而且，服務品質日久會低落、製品也可能出現缺點。

推銷員的問題

和推銷員談過之後，發現不論所推銷的是哪些產品或服務，都有著相同的問題，像是：

- 企圖推銷品質不良的貨品或服務
- 件數算錯
- 訂單錯誤
- 交貨延遲

要推銷員去推銷的產品，若是與顧客的要求不相符合、或無法讓推銷員引以為傲，就是件苦差事。有時候推銷員會同意某一交貨日但卻辦不到；而他為了迎合顧客的要求，藉此從競爭者手中搶到生意，竟然答應不可能達成的交貨日。

若干有助於貿易平衡的服務業

我們的主要著眼點，必須放在製造業、農業和其它大宗貨品（煤、木材、小麥、棉花）的輸出，其收入可支付所進口的商品。

若干服務業如果管理得當，不僅可以降低製造品及大宗商品的成本，也可藉以改善美國產品在全球都有競爭力。

一家旅館無法為市場製造出新品，但是如果改善其服務並降低其成本，就可以降低做生意的成本，有助於提升美國工業的競爭地位。在某些國家（例如瑞士、南斯拉夫），旅館和其它的設施都足以吸引觀光客和強勢貨幣前來。

改善運輸的品質，從而促使貨運費率降低，不僅可以減低成品的製造成本，更可以開展美國產品的市場。銀行業者如果能把經營的眼光，從追求短期盈利，放寬到追求長期資本的盈利，能放款給採用本書第2章管理十四要點的公司，如同日本的銀行如此幫助其產業般，就有助於美國的產業。

數據、語音、文本的傳輸與儲存，要能成本低廉，又清楚可靠，這在以前只是夢想，現在此服務既可降低我們的製造成本，又有助於貿易的平衡。任何人想要撥電話到世界任一角落，都可以在數秒鐘內接達。這樣清晰的傳輸，幾年前還只是夢想而已。

國內和國際的郵政服務，對於平衡貿易也有貢獻。以較高的價格提供較好的服務，貢獻就更大。此外，城市內、城市間，以及本國城市與外國城市之間的快遞服務，也各有其貢獻。由美國國家標準局與美國衛生署公布、出版的研究報告，是另一個能幫助工業的例子，長期而言也會有助於貿易平衡。

服務與製造業間的異同

它們之間，有一項很重要的不同：製造業的工人所從事的，不只是一項「工作」而已：他知道，他正從事的生產的產出，別

人總會以某種方式，看得見、摸得到、用得著它們。撇開第2章中所舉的問題不談，他對於自己的工作是什麼、最終產品的品質是什麼，多少都會有一點概念。他可以「看得見」最終消費者，對公司的產品，究竟滿意或不滿意。相反地，在許多服務業，員工只是「打工」而已。他們並不知道自己也有產品；其實，他們的產品，就是所提供的服務。而能良好的服務，讓消費者滿意，就可使他們的事業或公司得以繼續營運，每一位員工都能保住工作。另一方面，不滿意的消費者，不僅會帶走他們的生意，也會使他們的工作不保。〔本段由卡羅琳・艾米（Carolyn A. Emigh）提供〕

　　服務業廠商與製造業的廠商之間，另有一項差異，那就是許多服務業的廠商都有其專屬市場（captive market，譯按：像是公司的產品一定由關係企業所購買、使用，這「市場」就是專屬市場或內用／自用市場等）或是由企業內部消費。服務業的廠商，很少需要和外國廠家面對面的競爭。我們能選擇的的餐廳、洗衣店、交通、郵政等，範圍是十分有限的。

　　此外，服務業與製造業者之間，還有一項差異，那就是服務業並不會在世界的市場上，生產新的材料。像是貨運業者只能搬運他人所製造的產品，本身無法製造供人搬運的產品。對他而言，當這個行業開始走下坡、競爭得你死我活時，唯一能領先一步的，就是從競爭對手搶來生意，而引發激烈競爭的風險。對於運輸業者而言，另一項較好的計畫就是改善服務、降低成本。這些改善所節省下來的金錢，可以讓製造業和其它服務業蒙利，都可以幫助美國的工業產品，在市場上多占有一席之地，回過頭來

又可及時帶動貨品運輸業的生意。

在大部分的服務業我們可以看見的情形：

1. 直接與大眾從事交易：顧客、屋主、存款戶、保險人、納稅人、借貸者、消費者、運貨者、受委託者、乘客、理賠申報人或另一家銀行。

2. 交易量龐大，正如同在銷售、借貸、保險費、存款、稅金、課稅金、利息等方面的主要業務中。

3. 在主要業務中牽涉到大量的書面文件，像是銷貨收據、帳單、支票、信用卡、簽帳帳戶、理賠申請、報稅單（tax return）、郵件。

4. 處理工作量龐大，像是抄寫、編碼、計算貨運費用、計算收入之區分、計算應付利息、舊式電腦的打卡資料輸入、表列、製作圖表。

5. 小金額交易的數量很大，但偶爾會有金額極大的交易（包括銀行間轉帳，或巨額存款）。像是我在某家電信公司工作時，某天曾有一筆80萬美元的帳單要轉給另一家公司。

6. 極多可能出錯的方式。

7. 以大量卻繁瑣的方式處理與重複處理。例如：公文方面、郵務、聯邦政府、州政府、市政府、與公司內部的薪資部門、採購部門。

在製造業與任何服務組織中，都有一項共同點，那就是錯誤和缺點都會造成高額的損失。如果犯錯而不及時矯正，愈到流程

後頭，補救的成本就會愈來愈高。缺點的成本到達消費者或服務的接受者，將會是最為昂貴的（如其它章所說的），但卻沒有人知道多昂貴（正如第3章中所述，都是一些看不見的數字）。

我們可以詢問航空公司的任何人，找尋遺失的行李、代管行李和送還給乘客究竟要花費多少成本？行李之所以未能和乘客同時到達目的地，主要的原因不在於員工的勤惰，而是在轉機時班機延誤。在美國西海岸某大機場最近投資數百萬美元新設的行李轉運系統，卻無法讓國際航線班機的行李順利轉送到搭乘美國國內航線的地方。這件事造成乘客的不便，也成為航空公司的一項巨額成本負擔。正如第2章中所述，這些都是「每種一件」（one of a kind，獨一無二）類問題。

我們也可以詢問任何一個人，看他是否知道百貨公司在寄錯帳單或送錯貨品之後，為了更正錯誤需要浪費多少錢？直接將各項成本加總起來，結果令人吃驚。過程中不僅得罪客人，並且喪失了將來與顧客做生意的機會，無法衡量的代價可能更大。

許多公司都有一項規定，對於爭取賠償金額低於150美元的個案，可以不予理會，因為兩造如果要追究這項金額差異，可能得不償失。當然，如果重複出現差異，就應該加以追查。

銀行若將一筆匯款誤轉給其它銀行或公司時，這類錯誤遲早會被發現。找出事實如何，不僅很花錢還要計算更正過程期間，銀行寄錯匯款的利息，等到解決錯誤後，還要補償顧客。

銀行因為作業錯誤，誤向顧客說存款不足以抵付某張支票，這不僅會使顧客丟臉，而且要糾正這項誤會，所費不貲，更可能有失去顧客的風險。

　　在薪資作業上有個有趣的問題：有多少張支票的金額是錯誤的？有多少張寄給錯的人？雖然公司所支付出的總金額可能是正確的。要糾正這些錯誤，成本可能不小，而要解釋為何會發生這些錯誤，花費的成本則更大得多。

　　一位在美國司法部承辦財產讓渡權利保證業務的公務員，他在我舉辦的研討會中告訴我，大約有40%的案例，當事人飽受書面文件錯誤之苦，而需要重來一次（並非財產讓渡證書的實質內容有錯，而是讓渡的輔助文件有錯）。而這項改正作業，不僅使所有當事人傷財，更延誤申請案件的完成時間。

　　有許多從未發現的錯誤，像是本書第2章第37頁的例子顯示，只有七分之一車籍錯誤的證書會寄回更正。

　　　　有人發現在服務業的組織，就像製造業的一樣，缺少明確的作業程序。在大多數的服務業的組織中，都有未曾明說的假定：作業程序業已完全界定好，並確實遵行。正因這些事都是顯而易見的，所以許多作者都避而不提。可是實際上卻又未必如此。極少數服務組織有著最近更新過作業程序。試想，某個製造商有一整套產品製造規格書，但是銷售部門卻沒有制定如何下訂單的作業規範。要想控制下訂單的程序，讓它不會出錯，銷售部門必須有作業程序。然而，就我所見，卻有許多服務導向的作業，是在這種缺乏程序的情況下運作。〔威廉‧拉茲科（William J. Latzko）提供〕

　　說明作業程序並非易事。製品的缺點，可能難以用可運作

定義方式來加以界定。某些服務業的組織也有同樣的難題，令他們飽受困擾。在許多研究之中，正確的代碼與編碼錯誤，就和製鞋生產線上會碰到的缺點一樣，很難採用可運作的方式來界定。（譯按：此處指各種調查研究，人們常常用代碼來回答並據此分析之。）在美國人口調查局和其它政府部門，要從事職業編碼和工業編碼的工作，是需要去參加學習課程的，它們為時數個月。但是仍然不時會遭遇到問題，即對於某些情況所採用的編碼，會彼此不一致。在原編碼的人和驗證的人之間的不同意見，可能只不過是各自所作的最佳猜測不同而已（注2）。有時對於商品的編碼會有不同的解釋，從而會導致兩位職員在計算兩家鐵路貨運的收益時，會出現不同的結果，而它們都是誠實地計算出來的。

接觸顧客

　　通常只有製品（家電、機械、器具、汽車、卡車、火車車廂、火車頭等）的推銷員和服務人員，可親自見到顧客。這些人不負責製品的製造、維護、修理。他們是服務單位，不論是獨立的，或是工廠的一部門。

　　許多人在銀行裡工作，只有主管和櫃檯出納員可見到、接觸到顧客，其它人則否。同樣的，在百貨公司、餐廳、旅館、火車、卡車、或汽車客運公司，只有部分人員會見到顧客，其它人則否。

　　每一個人，不論他是否可見到顧客，都有機會在產品或所提供的服務之中，建立品質。這些見得到顧客的人會扮演一種角色，它未必受到督導或管理者所重視或了解。也就是他們可以形塑許多顧客對於產品或服務的意見，因為顧客多根據其所接觸到

的人之互動的影響。這些人,我姑且稱之為「第一線服務人員」
(contact men)。

不論是製造業或服務業,能讓企業繼續生存的,就是顧客。

就好的管理而言,聘雇和訓練新人,要優先考慮其取悅顧客
的能力。但是在我印象中,有許多餐廳、旅館、電梯、銀行和醫
院的服務人員,反而在沒顧客找上門時,工作起來更感愉快。在
華盛頓有一位公車司機不只駕駛技術高明、路線也熟悉。顧客上
上下下,可是他卻認為那些上下車的乘客,有的來者不善,有的
又問東問西或要求他協助,真是掃興。

事實上,該項工作可以是很愉快的,如果他了解到,那些
問路或要求協助的乘客之中,絕大部分會是公司未來潛在的收益
來源,可幫公司更賺錢,從而可保住其工作機會。同樣的,在旅
館、餐廳、銀行、火車、百貨公司等商店或服務機構裡,能見得
到顧客的,只是行銷部門人員。但是他們知道這件事嗎?管理者
是否告訴過司機,他們不只是開車的而已,更是有潛力可為公司
大力爭取到事業的贊助者?在徵人時,是否可根據這種角色的適
應能力篩選呢?

服務於百貨公司的電梯小姐,可影響顧客對於公司內出售的
每一件商品之品質的評價。日本人深明此理。因此他們所有百貨
公司的電梯服務員,都有兩個月的職前訓練,教導她們如何引導
人們、如何回答問題與在擁擠的電梯內應付顧客;因此,即使日
本人在家中已養成優雅儀態,到公司上班還是要重新學習。

汽車貨運的服務

大路速汽車公司（Roadway Express）的司機，走下巴爾的摩（Baltimore）貨運站的樓梯領車鑰匙時，會看到一幅全身高的穿衣鏡中自己的影像，鏡旁還有印有這樣的說明字樣：

鏡中之人，正是顧客唯一見到的敝公司代表。

這句話並非無用的口號（第10要點，第2章第73至79頁）。它提醒司機說，如果服務的態度粗魯、口出惡言或服裝不整，都可能讓顧客退避三舍。他與顧客的應對進退，都可是最基本的禮儀的表現。他雖然可幫助公司抓住某些顧客的心，不過他還是無法改變他所處的公司系統。（像是因保養不良致使行車延誤、卸貨作業錯誤等）

另一個絕佳的管理實例是溫尼伯市（Winnipeg）賴默快捷（Reimer Express Lines）的朋友，特別感謝唐納德·賴默（Donald S. Reimer）和約翰·佩里（John W. Perry）提供資訊。他們為了提高其經營績效，某天在公司某個貨運站，向35位負責市內業務的司機員工發出簡短調查表，其中一題問：「請用一句話來說明我們所從事的行業究竟是什麼？」結果35位司機回答出32種不同的答案，竟然沒有一個人能深入到管理者們所認為的公司的事業。以下選出兩則司機的回答，賴默的評語在括弧內：

・卡車業（這可能會讓人誤以為我們在從事卡車的買賣，它沒指出我們的行業的要求和標準，我們是服務業。）

・運輸業（這可能指我們用火車、汽車或飛機來運送乘客，
或指我們在銷售汽車）

來信中還提到：

　　我們和司機們進行問答式會議時，開始進一步探討，我
開始說明服務是一種流程（process）。要完成一項服務，我
們必須完成各階段的各種活動，才能確保服務過程成功。像
是如果說我們從事的是貨運業，而沒有強調我們能提供加拿
大東西岸間來往的服務，等於沒說出重點。

　　這些都讓員工了解他們在整個企業活動中，有十分重
要的地位，而所從事的是服務業，有賴於管理者的協助。因
此，我們與公司的加拿大東部司機一起工作幾週，主旨是讓
他們能將其託運業務與橫貫加拿大東西岸的貨運路線連結，
了解貨物運送到1,500哩或4,000哩外的西部城市。

　　我們也發現，隨著過程的改進，司機們過去因為碰到各
種問題所引起的挫折感跟著消失了，我們這次是治本，不像
過去採取的治標方式，只會接受挫折。我很願意提供一個小
例子。

　　最近，溫哥華（Vancouver）一位貨運站經理每天跟著
不同的司機出勤。有一天，他打電話給我，很興奮，因為他
找到一位司機生產力低落（近幾個月來被他和派貨員都這樣認
為）的原因。這位經理和該司機一起出勤之後，發現車上的
無線放送機的運作不佳。溫哥華是一個多山的地區，這位司

機所服務的顧客，有許多位都住在山谷地區，因此無線放送機就不管用了。這位經理發現司機曾數次向地區主管反映無線放送不良這件事，可是並未受到重視。造成有時司機必須繞遠路，駛離正常的路線，避開山區的影響，尋找可以聽得到訊號的地區，才能報告收貨、送貨的問題，並和派貨員保持連繫。

在貨運公司內如何增加結帳的成本

貨運公司會針對每一次的託運，開給寄貨人一份帳單。由擔任計價的職員，依據送貨單上的貨品名稱、重量、發貨地、目的地等資料，並參考公定費率與折扣率，以及大量託運的特殊優惠計算出來的帳單費用。（譯按：錯誤源自眾多參考資料）

負責計費的職員會發生錯誤，造成寄貨人將收到錯誤的結帳單，之後依據委託條約交給稽核公司，以抽樣的方式確認是否哪些結帳單超收應付款額。稽核公司的收費方式，依發現的超收額抽取佣金。一旦運貨公司被發現有超收貨款情事，就得確認並退還超收的部分。

同時，貨運公司可將帳單複本送給公司的稽核員，看看是否有貨款短收的情事，依據短收款額抽取佣金。理論上，運貨公司可以將短收的帳單送給寄貨人，要求補繳。更常的情形是不採用要求補繳方式，因為寄貨人在收到這類補繳單之後，也許會補付，也可能拒付。

對貨運公司而言，這有點像輸定的擲銅板遊戲一樣。（譯按：即被查到溢收款項要退款；少收則無法要求補繳。）

　　貨運公司要想避免全輸的唯一方法就是，設法依據本書上所規定的原則和步驟，來減少開立帳單的錯誤次數，而讓稽核公司幾近無利可圖。說穿了，就是讓稽核公司沒有生意可做。

顧客的幫助

　　在第12章第422至433頁我們將看到由顧客提供建議，以幫助貨運業減少錯誤的實例。

　　1984年1月10日，底特律（Detroit）的康芒韋瑟工業公司（Commonwealth Industries），在寄給顧客的一封信中，說明他們會發生的錯誤，以及顧客如何協助提高該公司服務的辦法。該公司從事釦件（釦子、鎖、釘）熱處理工作。信中的建議是根據35,000份顧客回函的研究成果。以下從信中摘錄：

> 康芒韋瑟工業公司在運作上的錯誤：
> ・溫度控制錯誤
> ・溫度選定錯誤
> ・排程錯誤（肇因為顧客急著要貨）
> ・超出產能負荷
> ・設備損壞
> 顧客所造成的問題：
> ・指定的硬度規格太嚴（容許範圍太小，超出製程能力）
> ・鋼鐵的爐次熱度不一
> ・鋼材混雜
> ・燃料內的錳含量變化太大
> ・鋼材標示錯誤（甚至未加以標示）

- 使用的鋼材與規格或所需不符
- 待處理的鋼材化學性偏低

福特汽車的管理應用

作者：威廉・謝爾肯巴赫（William W. Scherkenbach）

組織	應用
中央實驗室	處理顧客申請所需的時間，以及實驗室中發生的錯誤（依據稽核結果）
動力傳動機構與底盤工程部	供應商通知公司發生故障的時間；每月故障次數
汽車零件與服務部門	對經銷商下訂單時的錯誤
會計部門	處理差旅費用的時間
曳引車營運、工程部門	處理工程變更所需的時間
製造部幕僚，製造工程與系統部門	檢討從各地送來的生產力報告所需的時間
電腦繪圖	使用磁碟所需時間的變異
產品工程室	啟用電腦時，顯示忙碌訊息的次數
產品開發、檢查室	在文書處理時的修正次數的連串圖；由於開會延誤，所浪費的工時。
主計室	應收帳款錯誤，導致付給廠商的貨款延誤
福特鹽水（Saline）零組件廠	排程錯誤產生的成本
採購幕僚，運輸與交通室	組零件製造用火車運到裝配工廠所需的運送時間
動力傳輸與底盤部門	元件運送到裝配工廠所發生的錯誤（數量、零件錯誤）

營建工地的軼事

某一位運貨司機倒車通過工地的一道門，將車開進營建工地。他碰到的問題是不知道在哪兒卸貨。他必須趕快卸貨，再上路：因為只有車子開動，才有計費里程可賺錢。他人也不知道該在哪兒卸貨，但是還是有兩個人幫他。反正貨卸在任何地方都行。

隔天，一位領班發現卸貨的地方正是他這一班的工作地點。於是他和工人合力將貨品移開。這樣移來移去兩次，總算被安置到原批貨所指定的卸貨地點，搬動的結果當然是讓成本增加。

政府的服務要依公平和效率評斷

在此我引述一段奧斯卡·奧納提（Oscar A. Ornati）的訪談：

美國根深柢固的主張自由競爭思想，誤導美國人對於生產力的重要性的看法，採用一個很狹窄、很機械的定義。我們都忘記了，政府的功能公平導向更重於效率導向。政府和工商業一樣要講求「效率」的主張，其實是錯誤的。對政府而言，效率必須被包含在公平這一原則之中。

如果我們的公部門（政府）不把公平擺在最前面，我們會使得社會瓦解。不幸地，我們對於若干一味盛讚私人企業的管理技巧，提倡將其導入公部門的管理專家，似乎是傾向過於讚譽。這些管理技巧很多是很好的，不過，如果我們要想讓公部門師法私人企業的管理技巧，卻忘了政府是以公平

的追求為導向，而且公部門與私部門在本質上截然不同。事實上，這兩種我們都需要。公共部門必須尋求並運用私人企業的管理技巧，以改進產出的分析與評估。在另一方面，某些私人企業的政策（像是公司遷往郊區），在短期內也許對公司有利，可是從長期來看，對社會和公司的生產力卻是不利的。（注3）

修訂管理十四要點以適用於醫療服務

把第2章管理十四要點稍加修改，即可應用在服務業，像是保羅‧巴塔爾登（Paul B. Batalden）和羅蘭‧沃利基（Loren Vorlicky），這兩位在明尼阿波利斯市（Minneapolis）健康服務研究中心工作的醫生，就寫下醫療服務業用的管理十四要點：

1.建立一致的服務目的：

a.界定「服務病人」的可運作定義。

b.確定一年以後及五年以後的服務標準。

c.界定出我們努力要服務的病人（現在正在找的病人、一向要找的病人、只光顧過一次的病人）。

d.如果目的一致，會帶來創新。

e.在一定的成本下創新，追求更好的服務；為未來訂定計畫時，就需要更多的新技巧、人員的訓練及再訓練、病人滿意、新療程、新方法等等。

f.將資源投在儀器、家具和設備的維護上；使辦公室有新的生產輔助工具。

g.決定出執行長官與董事長要向誰負責，以及他們能運用的、該負責的手段來達成一以貫之的目的。

h.把一以貫之的目的，解釋給病人和社區知道。

i.董事會必須支持並堅守這個目的。

2.採納新的管理理念：我們是處在新經濟時代。不能再和過去一樣，即不再容忍錯誤的工作、不合用的材料，以及員工不知道他要做些什麼、不敢發問、管理不善、在職訓練方法不對、缺少有效的領導。董事會應該將資源放入這一新管理理念中，並承諾從事在職教育。

3a.要求對進料品質提出統計證明，包括藥品、血漿或儀器。進料檢驗對於發現問題不僅太遲而且也不可靠，檢驗無法產生品質。品質在採購、付錢之前就決定了。

b.必要時採取矯正行動。不論是醫院的還是其它設施的所有工作，範圍無所不包，從結帳的過程到掛號作業等等。並且設立一套嚴密的病人回饋辦法，來了解病人對服務的滿意程度。

c.尋找瑕疵或重做的證據，以及相關的成本；包括帳單錯誤、掛號錯誤或登記不全。

4.供應商要與我們做生意時，必須提供他們處於統計管制狀態下的證明。此舉要求我們檢討採用最低價得標的通行採購方式；此舉要求我們問有合作機會的同事更多、更深入的問題，譬如：他們與病人和同事之間的務互動情形與過去的紀錄。

我們必須採取明確的立場，確信若無服務品質的適當測量，談服價格就沒有意義。缺少這種明確的品質測量，企業會趨向於採用最低價的投標人，從而結果無可避免的會是低品質、高成本

的。美國的產業和政府，多採用最低標得標的採購方式。

　　要求適當的品質測量，最可能的後果是，供應商的數目會減少。難題在於找出一家能提供統計證明其品質的供應商。我們必須要和供應商共事，進而了解他們減少缺點的作業程序。

　　5.經常且持續地改善生產和服務系統。

　　6.重建訓練系統。

　　　a.建立導師的觀念。

　　　b.發展更多的在職教育。

　　　c.教導員工在工作上使用統計控制方法。

　　　d.準備好所有工作的可運作定義。

　　　e.提供訓練，直到學習者到達統計控制的狀態，並把訓練重點放在協助學習者達成統計控制狀態。

　　7.改進督導方法。督導是系統中的一環，也是管理者的責任。

　　　a.督導人員需要時間來幫助在工作中的人員。

　　　b.督導人員要找到方法，把一以貫之的目的，轉變成每一位員工能了解的內容。

　　　c.督導人員必須受過能簡單的統計方法訓練，目的是要幫助員工發現並消除錯誤或重做的特殊原因。督導人員應該找尋問題的原因，而不只是忙於處理道聽塗說的問題。他們所需要的是顯示何時要採取行動的資訊，而不只是過去的生產水準和錯誤水準數字而已。

　　　d.把督導的時間，集中用在那些超出統計管制界限的員工，而不是績效較差的員工。如果一群員工是處在統計控制的情況下，總是會有績效較差的和績效較優的員工。

e.教導督導人員如何利用病人訪談的結果。

8.驅除恐懼。我們必須消除組織中工作人員的不同階級區分，像是臨床醫師與非臨床醫師，內科醫師與非內科醫師、醫師與醫師之間的不同。不要讓謠言繼續傳播、不要因系統出問題卻責備員工。管理者應該為系統的錯誤負責。要讓人們敢提出建議而無顧慮，管理者要追蹤建議是否落實。如果員工不敢追問自己的工作目的為何，並且不敢提出建議簡化或改進系統，那麼員工就無法有效地工作。

9.消除部門之間的障礙。了解不同部門中的各種問題。欲達此目的，方法之一是把員工在相關部門之間調動。

10.取消掉要求員工作得更好所設置的數字目標、口號和海報。改用顯示管理者在協助員工改善其績效的成績。員工需要知道管理者在管理十四要點做了什麼的資訊。

11.消除設定配額的工作標準（通常這稱為衡量每天工作）。工作標準必須能產生品質，而不只是數量的提高。最好能把目標放在重修、錯誤、缺點，和幫助員工把工作做得更好。有必要讓員工知道組織的目的，以及他們的工作與組織目的之間的關連。

12.舉辦統計技巧的密集訓練課程。把統計的技巧運用到個人的工作上，並且幫助他們有系統蒐集與工作性質有關的資訊。這種在職訓練，必須和組織中的管理部門（而非人事部門），結合在一起。

13.設立一個強力的計畫，重新訓練員工，吸收新知。他們必須對未來的工作感到安心，並且了解其取得新的技巧，有利於他自己將來的工作保障。

14.在最高管理者中建立一個架構，以便每天推動上述的第13要點。最高管理者可以組織一個工作小組，賦予行動的權力與義務。工作小組可以聘請有經驗的顧問指導，但是顧問不能代為行使管理者的責任。

針對某醫院的績效研究的建議

利用一張連串圖（連續操作紀錄圖），或偶爾用一個分布圖，向管理者顯示下列各種績效之特性，何處需要再訓練或特別輔助，同時也可以指出，對系統做出的改變是否已成功了？（注4）

- 沒有及時將送驗結果轉入病歷表
- 病人用藥的劑量錯誤
- 病人給藥錯誤
- 藥品管理不當
- 藥物治療期間，對病人的觀察不夠恰當
- 服藥後造成副作用或過敏的次數
- 向試驗室申請試驗而未進行的次數
- 醫療紀錄不全的次數
- 不必要的外科手術的次數
- 外科手術併發症的次數
- 總計死亡率
- 在手術進行中的死亡率
- 在急診室的死亡率

・不同種類的外科手術次數

・輸血的次數

・輸血引起副作用的次數（像是輸血袋上書寫不清楚或將投藥給錯誤的病人造成副作用）

・手術前後的差異（像是外科醫師或實習大夫所做的診斷，與病理醫師從病體組織得到的判定不符）

・實驗室中的火災、化學品濺溢或其它意外事故

・使用試驗藥品

・病人抱怨

・平均住院時間

・隔離病患人數（每週平均值）

・照X光的預約件數

・向實驗室申請檢驗的件數

・放射線作業的件數

・腦波圖與心電圖的檢查件數

・模糊的治療指示及病歷件數

・實驗室的錯誤

・實驗室重做的百分率

・從採樣到送至實驗室所花的時間

・由於下列原因導致採樣（試驗品）不合格的件數：

　一容器不對

　一數量不夠（QNS，Quantity Not Sufficient）

　一沒有填寫病人的名字或字跡難以辨識

　一申請人的姓名與容器上標示的姓名不符

　　一容器損壞或破裂

　　一取樣（試驗品）放置時間太久

．缺貨

．庫存過多

．電腦停機時間（依時間長短做成分布圖）

．試劑或培養基過期的數量

．加班紀錄、病假或事假等缺勤人數

　　一一般員工

　　一志工

針對某航空公司的績效研究的建議

　　利用某些表格的紀錄，如航班別、地區別或週次別，可以產生連續紀錄圖（連串圖）或分布圖。將可偵測出有無「特殊原因」存在，並衡量試圖改進系統的影響。下列各項就是航空業的特性：

．每一航次的候補旅客人數

．每一航次取消的旅客人數

．載客率

．延誤時間與到達時間的分布情形

．幾乎空中擦撞的次數

．旅客耗費在櫃檯的時間分布情形：

　　一購買機票

　　一檢查運行李

．行李運送時間的分布情形

・行李失落或延誤的次數

針對某旅館的績效研究的建議

・將餐飲送到客房後，到收回空盤的時間成本。
・能源成本
・洗滌成本
・偷竊事件
・訴訟成本
・訂房錯誤次數
・超額訂房的次數
・管理者的流動率
・員工的流動率

實例與建議

在美國人口普查局的運用

在大型機構之中，最早而且最成功地進行全面品質和生產力改善的是，由莫里斯・漢森（Morris H. Hansen）領導美國人口普查局。約在1937年，該局進行美國的人口普查，在其中有無數的作業，包括：現場計數人員，或問卷回郵之間，與公告的圖表。

人口普查局每個月和每一季所做的調查，包括：失業情況、房屋開工數、躉售商品的流動、罹病率，與其它有關於民眾和企

業的特性，對於企業經營和政府計畫，都是極為重要的參考數據。這種調查要能發揮最大的功能，它們的精密度，必須十分可靠。

調查數據的處理速度很重要，以免數據過時，但也不可犧牲數據的準確度。當時之所以能同時改善速度和準確度，是借助於新的訓練與督導方法，並運用統計方法協助。

由漢森和他的同事所撰寫的若干重要論文與著作，說明他們改進抽樣，以及減少非抽樣誤差；並說明在抽樣與非抽樣誤差上，如何求得經濟的平衡點。該局的團隊在1939至1955年間的著作和論文，此處無法詳列說明。請參考1953年由漢森、威廉・赫維茨（William Hurwitz）與威廉・馬多（William Madow）三人合著的《抽樣調查方法與理論》（*Sampling Survey Methods and Theory*，第1至2卷，1953年Wiley首印）中有詳細說明。

人口普查局之所以能在品質和生產力上有所突破，無非是該局的最高管理者以及顧問群的大力支持，才能有成。事實上，此一成功的故事，是由菲利普・豪瑟（Philip M. Hauser）、J. C.卡普特（J. C. Capt）、卡弗特・戴德里克（Carvert L. Dedrick）、傅雷德里克・斯蒂芬（Fredrick F. Stephan）與撒母耳・斯托弗（Samuel A. Stouffer）等人合作完成。

全球從事普查的團體，成員間多半情同手足並且彼此學習。在促進全球品質與生產力的改進上，美國人口普查局更是扮演著要角。

值得注意的是，這些普查局是服務單位，也是政府機構。

海關署的品質與生產力

美國的海關署要稱重一船進口的成梱羊毛（或菸草、人造絲）時，僅在船上抽出小樣本稱重，再利用抽樣的比率估計法和其它的統計技巧，來計算出起岸總重量。在羊毛情況下，美國海關還會以採樣法從抽出的幾梱羊毛中再取出數蕊（cores）計算羊毛純度，藉此計算這艘船應繳的稅金。利用這種抽梱測重的方式，不僅節省下大批測重的成本，也讓貨船在抽樣稱重之後能及早離港，這些統計方法與程序，大大縮短原來的測試和決策時間。抽檢的利益不只是節省時間，而且也能替海關署節省成本；對船公司而言，也節省下停舶費。此估算進口羊毛的重量，以及羊毛純度的估算之準確性，都大為提高。

美中不足的是，不管海關署在上述的管理方式多麼進步，對於測量技術也有大貢獻，他們卻仍要求每一位入境美國的人，填寫一張表格，其中有「姓、名、中間名縮寫」一欄。而實際上，他們忘了盎格魯薩克遜人有三分之一的書寫順序並非如此，往往先寫第一個名的縮寫，接著是第二個名的全寫，最後是姓氏，像是H. Herbert Hoover、C. Calvin Coolidge、J. Edgar Hoover等。

某薪資部門的問題

某公司的薪資卡因為經常發生錯誤而引起麻煩。在薪資冊上有900位員工每天發生1,500個錯誤（這個生產紀錄還不算太壞）。由於錯誤過多，儘管薪資部門很努力，員工也要在每週發薪日之後的第4天才領到上週的薪水支票。是否可將發薪作業減輕些呢？出勤卡請見**圖11**。注意，卡片上需要由員工和領班兩人簽名。

為什麼要有兩個人簽名呢？是誰要負責出勤卡的正確性呢？需要兩個人簽名的，意味著沒有人負責，當然也就會發生問題了。建議：

1.只要求員工簽名，由員工為出勤卡負責。

2.避免由員工填寫和計算每天總工時，應該交給薪水部門。

本來我預計在三週內，問題會迎刃而解。事實上，一週內就完全解決。

採購的文書問題

另一個例子是，採購部門抱怨收到的請購單中，4張中有3張不是填寫錯誤，就是填寫不全，像是項目編號錯誤、舊的料號、沒有這樣的供應商、供應商名字拼錯、請購人沒有簽字等。我的建議是，如果有任何遺漏之處，立刻將原單退回請購人。原先我預測，問題將在3週內消除。事實上，不合規定的單子，在兩週內就降到100件中僅有3件。只要在管理上多留意（像是提供請購人員最新的資訊），其餘大部分的問題就會消失。

差旅費收據

在美國華府教育部的管理者發現，每一張差旅請款的申請單上，都需要好幾個簽名（注5）。每一位簽名的人，都想要在申請單傳給下一位簽核之前，把它整理一次。

在作業程序中，稍微改變就能解決大部分問題，進而提早請款，包括：1.把說明修改得更清楚明白；2.對於出差人遺漏的數字，不必要求提供資料。反而，把申請單退還給出差人，請他更

日期 ———— ———— ————
　　　　　日　　　　月　　　　年

員工編號 ——————— ———————
　　　　　　　　　　　　　　員工簽名

時間		工時數	工作代號	付款代號	所得金額
入廠	出廠				
本日所得					

——————————
　　　　　　　　　領班簽名

【圖11：出勤卡】需要太多人簽名，造成員工要做太多的計算工作。

正。並且附帶解釋：由於這種疏忽，將導致差旅費請款延誤。結果，幾乎所有的問題都在短時間內消失。消息總是傳播得很快。

許多公司都同樣會犯下積壓公文的毛病。我的建議是，對每一件差旅費與零用金的申請，見款即付；另外再抽樣徹底審查，像是每50件中選取一件為樣本，有任何懷疑的交易都要徹查。這種樣本的審查，將會顯示出系統是如何運作的。雖然難免會有錯誤，但與律師和查帳員的效率相較之下，影響還算輕微，這種轉換還是很有經濟效益的工作。

會計程序：機房設施與庫存的現值

目前的會計程序，都要求稽核員提出一份報告，載明有關機房設施、車輛與倉庫存貨的估價。對於大型公司，這種估價，可以藉由正確的抽樣統計方法來估算：①各類機房設施的實際狀況，與②各類項目的重新生產（重做）的成本，然後上兩數據相乘後求出現值。實際的現場檢查工作，只要針對少數項目做就可以，譬如說在伊利諾州（Illinois）貝爾電信公司某工廠，折舊之後還超過200萬美元，只檢查4,000個項目即可，有經驗的檢查員只要花幾個星期就可完成。如果使用所謂的「判斷樣本」，就可能淪為粗估而已。

另外，為評估新的「再生產成本減去折舊」（reproduction-cost-new）所得的資訊，可以用來預測各類型機房設施在未來5年內的修理與重做成本。這項預測會比各部門經理的報告更為客觀，因為他們多半以為「會吵的小孩有糖吃」，誰的聲音愈大就可得到愈多的修理與重做金額。

測量運送時間以降低庫存

美國的汽車零件是在美國與加拿大的各城市製造,然後用鐵路或公路貨運送交顧客(注6)。研究顯示,零件從工廠到顧客的運送時間,在某些交通路線上,都在良好的統計管制狀態中,除了車輛中途拋錨等必須修理等特殊原因,才會導致行車延誤外。正常運送時間的上限,用簡單的計算即可求得。

其中有一個例子,是從紐約州水牛城(Buffalo)到堪薩斯市(Kansas)的交通路線。在途中運送的零件與在堪薩斯市的零件存貨是我們的投資項目。存貨到堪薩斯市的時間,規定是5天。一旦運送時間到達統計管制狀態中(車輛拋錨除外),計算出來的上限是4.2天。兩者相差0.8天,換算成金錢,每一年這些零件就可節省50萬美元。

用同樣的方法,計算其它的路線,總共可以節省的金錢高達2,500萬美元。按當今利率來算,每天節省10萬美元。

鐵路貨車的大修時間,很少有低於24小時的。為了預防車輛中途故障而造成缺料,所需儲備的零件庫存也很耗費成本的。另有一種處理對策,就是把每一列在途中的鐵路車廂,隨時利用電報通知公司它的所在地點。一旦有拋錨事故,立刻用卡車從事故地點快速接駁零件,或由另一工廠供應,這些都是可行的辦法。

旅館

如第2章所述,幾乎每樣東西都是獨一無二的(one of a kind)。一旦各計畫已著手實行,產品品質就已經定下來了。旅館就是一個絕佳的例子。一座旅館包括建築物、冷暖空調設

備、電梯等，家具是外加的。有許多旅館（至少是在美國）在開始建造之前的基地，看來就是個巨大的怪物。有許多旅館擺床鋪的地方，正對著冷氣或暖氣的出風口。有的房間家具號稱耗資百萬元，卻連一張稱得上書桌的板子都沒有。某一次，我在一家新開的旅館舉辦研討會，電梯的數量只能運輸一半人數，速度又慢得出奇（難怪電梯沒有標示製造廠商）。旅館要求客人在離開房間時，要把燈關掉。為了執行這項要求，有些客人必須逐一找尋哪些燈還開著，再找到所有亮著的燈的開關，並試著去找出把燈熄滅的方法（每盞燈都像是謎）。不過，有兩位旅館的建築師倒是在這上面用了一點腦筋（也許是在他們住過旅館之後取得的靈感）。一家是在加拿大多倫多（Toronto）的富豪星座酒店（Regal Constellation Hotel），在門邊有一個總開關。另一家是在新加坡的文華酒店（Mandarin Hotel），在門邊設有電燈的自動開關裝置。

　　旅館是否有所改進，即每一家新旅館，都會在某一方面比一年前落成的更好呢？（詳見第2章第107頁圖6）旅館經理無能為力，他們只能概括承受這些錯誤。試想，某旅館的經理如果向老闆建議，賣掉原有的家具再買些更實用的，他的下場將會怎樣呢？恐怕隔天就被炒魷魚了。同樣的，如果他向管理者建議，在空調設備上加裝風管，或重新安裝房間電路，或加裝一部電梯，可能也會遭遇到類似的結局。他處在這種無助的情形下，他只好讓客人對於酒吧、服務和音樂等感到滿意，藉以抵消房間的種種缺點。

　　旅館若能在房間內準備些許衣架，雖然只是舉手之勞，卻

會贏得顧客更多的好感。有些旅館確實能做到，像是美國密蘇里州哥倫比亞市的百老匯酒店（Broadway Inn）；靠近美國鳳凰市（Phoenix）的洛伊斯天堂酒店（Loews Paradise Inn）；紐西蘭的特拉維爾洛奇（Travelodge）連鎖酒店；在倫敦的德魯里蘭酒店（Drury Lane Hotel），以及東京帝國大飯店（Imperial Hotel）等。

以統計計畫為基礎所做的觀察，可以讓管理者知道下述績效的特性表現如何。包括：

　　・在新房客登記入住之前，房間已經收拾妥當的比例。

　　・把空房間收拾妥當之後至新房客入住所需時間，它的分布情形如何？它們是否形成穩定的統計分布？或有異常值？

　　・若有異常的備房時間，它的原因何在？是否能經濟地消除這些原因？

　　・客人需要書桌卻沒有的比例有多少？

　　・房間內書桌上沒有適當的桌燈，比例有多少？

　　・沒有供應適當文具的房間有多少比例？

　　・電話的通話情況不良的房間，有多少比例？

　　・有多少比例的房客，抱怨空調設備的噪音太大？

每一位讀者還可以自行加些自己在旅館裡所看到的其它問題（注7）。我們應利用管制圖來界定系統是否處於穩定狀態的，它會指出系統改善的責任，全部都落在管理者的肩上。（參考第1章和第11章）

郵政服務

有人也許會覺得奇怪，為何美國的第一類（密封信、平信）郵遞服務，在已開發國家中的表現敬陪末座；不過，整體而言，美國郵政又是全球評比中最有效率的。由於美國郵遞服務不佳造成的業務損失既龐大又可惜。當然，較佳的服務必須提高郵資。

在美國，由於郵遞服務的缺失，衍生專人快遞服務（messenger service）的新興行業日益發達，這種由專人攜帶信件或由機器製成的郵件，往返於當地或兩城市之間，像是紐約和費城間的公司。

當然，問題在於郵政管理者，他們從來沒被賦予權力，決定什麼才是第一類郵件的郵遞功能？是否要緩慢、班數少、價錢便宜，還是要快速、次數多、價錢較貴呢？這兩種方案都有可能，只要能採取可依優先序來調整郵費的制度即可。

航空公司的超額訂位

一家航空公司要處理超額的訂位，需要在統計的指導下以權衡得失，求取最佳的利潤和最少的損失（例如違約罰金）。有兩種損失要加以考慮：①空位，表示收入的損失；②超額賣出的座位，可能要付一筆賠償金給沒有搭上班機的乘客。賠償方式可能是免費搭乘其它公司的班機，外加些許金錢（在旅館業，超額訂房的問題也許不會這樣的嚴重，值班經理通常可以在對街的旅館內，找到一個空房）

統計上的問題，就是要在超額的賠償與缺額的損失兩者之間，將淨損減到最少。任何人不需統計原理的知識，也可以得到

解答：①從不超額訂位；②從不支付賠償金。

就良好的管理而言，應有一個根據統計原理做出的合理計畫，以便將上述那兩種損失減到最低。

首先，記錄每一航次的需求量，然後根據每週或其它週期加以研究，以便在幾天前預測需求，並附有統計信賴界限估計值。然後，任何人就可以據此計算出最大利潤時的訂位數量。

複印機

適當地分析複印機的服務紀錄，也和安裝其它的機器設備一樣，從顧客請求維修的時刻起，到維修服務人員抵達現場，這兩者的時間落差，不僅可以提供若干延誤的特殊原因的統計信號，也可以用較有意義的單位表達服務部門的績效。若經過適當的設計，服務業者還可以知道，問題發生的比例是在：

- 整部機器都有問題，或是某特定的零件有問題
- 顧客
- 修理員

哪一位修理員需要接受再教育？或者應該調任其它的工作？以複印機為例，有些顧客可以接受差勁的複本，有些卻非常在乎，稍有問題就把維修人員召來。由維修人員所保存的紀錄，可以顯示出顧客是屬於哪一類，並且可以指示設計上需要改善的地方，是否正是顧客所要的。此外，也可以顯示顧客是否要接受再教育，知道他們對機器的期望是什麼？是否要有更好的說明書，

以及如何保養？有些顧客願意花錢買更貴的機器，有些卻要更便宜的。（注8）

餐廳

　　我常常困惑地坐在餐廳中，有時是無助地等待著下一道菜，有時看到許多人排隊，我想盡快拿到帳單埋單然後讓座給等待的顧客，卻只能枯坐乾等。我也很好奇，究竟有多少餐廳偏低的翻桌率（原文為capacity，此處為採用意譯）是因為管理失敗所引起的。如果顧客都能受到妥善的照顧（而不是匆忙），像是帳單及時準備好拿給顧客，以便把座位讓給等候的顧客，不僅提高生產力、翻桌率與利潤，顧客也會更滿意。

　　有多少座位上的顧客找不到侍者？有多少侍者這時卻站著發呆呢？有多少道菜已經做好10分鐘還等著侍者端上桌去？而因為這道菜要10分鐘前吃才恰到好處，現在只好準備挨顧客抱怨呢？什麼樣的菜，顧客只吃了一半呢？這些問題，可利用瞬間點計法（Tippett's method，類似工作抽樣法）提供最低成本的答案。（注9）

　　菜單上，哪幾道菜的銷路較好？哪幾道菜幾乎沒人點？哪些菜會造成損失？在不喪失顧客的前提下，把它們刪除？有哪些菜是每天都供應，卻利潤微薄甚或賠本的呢？哪些菜可以一週只供應一次以提高利潤？

　　在各種不同的成本中，哪些最高？如何降低？（可以根據氣象局的酷熱或嚴寒天氣的預報而變換食物與服務。）

城市捷運系統

經過適當的統計設計之後所做的觀察，可以看出何處何時有商機，依此滿足大眾的需求。嚴格地依照候車站所張貼的時刻表開車，準時行駛就會產生更多新業務。只要到歐洲任何城市去看看，就可發現美國還要做哪些服務上的改善。

美國的捷運系統，就是受害於「最低價得標」的制度。（如第2章所述）。

汽車貨運業的其它例子

美國和加拿大的一般貨運業者所公布的運費樣本，是根據概率論的程序選定和處理（以最少的每單位成本取得最大量的資訊），可提供情報給下列的場合來利用：

• 在州際商業委員會的聽證會上，運輸業者要求針對各種不同的重量和里程數，調整或提高費率。同樣的資料，也可以當成與貨運業者協商的基準。

• 增進營業。貨運業者可以根據持續的研究的結果，觀察出什麼路線、重量、里程、商品和等級，可以獲利或無利可圖。

沒有其它的行業，能夠提供這樣詳細、精確和有時效性的情報，供經營管理之用，或用來做為運費訂定的合理基準。

這些關於運輸的持續研究，都是由運輸業者（而不是由政府有關單位）自行負擔，都是用作者所設計的統計方法並加以監督。

其它類型的研究還導致裝卸貨、運送、交貨時的錯誤減少，以及貨物的損毀或顧客因貨物損毀提出賠償要求、開立帳單的錯誤等都減少了。

另一項研究顯示，為了減少燃料用量，所採取的下述步驟是否有效或有多少效益：增加載重量、停開不必要風扇或定期調整（tuning）（或不定期調整，依成本效益比而定），與大都市間的行車速度減速等。

一家鐵路公司

經由適當的統計設計，所取得的資料，提供一些情報，可以用來：

1. 減少不同鐵路公司之間的計價錯誤，以及當地帳單的錯誤。

2. 減少車子的閒置時間，從而可減少租車成本。顧客要求開空車來載貨的延遲時間也可減少。

3. 可以知道運輸（交通）延誤的時間，是否已經構成統計管制系統？如有異常值的情形，原因何在？如果有的話，為何不將其消除（如果發現異常值的話）？

要採取什麼措施，才可以縮小運輸時間的分布的全距？這種分布全距變窄，意味著透過更為可靠的與一致的績效，達成較佳的顧客服務，也能更節省鐵路公司的成本。（如第242頁的例子所示）。

鐵路公司是否已經針對車輛進廠待修時間，或不同類別的修理時間，做出分布圖並加以運用？鐵路公司為進廠的車輛支付每小時的租金（無論車主是誰）。不過，他們可以取得修車紀錄。

對任何一個重要的接駁站而言，都關係著從顧客通知公司可以裝貨，到空車抵達客戶所需的時間分布情形。有多少輛抵達的車子，是否符合顧客所需？有多少輛是髒的？從空車抵達，到裝滿貨物車輛離開，相距的時間分布情形又是如何呢？

利用機率抽樣的方法，我們可以針對倉庫、碼頭、貨車上的設備，或交通號誌設備等樣本進行定期測試，以便決定是否不堪使用，而需要修理或立刻更換的數量與比例，同時也可以藉此來預估，下一年度會發生的維修與更替所需的成本。利用統計方法，檢查鐵軌、路基和坡度加以評等，可以提供修理時的參考。這些利用機率抽樣的研究方法，都是很有效的管理工具。

顧客是否會在乎所接受到的服務呢？即使不在乎，但是由於績效的改進，將會使現有的設備與路線，得到更大的收益，甚至也會促銷現有的設備，並提升對顧客的服務。

在一項我所指導的鐵路公司調查，結果顯示機械人員75%的時間花在排隊領取零件。

電信公司的營運研究

1.經過適當的統計設計，進行「線路」和「負載設備」的使用率估計。包括：用於語音、報社發稿、傳送數據、私人電報、公共電報等的時間比例有多少（注10）？研究結果可以當成不同服務項目的費率基準。

2.利用適當的統計設計，估計從地方轉到長途電話服務所使用的交換機與其它中央辦公室設備的使用率。估計出的數據可供市內電話與長途電話之間的收益之分拆帳依據，最後可當成決定電話費率的基準。

3.利用適當的統計設計，預估各種設備的實質折舊，包括：交換機、繼電器、私用交換分機、地下交換電纜、地下長途電纜、社區撥號室、導管、加感線圈、電線桿、空中電纜、建築物或電桿上的接線端子、電話機、訊號設備等。

4.減少結帳作業的錯誤，進而降低成本。

5.進行工廠的實地記錄測試，這些紀錄是否令人滿意？有哪些錯誤需要矯正？哪些需要矯正？

6.將若干財產，如電線桿等，是多方共同擁有和共用的，其成本分攤方式要彼此妥協。就某一電線桿，產權可以全屬電信公司或電力公司，可以50：50（持半共同擁有）或是其它持股比例。他們可以就該電線桿的實際使用情形，支付租金給對方。是否會有某一方多付了租金呢？經過適當設計的統計研究之後，證實其估算的數字是相當準確的。這必須進行連續性的研究，才可以使雙方付款差異（吃虧或占便宜）保持平衡。（完全做到彼此都不吃虧，實際上是不可能的，因為工作量大到無法負荷，如果勉強追求完全的正確分攤數字，反而導致更多的錯誤，反不如前）

7.研究促銷從長途電話以增加收益的廣告的有效性。

8.做某一電話分局的模擬研究。公司總部的心理學家為了達成接線生工作的豐富化，讓其參與更多類別的事情。但是，這些改變的提議，也許會導致生產力驟降，所以研究小組就設計一個

模擬研究，以了解這些改變可能的效應。

9.研究電話接線生處理各種來電的方式，減少接線時間（藉由更輕鬆而不是更辛苦的方法）。利用精心設計的工作抽樣程序，並將抽樣和分析工作機械化，如此可以持續地取得研究的數據。

10.研究大都市區域內各電信公司（或分局）之間的專人遞送服務的最佳路徑。各電信公司也許有一個或更多個公司內郵件的集中分發系統，以及在許多地點也有許多公司郵件的收件與投遞的路線。貝爾實驗室已經發展出一套整合規畫法（integer programming），可以決定最佳的路徑數以及每一路徑的最佳（收發）地點。

11.決定新設備的最佳位置。要節省營運成本，可以將交換機由電氣－機械式改成電子式，或者直接設置電子式設備，而非增加電氣－機械式交換機。貝爾實驗室也發展出非線性規畫法協助在何時何地應設置新電子式設備的決策。該電信公司的其它研究員，則開發出使用者導向的軟體，並結合其它作業以便作財務分析可供相關人員來應用。

12.根據由美國電話電報公司（AT&T）的羅伯特・布魯索（Robert J. Broussean）和其它電信公司共同合作設計出的統計程序，持續進行對費用和共同設備的使用之研究。此研究成果可以提供各電信公司之間就共同擁有的設備（主要是長途電話設計的收益與分攤）做為決策基礎。

13.研究庫存，比較有關地下電纜及中繼器、空中電纜等設備的工程紀錄與會計紀錄之間的協調。同樣的，在電信公司為顧客處所或建築物所安裝設備（包括配線及安裝）時也要進行研究。

14.預估電話站內的材料與人工的單元成本。

15.開發接線人員的訓練輔助工具。

16.預估員工看牙醫的醫療成本。（譯按：可能牽涉保險）

17.研究客戶在未結清帳單時搬家而收不到應收的電話費的風險。（光在伊利諾州的貝爾公司的損失，每年高達數百萬美元）。

18.評估電話簿（Yellow Pages，黃頁為美國電話簿的代稱）的使用率，以及要如何提升它的功能。

19.研究顧客收到電話費帳單時不易看懂的欄位，以便改進帳單格式。

百貨公司

在百貨公司的各部門觀察和記錄顧客等候服務的時間長短，與不耐等候而離去的顧客數，此等數據是構建損失函數（loss function）的基礎礎，它可以幫助管理者決定，增加服務人手或設備是否值得、何時、何處去增設。〔譯按：關於損失函數，請參考本書的姊妹作《新經濟學》（*The New Economics for Industry, Government, Education*）第10章〕。

上述例子中，建構損失函數還有個資訊缺口：沒有人知道由於顧客不滿放棄購買之後，它對於百貨公司造成的真正損失究竟有多少。因為一個不愉快的顧客可以影響許多人；同樣的，滿意的顧客也有口耳相傳效果。

此外，必須做許多瞬間抽樣觀察（估計）：

・公司職員對顧客的態度

・顧客對公司職員的態度

汽車製造業與顧客

在此，我們要聲明一下，此例也可以應用到其它許多事件之中。某汽車製造廠，在汽車售出一年之後，寄了一份意見調查表給車主，詢問使用後的問題與體驗。

問卷只有回收了一半。現在，每一位統計學者都知道，要從不完全的問卷回收數中歸納結論，是一件很危險的事，即使回收數率高達90% 也是一樣；從不完整的回收推導結論有此疑慮。然而，為了減少這種隱藏風險，而把結論限於趨勢預測的範圍內，自以為這樣的誤差會很小，充其量這只是當事人的期望，並沒有什麼理論基礎。

一種簡單而著名（注11）的修正辦法是，適當地抽選出1000位購買者為樣本，寄出問卷；並對沒有寄回問卷回答的人，進行個人訪問。這種做法不僅可以大幅地減少成本，而且所得的數據較為可信。

同樣的做法，也可以運用在任何產品的顧客群。事實上，許多從事消費者研究的人都知道，許多公司早已這麼做了。

減少銀行的錯

作者：威廉・拉茲科（William J. Latzko）

一家銀行

一些在銀行業的朋友都知道，銀行的管理對於顧客的了解，遠遜於其它行業的管理者。雖然他們開始將某一位顧客的帳號整併在一起，包括他的支票帳戶、儲款帳戶、託管帳戶（fiduciary account）、信託帳戶（trust account）、貸款等。利用現代化的資料處理機器，這雖然是一件很簡單的事，可是，對於了解顧客的需求、與銀行是否滿足他的需求，卻還有一大段的距離。像是本行的顧客為何卻在購屋、買車或整修房屋之前，向別的銀行貸款？這些事實和原因都沒有留在紀錄上。不過，透過消費者研究，可以回答上述問題以及其它更多有關於顧客的問題。

重大的錯誤

正如其它行業，在銀行也一直有著關於減少層出不窮錯誤的問題。在銀行中檢查的目的有兩個：一個是及時發現錯誤，以免影響顧客；另一個目的是及時防止舞弊。有關追求銀行的品質，並不是一件新鮮事；甚至於可以追溯到埃及法老時代就有了。傳統上，銀行員對品質的檢查，都交由稽核人員，以及一層層的系統（制度）檢查，大家假設唯一耗費成本的錯誤是，銀行讓顧客備感挫折。所有的工作、時間、金錢都花在如何防弊，而對於其它作業上的成本，卻很少有管理者看見它們。其中包括下列四種成本（譯按：所謂品質成本）：

1. 對工作進行評核、驗證、檢查的成本。這是傳統的檢查系統，銀行派遣大批人馬，進行驗證與再驗證的工作。

2. 內部失敗的成本，也許這才是銀行經營的殺手。發現的錯誤，都要耗費巨資補救。

3. 外部失敗的成本。當一些錯誤流到顧客手上，將導致鉅額的調查、調整、罰款和客戶的流失。

4.預防成本。包括品質的分析與系統的控制。原理是很
簡單的。在早期發現錯誤並加以矯正，就可以減少下
游作業的成本以改善品質。

不論在銀行或製造業，任何系統都有兩種類型的品質。第
一種是設計的品質。這是在製造產品與銷售服務之前，對於特定
方案與程序所做的承諾；也就是顧客的需求。第二種是製造的品
質，也即成果達到承諾的品質。

品質管制不只關心產品，也關心產品的設計，而這正是品質
管制系統與傳統系統的不同處。它認為僅找到錯誤是不夠的。我
們還要找出錯誤背後隱藏的原因，並建立一個系統來減少未來可
能的出錯。

績效的改善

將品質改善方案用在第一線領班人員，會產生如圖12的結
果，並提高士氣，此時員工已經相信，除非錯誤是發生在自己能
控制的範圍內，否則再也不會挨罵。

利用電腦製作的操作紀錄圖，可以用來判斷個人的作業能
力。如此，個人的績效可以和其屬的團體的績效相比較。一旦個
人的績效落在團體績效的容差範圍之外，就必須給予協助。

員工的士氣

以前每當拒收的比率上升時，組裝電腦的作業員就互相指
責對方。不僅是這班責怪另一班、這個部門責怪另一部門，到最

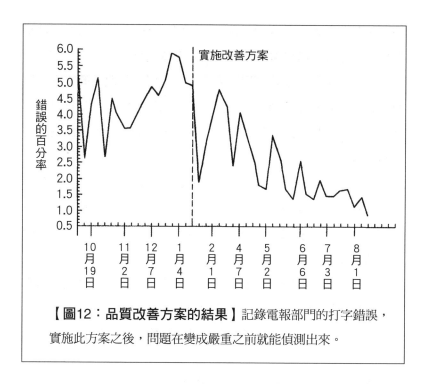

【圖12：品質改善方案的結果】記錄電報部門的打字錯誤，實施此方案之後，問題在變成嚴重之前就能偵測出來。

後，每一個人都在責怪某機器出問題。結果是彼此排擠造成不和、打擊士氣。利用統計方法，可以把拒收的原因自動地追溯到某個部門、某個班別、某台機器、某個作業員，更重要的是，可以追溯到問題點。如前所述，統計方法需要確認問題而不是責備個人。基於這種理念，每個人才可共同合作，把注意力指向真正的禍首，也就是問題點。

　　有些銀行的作業專家宣稱，每個銀行都有40～60%的職員，需要驗證其它同仁的工作。統計方法有助於降低錯誤的頻率，它們對未來的銀行，也有著深遠而巨大的影響。把檢驗的焦點，集

中在某些重要的項目（例如高價值）；對於其它項目則採取抽樣驗證，這樣既可減少檢驗數量，結果也會更正確。

每一個銀行，不論其規模大小，都可以建立改善的方案，只要將若干技術枝節裁剪，便可依該公司的特殊要求而量身訂做。該系統的設計也可隨著公司的成長應變，並能將應用範圍延伸到新的領域。

每一個單元的研究（不論它是操作員、機器、或系統），都要經歷一段時期，才能決定它的製程能力：在目前情形下，可以預測的哪些行為會發生（參見本書第11章）。一項作業的製程能力，通常要3個月左右可決定。

如果管理者判斷製程能力未在允許界限之內，就應該對該製程或系統採取行動。品質無法超出該系統的能力。品質不能依靠檢驗產生，必須在做該產品或服務時一併完成。（見第3章）。

針對某家銀行進一步研究的建議（注12）

目的：持續經濟活動的改善，與減少錯誤

技術：連串圖（Run Chart，或譯為操作紀錄圖）、管制圖、瞬間點計法（Tippett's method，類似工作抽樣法）

・經過高速的磁墨字元辨識器（MICR，magnetic ink character recognition）分類處理後支票的拒收率

・MICR機器的維修與停機時間

・衡量供應商績效：定期查核委外印表的支票的錯誤，包括若干字跡不明，或不易解讀的數字與符號。

- 處理例外事件的成本
- 從接到顧客的申請到採取行動所需的時間
- 排隊等候的顧客人數
- 櫃員工作完成量
- 櫃員的錯誤率
- 各類貸款的壞帳率（一種貸款分級制的品質衡量標準，可針對借款設定的等級，提早警告銀行是否客戶有償債困難）
- 保管箱計畫（保險代理要求銀行代收款項）處理後的支票錯誤率
- 經由保管箱計畫處理經辦事項的平均時間
- 由客戶（非由銀行內部所發現的）申告的錯誤率
- 由於填寫／處理錯誤而退回的支票或商業票據數
- 電腦停機時間
- 金錢轉帳相關的錯誤率
- 催收帳款的數目
- 未償還借款的平均年數及其變異情形〔上述平均與變異兩方面的監督，可將未償還借款的規制成本降低〕
- 依錯誤的類型分類，統計將更正錯誤所需的時間
- 產生的金額
- 客戶帳號總數
- 貸款的平均收益：每筆貸款的淨收益
  （上述三項因素的衡量，可以反映出銀行機構的獲利能力）
- 新開戶數
- 爭取新客戶所需造訪的次數

‧問題放款與壞帳沖銷數目

帳戶的獲利能力

1.以活期存款帳戶分析報表錯誤

2.資產負債表上補償性帳目的錯誤

3.手續（服務）費錯誤

4.所需的分類帳與浮動調整的數目

調整

1.各種單據所產生的差額

2.顧客查詢

3.未銷差額數量

4.尚未解決的顧客查詢數量

5.錯誤類型和範圍分析

6.解決問題的時效

7.差額銷帳

建築物

1.房客抱怨（針對溫度、濕度、清潔、電梯等）。

債券

1.交換時發生錯誤

2.設備停機時間

3.錯過擔保期限的金錢損失

4.交易時資料鍵入與處理的錯誤

5.保管中的餘額錯誤

6.聯邦基金處理錯誤

7.回溯交易與聯邦基金活動的數目與影響

8.債券載入所引起的透支

9.債券載入太遲所需要做的活存餘額調整

商業放款

1.放款登帳時，遺失抵押證券文件

2.放款登入系統時遭拒

3.需要回溯的日期

4.公司報表遭退

5.放款交易時所需的改正

電腦服務

1.快遞送達的時效

2.報表從電腦中心送達銀行的時效

3.由銀行的電腦輸入電腦中心的時效

4.線上（on-line）系統的停機時間

5.線上系統的時間非即時

6.由電腦中心所提供的用戶服務評估

消費帳戶的處理

1.準備報表時，支票或報表遺失

2.活存與儲蓄帳戶的申請遭拒

3.付給盜領者

4.未能及時止付

5.製作報表時發生錯誤

6.製作報表時設備發生問題

消費金融

1.由於新帳戶資料沒有及時處理，而導致新活期存款與儲蓄存款帳戶申請遭拒

2.終端機輸入錯誤

3.顧客的流失

4.顧客對品質的認知

5.解決顧客抱怨的時間

6.帳戶減少

7.申請支票錯誤

給客戶的資訊

1.客戶打進來的電話不通（忙線），或中斷（顧客等候太久，只好掛掉）

2.客戶資訊系統（CIF）遭退

3.姓名與地址更改錯誤

4.處理CIF與姓名、地址表格的時效

5.客戶抱怨與問題的查詢

6.電話轉接錯誤

7.沒有線上作業系統

8.活存帳戶及儲蓄帳戶的對帳單遭退（地址錯誤）

公司會計（總帳）

1.所列的金融資訊系統（FIS）項目不正確

2.未列FIS項目

3.處理帳單的時效

公司會計處理

1.報表與支票的遺失

2.帳戶減少

3.手工分類的退件

4.應收款經過／磁帶位址解析協定（ARP）問題

5.付給盜領者

6.未能及時止付

公司戶資訊

1.客戶打來的電話碰上占線或被掛掉

2.CIF退件

3.CIF輸入時的錯誤

4.更改地址和姓名時，輸入錯誤

5.電話轉接錯誤

6.活存帳戶對帳單遭退（地址錯誤）

7.客戶抱怨，或問題查詢

8.不在CIF上的連線作業

消費者的信用

1.透支的金額和次數

2.壞帳的金額和次數

3.透支預備金

4.由於處理不滿意，而結清的帳戶

5.遺失應退回的支票

6.客戶的抱怨

7.寄出警告信的件數

8.更改狀態時錯誤

9.現金與總分類帳借貸不平衡

客戶的參考

1.地址變更（CIF錯誤）

2.CIF維護的退件

3.確認姓名與住址表格的時效

4.地址變更通知的次數

5.印鑑卡內容遺漏或字跡不清楚

6.不在CIF上的線上作業系統

7.退回的活存和儲蓄帳戶（地址錯誤）

8.客戶的抱怨

聯邦準備銀行（Federal Reserve Bank）

1.快速的慢速的退件

2.聯邦通知的資訊遺失

3.遺失或誤發的通知

4.系列證券E的問題

5.票據交換後應付支票的次數

6.遺失、增加或誤送的票據交換次數

7.金額和票面數字不符的次數

圖形服務

1.處理全新表格或局部修改表格的及時性

2.設備停機時間

3.影印機上品質不良的影本數量

4.使用者對於圖形服務公司所提供服務的認知

5.複印、地址、姓名自動印寄，和其它再製品要求的時
　效性

6.重做／重運轉

7.無法完成使用者要求的數量

即時現金卡／電子作業

1.退回的即時現金卡與申請單

2.收到有瑕疵的傳送指令

3.自動櫃員機未完成的交易

4.自動櫃員機的停機時間

5.顧客抱怨

跨國會計

1.退件與單據錯誤

2.簿記或貸款報表錯誤

3.合約上的錯誤

4.銀行間轉帳延誤

跨國控制

1.新增承兌與放款遺失單據

2.放款、資產負債控管、信用狀等單據的退回

3.已登記的外匯交易（FX）合約的輸入錯誤

4.銀行間轉帳的延誤

5.報表的時效性

6.調節時，對國外存放同業款的時效

跨國財務

1.承兌與貸款登記單上有誤

2.新增貸款與承兌遺失單據

國際性的信用狀

1.承兌登帳單上錯誤

2.處理進出口文件的時效性

3.電腦單據錯誤或退件

4.延期

國際性收付款

1.進出口付款訂單與處埋錯誤

2對發出電報進行錯誤的測試

3.發出訊息錯誤

4.延期

5.電報不正確

項目處理

1.資料量數遺失／多出

2.不平衡的登帳

3.Prime Pass拒收（依工作種類）

4.浮動幣值的損失

5.每日結帳的餘額錯誤

6.誤送現金袋

7.調節錯誤

8.鍵入錯誤

9.設備停機

10.離線（off-line）退件

11.分類錯誤

信件分送

1.內部或外部信件投遞錯誤

2.郵件送達的時效

3.無法辨認客戶來函

4.客戶對郵遞信件的抱怨

5.退回的信件（地址錯誤）

MICR品管協調／預先測試職能

1.銀行初審合格的退件率超過2%

2.新表格與支票無法通過測試

轉帳

1.聯邦轉帳與銀行電報錯誤

2.電報轉帳延遲

3.流通在外物品的幣值與數量

4.設備停機

5.聯邦儲備局通信程式與內部熱線停機（監控以回報給聯邦儲備局）

6.要求確認電報資訊服務

非現金項目

1.城市、國家與現金匯票項目的錯誤

2.折價券處理錯誤（債券）

3.當折價券立即兌現時，在收回過程中發生的浮額

4.折價券的平均收回天數

5.客訴（客服）

6.待辦項目〔美國聯準會（Fed，Federal Reserve Bank）〕

生產力與品質分析

1.進行研究的時間

2.管理階層對建議的採納情形

3.生產力分析與品質分析報表的時效性

4.銀行整體的品質水準

5.與預測的生產力與品質改善（轉換為金額）的偏離程度

證明文件（密碼）

1.密碼不合的退件

2.密碼有差異與錯誤

3.餘額不合的情況（存款）

4.當日的結帳時間錯過截止日期

5.當日結帳時多餘項目

6.輸入密碼時發生的錯誤（向來源區域報告）

採購

1.設備停機（銀行各個區域）

2.由庫房補足訂單的時效

紀錄服務

1.無法找到所要的文件

2.（超過銷毀日期）所有銷毀的紀錄

3.紀錄儲存不佳

4.待處理而準備蓄存的紀錄

5.使用者對所提供的服務之評價

退回的項目

1.處理退件的錯誤

2.處理退件的時效性

3.顧客抱怨

特殊服務（公司）

1.保管箱服務與集中帳戶的錯誤

2.資料傳輸錯過截止日

3.由特殊服務處理的退件

4.解決錯誤的時效性

特殊服務（消費者）

1.銀行郵寄錯誤

2.存款未入帳

3.存款過帳的時效性

櫃員

1.櫃員間的差異

2.設備停機

3.客戶對品質與服務的認知

4.現金額度超出的次數

5.窗口用人不當

6.銷帳

7.未結清的一般現金項目或暫收單據

8.現金收支單據、一般單據、其它內部單據上的錯誤

9.登錄遺漏或字跡不明

電信

1.來電轉接不當

2.客戶抱怨（電話轉接過度）

信託會計

1.開立顧客帳戶的時效性

2.顧客抱怨

3.處理錯誤

信託機構支援服務

1.已簽字的退休金支票遭止付或作廢

2.處理會計程序與支票的時效性

3.頁數需要重新打字的會計處理

4.處理錯誤

5.需要電腦重做

信託應收款控制

1.在金庫控制表上的遺漏

2.債券利息記入顧客帳戶時發生錯誤

3.到期帳單支票的錯誤

信託紀錄與控制

1.鍵入錯誤

2.單據退回

3.報告分發的時效性

4.無法過帳的單據

信託證券

1.開放的項目（購買、提領、存入、再登帳）

2.單據錯誤

3.未過帳的單據

金庫操作

1.儲存庫金額與櫃員紀錄的差異

2.E系列債券的取消與毀損

3.拍攝印鑑卡微縮片的機器故障

4.延誤

5.處理E系列債券的時效性

6.E系列債券的平衡問題

7.未處理的貨幣

8.錯誤：食物券

9.客戶對品質的認知

10.服務單位送件到達的時間

文書處理

1.文件打字錯誤

2.設備停機

3.打字文件的處理時間

4.使用者對服務或品質的認知

某家電力公司個案

作者：約翰‧赫德（John F. Hird）

有關發電與配電的若干要點

在美國新英格蘭地區的某著名電力公司，參與一項利用新技術來改善品質與利潤的方案。它和顧客的每一筆交易，都要透過這一系統來處理。

電力能源，從發電、輸電、到配電是一個連續的過程。在每一天的每一分鐘都要設法滿足對於顧客的需求。工業區與住宅區都依靠電力。舉凡起居、生活、健康、安全、福利也都要靠它。

每一次停電、延遲復電、失誤，都會引起顧客的不滿，並增加電力能源的成本。

畫出一張石川圖（或稱為因果圖、魚骨圖），可以幫助我們在每天對電力的諸多需求中，找出我們適用的方法。（參考資料詳見第11章「經過選擇的書單」）

對於顧客提供服務的收費，都受到顧客和當地公用事業委員會的審查。**圖13**顯示服務的成本，補充說明如下：

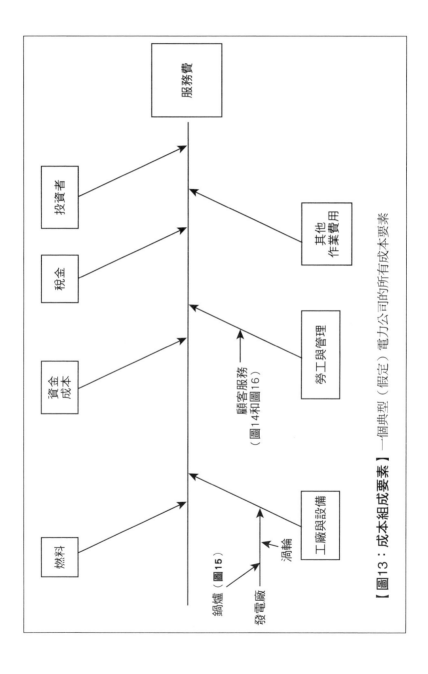

【圖13：成本組成要素】 一個典型（假定）電力公司的所有成本要素

燃油：購買煤炭、石油、天然氣與核燃料，這些都是費用。

廠房和設備：機器磨損或報廢。電力公司必須有足夠的盈利，才能汰舊換新。

金錢的成本：對於電力事業投資的報酬。

勞工與管理：為公司工作的人都要能得到報酬。

稅金：繳納地方、州、或聯邦政府的稅金。

其它營運費用：消耗品、原物料和外購或委外費用。

上述的因素中，有若干項是由公司外的力量所決定的，因此不在討論之列。

其它許多項因素，會受到公司內部各部門人員的影響，而這些是可加以監督和改善的。

顧客服務

在這些活動中，有一個部門是顧客服務。該部門負責抄表、寄帳單、收電費、打電話與顧客的申請與查詢的中心，它提供最新式的電腦與通訊技術。在電力中斷範圍既廣且長時，公司會暫緩處理一般業務，而只處理緊急的通話服務。此時，顧客服務中心就成為顧客與外出修護電力人員的情報交換中心。每一個工作小組，開會時都會使用帕累多圖（Pareto chart，或譯為帕列多圖）發掘主要問題，也會應用石川圖和統計管制圖。

為了發電廠能將大量的電能（每小時瓦特），以最少的熱能（BTUs，British Thermal Units）傳輸最大量的電能，有若干因素要加以掌握。這就需要研究發電廠內，許多互相影響的系統。圖14為石川圖，顯示對顧客服務的成本因素。圖15和圖16為鍋爐

室與顧客服務部門的管制圖。

減少地下輸電的故障

另一個例子是地下輸電工程。某電力公司的一條11.5萬伏特高壓電纜，已使用33年之久，最近故障愈來愈頻繁。一旦電纜發生故障，它的修護的成本甚高，又會對顧客造成極大的不便。在原線路上重行鋪設新電纜來取代舊的，或另闢新的線路，代價都十分高昂。

工程部門與地下電纜部門的成員，組成了一個品管圈，並研究出一套可矯正問題的替代方案，大幅減低成本。他們設計出一套系統，在電纜的連接點發生故障之前，能及早預測出來。數據分析顯示，電纜連接點彎曲處的絕緣和冷卻用油，在電壓驟增時，會發生化學變化。其中有一項變化，會使絕緣油中的一氧化碳含量增加。這個變化和地下電纜的機械性移動所造成的裂痕有著密切的相關。

利用這一項情報，設計出一套更換的方案，每年將故障率最高的前10個連接點，予以置換，直到所有的連接點都已相當安全為止。因此，分散電纜網路的維修成本和減少所須的人力。

這個品管圈的成員，包括2位工程師、8位電纜接合技師、6位測試員，輪流發展出一些又新又快的方法，進行人孔（manholes）的連接點置換作業，讓工作環境改善許多，也更為安全。改善工作還包括重新設計卡車及所使用的特定工具。

現在，絕緣油的樣本，每一年都要以統計管制方法進行化學分析，以減少連接點的故障。過去3年內，只發生過一次故障

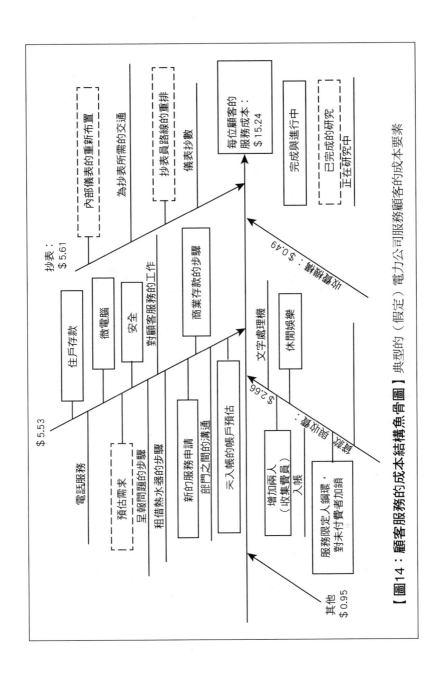

【圖14：顧客服務的成本結構魚骨圖】 典型的（假定）電力公司服務顧客的成本要素

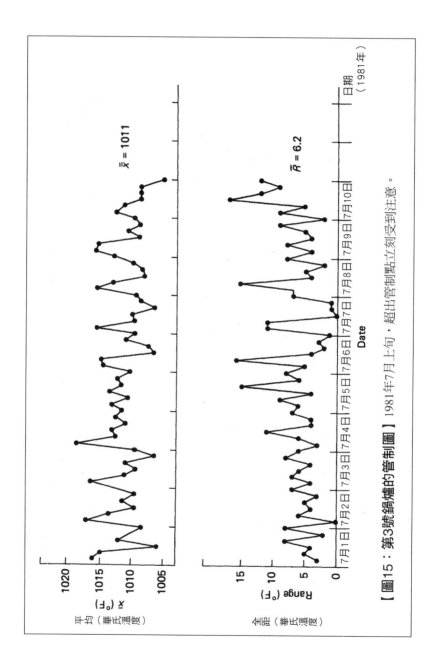

【圖15：第3號鍋爐的管制圖】1981年7月上旬，超出管制點立刻受到注意。

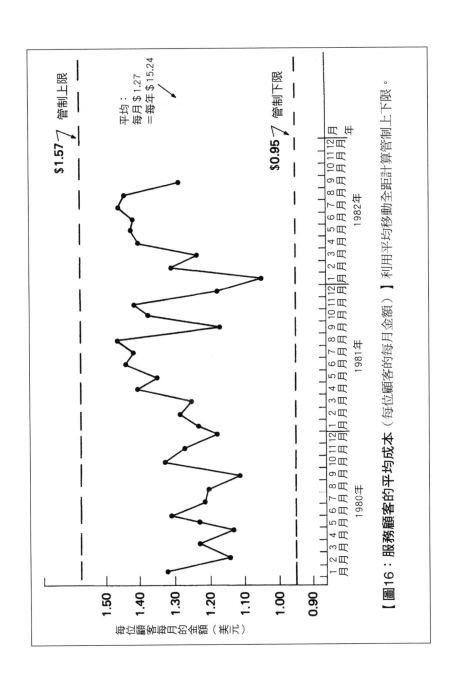

【圖16：服務顧客的平均成本（每位顧客的每月金額）】利用平均移動全距計算管制上下限。

而已。這一連接點的更新作業，不僅替電力公司節省下數百萬美元，而且也將服務中斷次數降到零。

這一改善品質和生產力的努力，並沒有指示該專案要什麼時候開始或終了，它是一種經營理念，用以引導各負責的團隊，將可用的資源作更有效的運用，以符合顧客的需求。

市政服務的改善

作者：威廉‧亨特（William G. Hunter）

美國威斯康辛州首府麥迪遜（Madison）市政府汽車設備部門，負責該市的垃圾車、警車、與其它市政公務車的維護。它在1984年接到許多對於服務品質的抱怨。這讓部門的技師士氣十分低落。市長約瑟夫‧森森布倫納（Joseph Sensenbrenner）決定好好將該部門的管理加以轉型。品質的改善需要汽車設備部門盡量滿足顧客的需求，甚至表現超出顧客的期望。於是技師首先搜集顧客的特殊抱怨與建議，包括：警察局、街道部門和其它需要仰仗他們的服務對象。他們不僅派人與各部門的代表面談，也進行問卷調查。

抱怨之中，最主要的是車輛的故障時間過多。於是技師畫出修理車輛的流程圖，並蒐集數據，決定完成每一個步驟所需的時間。技師研究這些結果，並開始進行改變，以減少故障時間。

他們首先準備比較表，列出實際修理的成本，與事先預防問題的成本。例如：重新造一輛用於冬季運鹽的吉普車，需要

4,200美元。由於鹽可能腐蝕車輛，可採取一些簡單的維護作業，只要花費約164美元就能防止腐蝕。

　　經由資料的蒐集和分析後，技師得到主要的結論，就是要建立簡易的維護計畫。技師在1984年9月14日，向市長及有關政府成員呈報了這項建議，並輔以若干分析資料。技師並安排一次工作現場的參觀。還贈送市長紙鎮做為紀念品，紙鎮是由一件損壞的鋁製活塞做成，前端的鋼製活瓣歪斜地卡住。市長收下之後，才知道它價值3,200美元，這是把損壞的活塞從故障的貨車上拆除並做必要的修理。有人隨後展示一個價值105美元的彈簧，並告訴市長：「如果我們有良好的預防計畫，我們會在引擎上更換16個這種彈簧，那麼你也不會收到那個紙鎮了。」

　　市長被技師說服，知道需要這個簡易的維護計畫。「你們知道如何找尋問題、如何解決，你們也想解決。我們應該採納你們的方法，並交由你們來做。對於今天的展示，我印象非常深刻。我們也決定在市政府的其它部門，擴大使用這些改善方法。我也看不出任何理由阻止其它州政府或聯邦政府這麼做。」

　　說明：這些技師為工會會員，應邀到威斯康辛大學參加一項統計品質管制的研習會。他們都用自己的時間（非加班）參加。工作以外的事，他們都用自己的時間去做。當有人要付錢請他們加班工作時，他們說：「謝了！我們只對用戴明的方式做事有興趣，這對我們很重要，我們不是為了錢。」

　　補充：本節是由威廉·亨特發表的改善原則，感謝彼德·蕭

科爾斯（Peter Scholtes）及麥迪遜市府汽車設備部門相關人員的協助，同樣可以適用於任何汽車或卡車車隊（無論隸屬於市政府、百貨公司、貨運公司、鐵路公司等機構）。

第7章注

注1：摘自A. C. 羅桑德（A. C. Rosander）所著〈服務業品質管制的一般進路〉（A General approach to quality control in the service industries，刊登於《ASQC論文集》（*Proceedings of the American Society for Quality Control*），1976年10月2日。圖86：14，作者為我的老友馬文・孟代爾。

注2：與菲利普・豪瑟博士（Philip M. Hauser）私人通信中，討論1940年美國人口普查。

注3：訪問奧斯卡・奧納提（Oscar A. Ornati），出自《公部門生產力評論》（*Public Productivity Review*），第6卷第1、2號第48頁，1982年3月及6月。

注4：保羅・赫茲（Paul T. Hertz）與黛布拉・萊文（Debra Levin）提供。

注5：感謝羅伯特・卡恰（Robert Caccia）、艾美特・弗萊明（Emmett Fleming）與約瑟夫・特雷沙，何其有幸他們合作這個案例。

注6：向以下人士致謝：理查德・豪普特（Richard Haupt）、查爾斯・理查茲（Charles Richards），以及美國福特汽車的愛德華・貝克（Edward M. Baker）。

注7：菲利普・克羅斯比（Philip B. Crosby）所著《品質免費》（*Quality is Free*，1979年McGraw Hill出版），第59至63頁，有關旅館虧錢及其它糗事的案例。

注8：兩本優秀的參考書分別是南西・曼（Nancy R. Mann）、雷蒙德・謝弗（Raymond Schafer）及諾澤爾・辛鉑沃拉（Nozer D. Singpurwalla）合著《可靠性與壽命資料的統計分析方法》（*Methods for Statistical Analysis of Reliability and Life Data*，1974年Wiley出版），以及理查德・巴洛（Richard E. Barlow）與弗蘭克・普羅強（Frank Proschan）合著《可靠性的統計理論》（*Statistical Theory of Reliability*，1975年Holt Rinehart and Winston出版）

注9：參考馬文・孟代爾（Marvin E. Mundel）所著《動作與時間研究》（*Motion and Time Studies*，1970年Prentice Hall出版修正版。譯按：繁中版1984年由五南圖書出版公司出版）第128頁；L. H. C.蒂皮特（L. H. C. Tippett）〈工作抽查比率分析法〉（Ratio Delay Study），《紡織研究院論文集期刊》（*Journal of Textile Institute Transactions*）第36卷第2號，1935年2月。R. L.摩洛（R. L. Morrow）所著《時間研究與動作經濟》（*Motion and Time Studies*，1946年Ronald Press出版），第176至199頁；C. L.布列斯里（C. L. Brisley）所撰〈如何落實工作抽查〉（How you can put work sampling to work），《工廠》（Factory）1952年7月號，第84至89頁。J. S.派羅（J. S. Pairo）所撰〈應用工作抽查比率分析法來設定寬放值〉（Using ratio-delay studies to set allowance），《工廠》（*Factory*）1943年10月號，第94頁。

注10：謝謝服務於電信公司的朋友協助，特別是AT&T的羅伯特・布魯索博士（Robert J. Broussean）、伊利諾貝爾實驗室的詹姆斯・肯尼迪（James N Kennedy）與 J. 富蘭克林・夏普博士（J. Franklin

Sharp），其作品《統計的管理與管理之作業研究》（*Managing statistics and operations research for management*）為美國統計協會（ASA，American Statistical Association）1976年8月之論文，發表於波士頓。最後，從1949年起，我有幸為幾家電信公司工作，曾做許多相關研究。

注11：參考通用的抽樣或調查教科書。

注12：保羅・赫茲（Paul T. Hertz）與黛布拉・萊文（Debra Levin）提供。

第8章 | 訓練與領導力的一些 新原則

為有智識的人，智識是生命的泉源；然而糊塗愚昧，卻是愚昧人的懲罰。

——《舊約聖經》〈箴言〉第16章第22節

您的觀點的優點，業已完全考量過，結論是：不予同意。

——美國國務卿戴維·迪安·魯斯克（David Dean Rusk）致駐印度大使約翰·加爾布雷思（John Kenneth Galbraith），摘自《哈潑雜誌》（*Harper's Magazine*），1967年11月號。

領導力的目的

領導的目的在於改善人和機器的績效，進而提高品質，增加產出，同時使人們以工作為榮。以負面觀點來看，領導力的目的不只是找出人們過去的失敗，而且還要消除其失敗的原因，讓工人花較少的力量就可以把工作做得更好。事實上，本書大部分章節都與領導有關。本書每一頁幾乎都在闡述良好領導力的原理，像是管好人員及機器，或舉出領導實例，本章彙總前述相關的一些原理並增加實例。

　　一位領導者必須先會計算手頭上任何有意義的數據，或善用非數據的判斷，並洞察部屬中是否有人表現落在系統之外。如果不符要求者需要個別輔導，表現特優者要給予某種形式的獎勵。參考第3章第132至135頁和第298頁所舉的例子。

　　其次，領導者有責任改善整個系統，使每個人能持續地把工作做得更好、更滿意。

　　第三個責任是使在系統內的人的績效表現愈來愈穩定，人與人之間的明顯差異不斷消除。（參考第3章「領導的新原理」）

是否要告知員工所犯的錯誤？

　　有何不可？如果我們不指出缺點，他怎麼能知道自己錯在哪裡並改進呢？我們希望大家明白，在這裡不容缺點和錯誤。以上這些是針對問題的一般反應，事實上，答案不言自明。

在職訓練極其重要

　　任何人的工作已達統計管制狀態時，不論他受過的訓練是好是壞，事實上已定型，在該特定工作項目的訓練也已完成。如果想要再提供更多的同類訓練，是不經濟的做法。如果能好好訓練，他在其它工作仍然可以學得很好。

　　因此，最重要的是訓練新人，讓他們在接新工作時就能夠將它做好。一旦學習曲線趨向平坦，管制圖就能顯示出此人是否進入統計管制狀態（參考第11章）。一旦到達這種狀態，繼續用同一方式訓練，只會徒勞無功。如果某人工作尚未達到統計管制狀態，訓練就有效。

任何人處在混亂狀態下（督導不善、管理不佳、或凡事都在統計管制外），都無法在組織中發揮潛力，工作的品質和一致性也會較差。

有多少生產工人知道下一道作業程序？或知道他們的顧客是誰？有多少人看過成品裝箱，準備出售呢？以下是我在某個工廠進行的研究報告摘要：

貴公司的每一位員工都知道以完美為目標，您也不容許有缺點和錯誤。您雖然讓每一位員工對他產出的不良品負責，但就您提供給我的紀錄顯示，多年來，您一直容許偏高的不良率。事實上，各種錯誤的比率雖不同，可是並未減少；多年來一向如此，甚至可加以預測。

您有沒有足夠的理由相信將來這些錯誤率會減少呢？您是否想過這些問題可能出「系統」呢？

我們將會在第11章所談的理論學習到：倘若某位工人已在管制狀態，要求他把自己檢查出來的不良品，逐一清理再付薪資，這等於是要他替系統的失誤負責，這是不公平的。

另一個管理不善的例子是：公司政策制定處罰員工遲到的罰則，卻沒有考慮到事實（天氣惡劣、交通癱瘓）。

同樣明顯愚蠢的例子是，餐廳顧客因食物不佳或廚房作業延誤而怪罪侍者。

更好的做法

正確的做法與管理學書上所舉的例子恰好相反，我們有兩種情況要考慮：

1.工人在他的工作上已達統計的管制狀態。

或

2.工人在工作上尚未達成統計管制狀態。

我們先談談工作上已達統計管制狀態的情形。在統計管制下，這問題的答案本章一開始就說得很清楚：我們不必告訴工人或指出他所製造的不良品，除非是他在管制圖上已經發現有特殊原因存在，因為他應該早已在他的管制圖上注意到有特殊原因並且設法剔除。

在此裡假定的基本原則是：在個人能力無法控制的情形下，任何人都不應該因而受到責罰。違背這個原則，只會導致對工作上的不滿和挫折感而降低產出。更好的做法是，在團體中找出誰落在管制範圍之外。如果他是落在管制下限之外，績效不佳的那邊，你就要查看他的工作環境（像是視力、工具、訓練）是否不良，並對顯示有問題處採取補救措施。或只是工作分派不當？或者是訓練不切實際或不完整？對於成績在管制上限以外，表現優異的員工，我們也應該找出他是否有可以借鏡之處？他是否有某種方法或技巧，值得讓其它員工學習，可提高他們的績效？

如果公司在員工無法達到某一標準生產水準時開除他，並留用那些合於標準的員工，這時有一個最佳的方法。這項去留標準

可以在追求最高利潤的前提下，用統計原理和加以訂定，並考慮
以下事項：

- 尚未測試過的員工，能力分布情形如何？
- 將員工訓練到足以判定去留與否所需的訓練成本？
- 要繼續留任合乎目標的員工時，利潤將減少多少？

在訓練中使用平均值（x̄）和全距（R）管制圖的實例

圖17顯示一位高爾夫球新手的平均分數。上課前，他的分
數顯然不在管制狀態之內：有若干點是落在管制界限之外。接下
來上過若干課程之後，他的分數一如預期，已經在統計管制狀
態。也就是說，他的平均分數（桿數）比上課前低。在此，上課
使該系統產生改變。

在某日本醫院的應用實例（注1）

某一位病人手術後，需要學習走路的實例。

圖18是日本大阪一家醫院所提供的資料，用來顯示出某特
定病人學舉步的改善紀錄。我們可以利用一種電了脈衝技術，將
左腳上下樓梯的移動時間記錄下來。連續10步（在50步中的第21
步到第30步）求出一個平均時間平均值與全距（圖上未顯示）。以
這種方式觀察病人，再經過5到10天的指導，得到20個平均值和
20個全距，平均值各點如圖18所示（全距則沒有顯示）。平均值
管制界限係由平均全距計算出來。

圖18顯示病人在學習課程之前，處於擺盪劇烈的超出管制

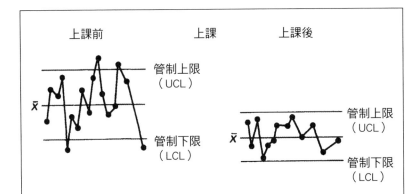

【圖17：高爾夫球新手的進步情形】一位高爾夫球新手的
每週平均分數，他在達到統計管制狀態之前上課學習。每連續
4次的分數構成n=4 的樣本，用來計算$\bar{x}$（平均值）和R（全距）。
實際的計算方式請參考一般的教科書。此個案摘自本書作者
所著《統計品質管制的基本原理》（*Elementary of Principles of
Statistical Control of Quality*，1950年日本科學技術聯盟出版）第
22頁。

狀態。上課10天後，得到較佳的管制；再經過10天的學習，表現
更好，同時也可以出院了。

　　在醫院管理上，管制圖的使用是很重要的工具。治療師只會
在對病人治療有效時提供課程，等到這種連續課程對病人再沒有
幫助時，就停止。換句話說，管制圖一方面可以保護病人，另一
方面也可以讓治療師的時間做最有效的使用。畢竟不管你到哪一
個國家，良好的物理治療師都是十分珍稀的。

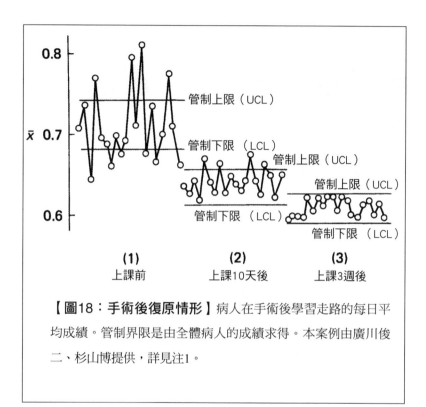

【圖18：手術後復原情形】病人在手術後學習走路的每日平均成績。管制界限是由全體病人的成績求得。本案例由廣川俊二、杉山博提供，詳見注1。

達到統計管制，但產出卻不令人滿意

這時，我們首先要仔細查看檢驗的數據。

一位處在管制狀態下，工作情況卻令人不滿意的工人，顯示出其中必有問題：讓該工人在同樣的工作上進行再教育通常是不合效益的。比較經濟的做法是，將他調換到另一種新工作，並且提供良好的訓練。

圖19就是一例。一個有經驗的高爾夫球手希望利用上課來改進成績，但是該圖顯示上課對他沒什麼用。因為他的技巧已經

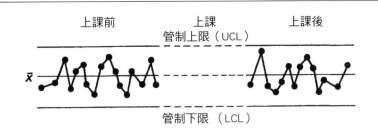

【圖19：高爾夫球老手成績停滯】這位老手在上課前後的平均分數。在上課前就處在統計管制狀態內，因此這個課程對他沒什麼用。每連續4次的分數構成$n=4$ 的樣本，用來計算$\bar{x}$（平均值）和R（全距）。摘自本書作者所著《統計品質管制的基本原理》（*Elementary of Principles of Statistical Control of Quality*，1950年日本科學技術聯盟出版）第22頁。

根深柢固，而教練沒能將更好的技巧成功地教給他。

　　另一個常見的例子是，某人多年前自外國前往美國後，被迫一口氣學會英語。他的字彙和文法能力可能很優秀，但腔調卻已無法矯正。也許他在母國學習英語時，忠心跟隨的是一位英語說得不是很好的老師，因為這老師當年跟隨的也是位英語不流利的老師。一位語言矯正師就告訴過我，雖然可以矯正許多不完美的小缺點，但是師生雙方所付的代價卻遠大於收穫。換句話說，一旦建立起自己的語言系統，要想改變就為時已晚了。

　　另一例是學習唱歌的小姐，她也許是無師自通或受益於一個不稱職的老師，以自己的方式唱了許多年自娛娛人，卻讓許多人不敢領教。

　　有一位紐約大學商學院的學生寫信給我，正可為上述原則佐證：

　　　　我是公司會計部門的督導員。好多次我抬頭看著辦公室，心想：要是能請走一、兩位資質平庸的員工，雇用兩位頂尖人材來取代，該有多好。您在某一次講演課中說過：要從人才庫（labor pool）中找到較佳替換人員，機會是很小的。而且，要開除某人，由人才庫中挑人來遞補划不來，因為要冒著打擊整個部門士氣的風險。

　　　　我剛上您的課時，我們部門有個難題。某位研究所畢業的會計師在做例行文書工作時，表現始終不佳，這種情況已經很久了。但是，公司卻有一項規定，如果員工無法在現有職位上有好績效，就無法晉升。在聽過您有關管理新原理的課程之後，我才意識到這位仁兄也許正是處在統計管制的狀態中，無法用統計方法促使他改善。於是我決定將這員工接受新工作的訓練。結果，我要很高興地告訴你：這個構想果然皆大歡喜，他不僅如魚得水，勝任愉快，我也感到好像部門多了一個人手。

警訊與例外

　　管理上的問題沒有一樣是簡單的。我們必須注意讓工人吃驚的若干例外與改變：

　　1.即使某人的工作已達管制狀態，他仍然可能再次失去控制。也許圖中會有一個點超出管制之外，顯示過去未曾有過的特

殊原因存在。這位製造工人就必須尋找、發現原因並設法消除，
讓此特殊原因在未來不再發生。否則他就不算處於統計管制狀
態。

　2.不幸地，許多人可能過度依賴以往表現的惰性，變得不用
心。這也就是為什麼我們必須不時使用管制圖，或一小段的其它
統計檢定工具，以便發現工作仍然在管制之下。

　3.新產品、新規格、可能在新合約中，都可能導致重未被認
出過的新缺點種類。因此製造工人可能要採用另一套操作並達成
統計管制狀態。

　4.檢驗部門可針對某重要的品質特性（例如黏性），引進新
種類的計量。這對於工人而言，就等同是新產品。

領導的例子：缺點從何處來？

　某一工作站有11位焊接員。統計每位焊接員每5,000個焊接
點的缺點數（參考右頁圖表）。每個人5,000個焊接點所需的時間
大致相同。平均缺點數和管制上下限分別是：

$$平均 = \frac{105}{11}$$

$$= 9.55個缺點數（5,000個焊接點）$$

$$\left.\begin{array}{l}管制上限（UCL）\\管制下限 （LCL）\end{array}\right\} = 9.55 \pm 3\sqrt{9.55}$$

$$= \begin{cases} 19.0 \\ 0 \end{cases}$$

【表：焊接員的缺點數】

焊接員編號	缺點數
1	8
2	15
3	10
4	4
5	7
6	24
7	8
8	8
9	10
10	3
11	8
合計	105

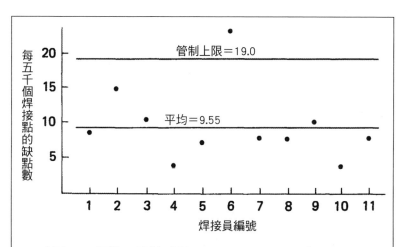

【圖20：焊接員的缺點數（每5,000個焊接點）】11位焊接員照年資長短依序編號為1至11。平均每5,000個焊接點的缺點數為9.55。管制上限為19，管制下限為0，第6號焊接員超出管制上限。

第6位焊接員在系統之外,需要注意,也就是留心任何可能幫助他改善現況的觀察和措施。

1.檢查整個工作的流程,也許第6號焊接員是輪到較困難的工作。如果真是這樣,就不需注意第6號焊接員。
2.檢查他的工具設備、測試他的視力,找尋其它可能的阻礙(像是健康情形、家庭變故等)。

然後,需要改進整個焊接工作,這是一直都要做的。我們把所有焊接員送往眼科檢查(不只是6號焊接員)。結果狀況有了改善,進料的均勻性較好,我們也找到更容易焊接的材料。

整個改善工作(降低每人每5,000個焊點的缺點數)完全依照系統的改變而決定,像是設備、材料、訓練等。

另外一個例子是,有一位堆高機司機在倒退時經常碰到障礙物。原來,他的脖子僵硬,無法轉頭查看堆高機移動的位置,解方當然是幫他調換工作。

領導助力的例子(注2)

有一項工作是這樣的,要把每張文件放在正確的格子中,架子有80格,每格要放不同性質的文件。文件每一頁都需要略讀之後,才能分類放入。總共有240位婦女在做這項工作,經過100%檢驗,每一個月在10,000件的分類中,關鍵錯誤為44件。為了方便起見,我們在雙重平方根機率方格紙(double square-root paper,設計者為Frederick Mosteller與John W. Tukey),縱座標是錯誤數,

橫座標是正確數，如**圖**21所示。總平均錯誤率可用一條斜線 $y＝0.0044x$ 表示。

要繪製管制上限是很簡單的，只要在 $y＝0.0044x$ 直線的上方與下方，如圖21距離三個標準差（3σ）處分別繪出兩條平行線即可。，管制界限將240位婦女分成3組：

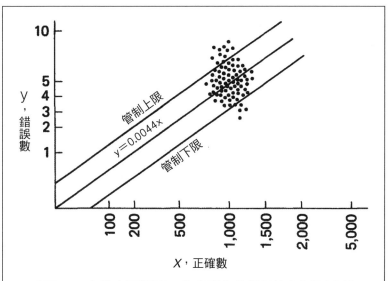

【圖21：由散布圖觀察工作表現】將錯誤數畫在縱座標上，正確數畫在橫座標上。每一點代表一位婦女在一個月的檢驗結果值。在全部240位婦女當中，有10個點在管制上限之外，4個點在管制下限之外，其餘226 個點落在管制界限內（此圖並未畫出所有的點）。在上限以外的10個點，可以提醒領班要加以注意或個別輔導。此外，領班也可向管制下限以外的4個人請教，了解她們為何如此傑出。

A. 績效在管制上限以上者

B. 績效介於管制界限區間者

C. 績效在管制下限以上者

A組的婦女需要個別輔導，至於輔導項目不在此詳述。由督導人員與公司的管理者負起這項責任，我們代擬的建議如下：

1.有些人無法立即判讀英文大寫字體的意義（某種程度的閱讀障礙），這些人就應該調往其它工作（閱讀障礙並不表示智力或學力有問題）。要請心理學者設計適當測驗了解文件困難度。

2.有些人也許需要一副眼鏡（詳見第12章第434頁）。

B組的婦女代表整個系統，不需個別輔導。告訴她們所犯的錯是錯誤的做法。她們不需要按照工作績效排名。要由管理者負責改善該系統。我們無意取代該營運單位管理者的職務，但是還是要提些建議：某一統計人員到現場，發現某些格子高度過高，婦女的手搆不到。（有人會懷疑為什麼管理者幾個月前沒發現到這）。另一項建議是B組的婦女都要做如同A組的閱讀測驗，再將測試結果顯示有困難的人調往其它工作。這些持續的改進，才會使表示整體績效的整條斜線變得不再那麼陡峭。

C組的婦女也值得特別注意。應給予適當的獎勵，更重要的是了解她們如何工作，有哪些特殊的才能。

先去研究檢驗情形是個好的起點，看看檢驗到底有多好用？

因為檢驗員可能疏忽出錯的機會高達40%，或是使品質呈現極大的差異。他們甚至可以把瑕疵誤判為完美。

超高品質的檢驗管理

製造業及服務業中有這樣的例子，它尚未達到完美，但發生疏忽或失誤的後果仍然很嚴重。像是汽車前輪軸就需要100%檢驗，以確保安全。更好的做法是讓車軸的製造處於統計管制狀態，就是把產品的變異控制到要求的最小範圍之內。此外，在銀行的計算、藥房根據處方箋配藥、地方稅局公布的稅率等，也要極端小心。

銀行裡計算利息、罰金和其它交易的工作，都需要100%檢驗（驗證），這樣做不只為了保持準確度的安全與公司商譽，也是為了把總成本降至最低。（詳見第15章）。

檢驗開始時，兩個人分別持空白的計算原稿。兩人的計算結果要分別由不同的打孔人員輸入（譯按：原文為1950至1960年代用的卡片打孔人員），用兩部計算機驗算，然後比較結果，看看計算是否有誤，但是這方法還是無法偵測兩人一致的錯誤。

進行全檢時，必須十分小心地消除原工作與檢查之間的共同原因或互動影響。主管必須讓每一個人員清楚，發現任何問題或不清楚的數字，就應立即停下工作。像是絕對不能把8看成5，如果在職員工有任何不確定，就該把文件擱在一旁（純屬個人判斷），留待主管判斷。主管要釐清問題，可能需要備份文件，甚至用信函、電報或電話等確認。

如果原工作與複驗之間完全沒有互動，而且原工作與複驗的

製程平均錯誤率都諾控制在千分之一左右，那麼這兩人的工作加起來平均錯誤率就會遠低於百萬分之一。

檢驗錯誤的例子

有瑕疵的檢驗會引發3種問題：①打擊生產線工人的士氣；②錯誤解釋管制圖上的點的意義；③瑕疵品流入消費者手中。

以下就是一個瑕疵檢驗的典型例子。它打擊17位作業員和4位檢驗員的士氣。17位作業員的工作檢驗方式，是使用亂數隨機分派給4位檢驗員。

右頁表格顯示出3週的檢驗結果，**圖22**是用圖形表示檢驗員的結果。我們可以明顯地看出事有蹊蹺：不同檢驗員之間的差異形態相當惱人。1號檢驗員和4號的情形很相似，2號和3號也很相似，但是這兩組的結果卻有很大的差別。

此外，最需要的就是可運作定義，讓我們知道何謂合格和何謂不合格。我們在第1章也遇到過相同的問題。一項可運作定義包括測試方法、測試本身與判定準則，以便判定該項工作是否有瑕疵或可以接受（詳見第9章）。這種可運作定義必須是可溝通的，必須是大家都能懂的共同語言。

【表：檢驗員與不良品】4位檢驗員在3週檢驗出的不良品數（依作業員和檢驗員區別）。

作業員	檢驗員				
	1	2	3	4	全部
1	1	0	0	3	4
2	2	0	0	3	5
3	0	1	1	4	6
4	3	2	2	2	9
5	7	0	0	0	7
6	0	0	0	1	1
7	1	1	1	4	7
8	3	2	3	6	14
9	2	1	0	0	3
10	1	1	1	0	3
11	9	3	5	10	27
12	3	1	0	1	5
13	4	1	1	2	8
14	4	1	1	2	8
15	0	0	1	3	4
16	1	0	0	4	5
17	11	4	6	15	36
全部	52	18	22	60	152
檢驗總數，n	400	410	390	390	1590
不良率，$\bar{p}$	0.130	0.044	0.056	0.154	0.096

注：完成品箱（每箱5產品）使用亂數隨機分派給檢驗員。所有作業員的產出數約相同。

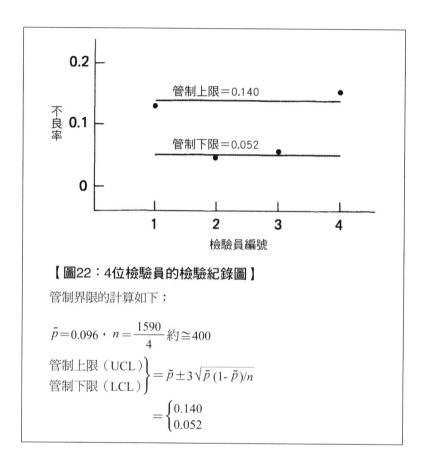

【圖22：4位檢驗員的檢驗紀錄圖】

管制界限的計算如下：

$$\bar{p}=0.096 \text{，} n=\frac{1590}{4} \text{約} \cong 400$$

$$\left.\begin{array}{l}\text{管制上限（UCL）}\\\text{管制下限（LCL）}\end{array}\right\}=\bar{p} \pm 3 \sqrt{\bar{p}\,(1\text{-}\,\bar{p})/n}$$

$$=\begin{cases}0.140\\0.052\end{cases}$$

由於恐懼造成檢驗錯誤

圖23的管制圖是對輸出前的產品，兩個月以來所做的最後檢驗紀錄。管制界限的計算如下：

$n = 225$，$\bar{p} = 0.088$ 或 8.8%

$$
\left.\begin{array}{l}
\text{管制上限（UCL）} \\
\text{管制下限（LCL）}
\end{array}\right\} = \bar{p} \pm 3\sqrt{\bar{p}(1-\bar{p})/n}
$$

$$= 0.088 \pm 3 \times 0.0189$$

$$= \begin{cases} 0.144 \text{ 或 } 14.4\% \\ 0.031 \text{ 或 } 3.1\% \end{cases}$$

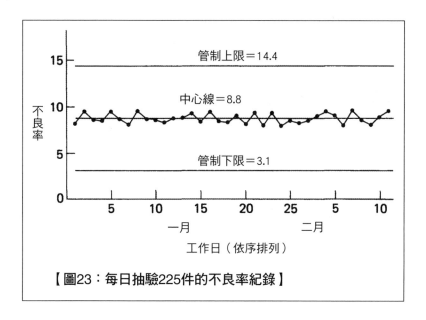

【圖23：每日抽驗225件的不良率紀錄】

　　圖23顯示奇怪的現象：圖中黑點的跳動幅度和管制上下限比起來，實在太窄了，這有兩種可能：

　　1.本來的不良品的比率相當均勻，這種情形並不罕見。像是在沖壓檯上，由12個旋轉式的錘頭輪流沖模。其中有1個

壞了，而其它11個依舊繼續工作。結果，每12件產品中有一件不良，不良率1/12（8.3％），和圖上的8.8%十分相近。

　　2.圖上的數字沒有意義。

錢伯斯和我仔細研究過現場製程和環境後，直接排除第1種解釋。而第2種解釋聽起來似乎很可能。檢驗員感到恐懼、心神不寧。因為工廠內到處謠傳，如果哪一天的不良率超過10%，廠長就要把這間工廠關閉，因此檢驗員是在替300位員工保住飯碗。

　　我們再說一次，只要有恐懼感存在，就會有錯誤的數字。組織是由人員腦中的認知來運作的。至於廠長實際上是否會因為10%的不良率而關掉工廠，則無關緊要。

　　我們向最高管理者報告原因是恐懼感，但這個問題隨著更換另一位廠長而自動消失。

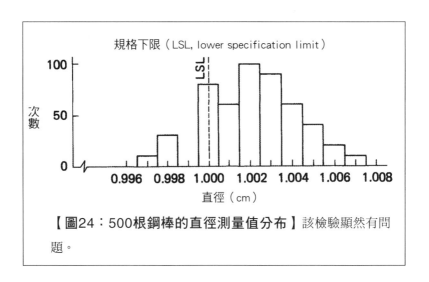

【圖24：500根鋼棒的直徑測量值分布】該檢驗顯然有問題。

進一步談恐懼感

圖24的直方圖強烈顯示一個訊息。它告訴我們檢驗員扭曲數據。我們幾乎誰時隨地都可能會看到這種圖。測定值落在規格之內堆積，緊跟著一個缺口。如此扭曲的原因很明顯的有幾種可能：

　　1.檢驗員試圖保護製造零件的作業員。

　　2.檢驗員擔心他的儀器，因不夠公正而造成拒收。

　　3.檢驗員害怕自己操作不良（這和第2點有關）。

由於恐懼造成檢驗錯誤的另一個例子

圖25是生產過程中測定值的分布情形。規格的下限是6.2密爾（mils，1密爾=0.001吋），但沒有上限。沒有任何失誤的紀錄。請注意，在6.3密爾處的高峰曾否有過失誤？誰也不知道。

畢竟沒有人願意當傳遞壞消息的烏鴉。

在6.5與7.0處的高峰，可能是因為四捨五入造成的結果。

另一個例子

據我所知，美國有13個區域每天中午都會發布空氣品質指數報告。其上限為每立方公尺含150毫克的汙染物。如果超過這個數值，就必須由政府機構追查汙染來源。它也許來自大自然，也許來自大煙囪。但是150這數字很少出現，超過150更是稀少。數據都集中在149、148、147和146。由上述可知大家都不敢把結果報告出來。這也難怪，因為測定值的精密度是20。

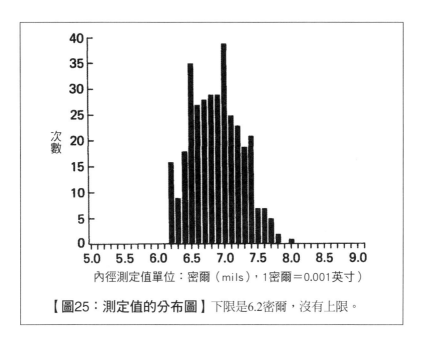

【圖25：測定值的分布圖】 下限是6.2密爾，沒有上限。

又一個害怕的損失例子

以下的對話是真實的，由凱特・麥基翁（Kate McKeown）
提供：

技師：「鼓風機上的軸承快要壞掉了，如果沒有立刻處理，
會損壞轉軸。」

領班：「今天鼓風機的澆鑄量必須如數完成。」

領班只關心他的生產紀錄，因此對技師說：「我們現在不能
處理。」這位領班怕丟掉自己的工作，就會忽略整個工廠的最佳
利益。他的績效只用數量判斷，因此忽略機器是否會停擺。又有
誰會因為他努力工作而責怪他呢？

結果，正如技師所料，澆鑄過程中，軸承卡住了。修理時，發現轉軸嚴重損壞。從外地調來的新轉軸完成更換時，已經是4天之後了。

測試方法必須做過統計管制

每個測定值，不論是用目視、人工測試或由儀器測試與記錄，都是由一連串測量的操作結果。針對某物品，在一段時間之內重複測量時，它必定在統計管制之下，人員、儀器、操作方法才夠格做為測量的對象。不過，光有這種特性還是不夠的。任何一位操作員重複測定的全距（R圖）水準，幅度不應太大。否則該測試方法的精密度就不足。也就是說，它要有這樣的可重試性：測試方法必須不受操作員不同（目視檢查時由不同的觀察者）而影響，而且重複測試的結果卻都會落在特定範圍之內。

除非測試儀器與檢驗員兩相配合，都在統計管制之中，否則就不能把測量方法的精密度的好壞，歸咎於測試方法（注3）。這也與測試設備的成本無關。

當買方聲稱材料短缺時，可能是因為買賣雙方的測試方法不同所致。像是一張獸皮的面積要算多大？不平整的邊緣如何計算？當你是賣方時，測量獸皮的面積是否因為方法不同而有所改變？如果你是買方時，是否有相同的標準？

測試儀器間的差異

經過幾週的統計調查，通常可以發現下列事實：

1.只有少數工人知道他的工作是什麼。

2.同樣的，檢驗員的情形也是如此。製造工人和檢驗員並沒有一致的對錯判定標準。昨天可以接受的，今天卻不可以。

3.電子測試設備並不合用。也許前1分鐘判定通過，後1分鐘就不合格了；反之亦然。

4.電子測試機器之間，彼此也不一致。

5.買賣雙方不一致：這也難怪，採購者的測試設備本身前後就不一致，供應者也有同樣的困擾，只是沒有人知道這回事。

很少管理者及督導者知道，可靠的測試對於製造工人的士氣有多麼重要。

例子

某生產線尾端有8部測試機器負責判別產品好壞，以保護消費者。每天經過這項檢驗的產品約有3,000件。**圖26**是該機器蒐集一個星期以來的數據所繪出的圖。

這8部測試機器顯然可以分成2組。彼此間的平均數相差約11%。其中存在著嚴重的問題：消費者所拿到的產品，完全依不同的測試機器是否亮出警示燈號而定。因此，找出這兩組之所以存在原因與彼此間的差異，是十分重要的。

我們可以想像，製造工人每天看著明顯而又無法解釋的變異，卻不知道問題出在測試設備時，他們心中會有多大的挫折感。

測試機器	產出率	40 %	50 %	60 %
0	66.2			×
7	66.3			×
8	54.1		×	
9	56.0		×	
10	56.9		×	
11	54.1		×	
12	66.5			×
13	57.3		×	
合計	59.7			

【圖26：8部機器一週內的測試結果】

　　在這樣的問題中，我們也許首先會把人和機器混為一談。機器本身不會工作，它沒有個性，所以必須人機一組。操作員變換後，就可能有不同的結果。在本例中，機器是3班制，因此有必要查出是否同一位操作員一週以來操作同一部機器。

比較同一部機器上的兩位操作員

　　上述的例子，是測試儀器（與操作員配合）之間，彼此不一致的情形。我們還可以發現，儀器本身就不一致，操作員之間彼此也不一致的例子。所以，好的督導就要讓測量系統能達到統計的管制之內。

　　要把兩組結果彙總為2×2的簡表。這種2×2表詳見第15章第491頁**圖48**，可以適用在許多需要比較的場合。例如，我們可以把第1位操作員當橫軸，第2位操作員當縱軸。或者用於同一位

操作員操作兩部儀器時，橫軸代表一部儀器，縱軸代表另一部儀器。落在對角線上的圓點，表示一致；脫離對角線上的圓點，表示不一致。負責這項測試的科學家，應該預先標示出測試再現性的滿意水準，事後才可按照這個表判定該測試結果是否滿意。

　　附帶一句，在某些統計課程中所學到的卡方檢定（chi-square）與顯著性檢定，並沒有實際應用。

　　如果檢驗是用公分、公克、秒、伏特，或其它單位表示，我們可以把第1次的結果畫在某一軸，把第2次的結果畫在另一軸。如果點子出現在接近45度的斜線，就表示有良好的一致性。見第15章第497頁圖50。

比較訪問員來改善績效

　　正如第2章第105頁所述，幾乎每一項活動都是「每種一個」（獨一無二、可一不可再）。一旦開始進行，想再修正就來不及了。像是你要如何去測試一艘戰艦？人口統計調查也是，不是一舉成功，就是一敗塗地。另一個例子是消費者研究。研究電信局、鐵路局所擁有的設備的堪用狀況也是如此。

　　在訓練期間，對檢驗員和訪問員要重複測試，也必須要求全員親自實際演練。不論我們多麼用心，都必須準備面對令人驚奇的事情，像是未預期的問題或種種不一致。

　　田野工作的調查結果，可以將每兩天當成一個批次分析，以便比較訪問員間和同一組訪問員的變異數，及早偵測哪一位訪問

員必須重新訓練，以免後來才發現卻為時已晚。有時某訪問員會單獨出訪或表現特別，我們必須知道為什麼會這樣。也許他的工作表現太好，而其餘的訪問員都需要再訓練，因此頭兩天的工作是很重要的。

圖27是一個例子。每一個圓點代表著某調查員頭兩天的調查結果。有8位調查員〔編號（1）至（8）〕，所以有8個點。正如圖上說明中所說的，這個範例和最近的人口普查之間有不一致處，這是由於共同原因所致，因為指令與訓練不佳，特別是

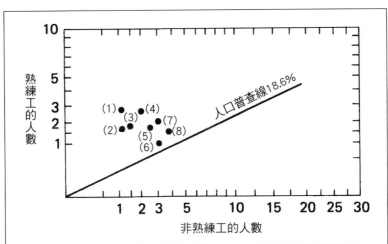

【圖27：有問題的調查結果】1952年於特拉華州威靈頓市，前兩週的調查結果與1950年的相比，訪問員分別用職業的熟練工與非熟練工分類記錄。所有的黑點都在1950年所做的人口普查線之上，顯示訪問員對於所謂熟練工的可運作定義普遍缺乏了解，需要再教育。

表現在若干可運作的定義（如汽車司機、火車司機、堆高機駕駛員等）。經過再訓練之後，訪問員可以達到和人口查較為一致的滿意程度。（注4）

提醒：做好這項工作，需要將訪問員和檢驗員依亂數表抽取樣本單位，即每一位訪問員或檢驗員要調查的對象也是以隨機抽樣方式進行。否則，調查結果將難以解釋。

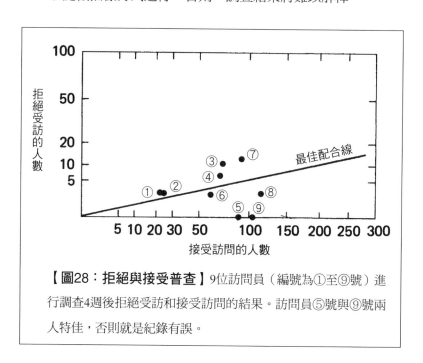

【圖28：拒絕與接受普查】9位訪問員（編號為①至⑨號）進行調查4週後拒絕受訪和接受訪問的結果。訪問員⑤號與⑨號兩人特佳，否則就是紀錄有誤。

圖28是另一項調查工作在3星期後的結果，此時要重新開始已來不及了。縱軸是拒絕訪問的人數，橫軸是接受訪問的人數。訪問員⑤號與⑨號都沒有人拒絕受訪，問題可能是這兩位的表

現實在太好，或有謊報的情形。我進一步約⑤號和⑨號個別談話，發現這兩位訪問員從前都曾做過家庭訪談護士的工作。幾年前，有位漢堡市的朋友告訴過我，任何曾任家訪護士的婦女都會是優秀的訪問員，因為她充滿愛心，所以人們也就樂於和她談話，這些就是我所需要知道的。〔上圖是用傅雷德里克·莫斯特勒（Frederick Mosteller）與約翰·圖基（John W. Tukey）設計的雙重平方根機率方格紙（double square-root paper，詳見第296至297頁）所繪。若用其他圖形的紙，也會得到相同的結果。〕

彩券獎金的謬論

某大公司人事部門公布一項辦法，獎勵每個月表現最出色、製品不良率最低的生產線工人。方式包括：為受獎人舉行一個小型的宴會、給予半天休假。如果受獎工人績效特優，也許是個好主意。但是，生產線上共有50位工人。

他們工作的檢驗結果，是否如**圖41**（第11章第409頁）的20位操作員的工作那樣，已經形成統計系統呢？如果這一組工作已形成統計系統，那麼此種獎勵只不過是類似彩券獎金而已。換句話說，如果表現最好的工人是處在低不良率一邊的特殊原因，那麼他才是真正傑出。他不僅應該得到肯定，而且可以教導同事。

據我所知，即使它真能稱為「抽獎」，那也無傷大雅。然而，如果這種甄選獎勵只是一種摸彩中獎的行為，我們卻稱為「榮譽」，實際上造成整個團隊（包括受獎者本人）的士氣低落。因為每一位員工都自認為條件良好，足以被選中，於是會設法解釋並消除與其它同事間的差異。當50位員工的績效形成穩定

的統計系統，唯一的差異就屬隨機離差（random deviation），這種獎勵就成為沒有意義的活動。

第8章注

注1：廣川俊二（Shunji Hirokawa）、杉山博（Hiroshi Sugiyama）合撰〈定量進步分析〉（Quantitative Gain Analysis），刊載於《大阪大學工學院技術報告》（*Technology Reports of Osaka University Faculty of Engineering*，第30卷第1520號，1980年）

注2：感謝吉普西・蘭尼（Gipsie Ranney）協助讓專案合作愉快。

注3：參考沃爾特・休哈特（Walter A. Shewhart）所著《工業產品的經濟品管》（*Economic Control of Quality of Manufactured Product*）第23章，以及《從品質管制的觀點來看統計方法》（*Statistical Method from the Viewpoint of Quality Control*）第4章。另一絕佳的參考資料為美國標準局（NBS）編號NBSIR–77–1240，由約瑟夫・卡梅倫（Joseph M. Cameron）所著《測量保證》（*Measurement Assurance*）。請再參考查爾斯・比克金（Charles A.Bicking）所撰〈標準分析的例常性能之精密度〉（Precision in the routine performance of standard tests），刊登在期刊《標準化》（*Standarization*，1979年1月號第13頁）。對此主題有興趣的讀者不妨參考由丘吉爾・艾森哈特（Churchill Eisenhart）所撰〈儀器校正系統的精密度與準確度的實際評價〉（Realistic evaluation of the precision and accuracy of instrument calibration systems），此文摘自Harry H. Ku所編《精密測量與校正》（*Precision Measurement and Calibration*，PDF檔連結：http://www.dtic.mil/dtic/tr/fulltext/u2/

a077630.pdf）中的一章，該書為《美國標準局特別出版品300號》第1卷（*National Bureau of Standards Special Publication 300*, Vol. 1），1969年由美國政府（華盛頓）檔案監督單位（Superintendent of Documents）出版。

注4：這些案例及圖表都出自拙作《一些抽樣理論》（*Some Theory of Sampling*，1950年Wiley首印；1984年Dover重印）第13章。

第9章　可運作定義、符合、性能

我認為某些公布的解釋遠比該現象本身更值得注意。

——休・史密斯（Hugh M. Smith），〈論螢火蟲的同步閃爍〉，《科學》
　　（Science）1935年8月號。

本章主旨

對許多工業界人士而言，商業交易中沒有比可運作定義
（operational definitions，譯按：為紀念殷海光教授所撰的〈運作
論〉，而選此譯，另譯為作業定義、操作性定義或可操作定義等。）
的使用還來得重要。但也可以這樣說，在工業界的要求中沒有
一項比可運作定義更為人所忽視。在美國的以教養科目（liberal
arts）為主的大學、在哲學及知識論等課程中會學習到可運作定
義，但在理工學院或商學院卻幾乎沒教它。甚至可以說，在學習
物理、化學及其它自然科學時，並不傳授科學的哲學。本章主要
是向讀者介紹可運作定義為什麼是必要的，藉此激發讀者進一步
探討。

意義始於概念，它存在於人的心智中，而且只能在哪裡卻無
法言傳。任何文字，如處方、指示、規格、測量、屬性、規則、

法律、系統與布告等可溝通意義的部分，都只是應用某些特定的作業或測試的紀錄而已。

何謂可運作定義？

可運作定義可以把可溝通的意義化成為概念，像是良好的、可靠的、均勻的、圓形、疲勞的、安全／不安全的與失業的等形容詞過分抽象，它們只有在使用「抽樣、測試及準則」等可運作的名詞時，才能表達可溝通的意義。定義的概念是無法言傳的：它不能和別人溝通。而可運作定義則是具有理性的人都能同意的。（注1）

我們可用可運作定義做事，像是安全、圓形、可靠或其它品質的可運作定義，都必須是可以溝通的，對買賣雙方都是同樣意義，對現場人員而言，過去的意義及今日的意義必須相同。例如：

　　1.對物料或裝配件的特定測試

　　2.用來判斷的準則（或準則集）

　　3.決策：同意與否？物件或物料是否符合該準則（或準則集）？

一件事物的規格所指的，可能是長度、直徑、重量、硬度、濃度、絮凝性（flocculence）、顏色、外觀、壓力、平行度、滲漏、失業率或其它特性的測定值。規格也可能指性能，例如某機器的平均故障間隔必須大於8小時，或95%購買的機器必須能運

轉無誤達1小時以上。

我們可以在許多地方都能了解，買賣雙方的相互了解是何等重要；他們雙方必須要使用同樣的測量單位，他們所使用的儀器也必須相互一致，而且只有儀器在統計管制狀態下，這樣的規定才有意義。沒有可運作定義，規格就毫無意義可言。

公司之間及各部門之間對於物料合格與否，或指稱儀器功能不良的誤解，常常源自雙方事先未能以有意義的詞說明某項目的規格，或性能指的是哪些規格，以及不能了解測量問題。

可運作定義對於律師非常重要，對於政府的管制法規非常重要，對於（自發團體所訂的）工業標準無比重要。像是何謂「注意」（care）？何謂「應有合理且適當的注意」？〔due care；譯按：指合理而謹慎的人（reasonably prudent man）在相同或相似情況下都會給予的注意，此為法律名詞〕（參考第17章第542頁原則4）

實務遠比純科學確切，也遠比科學來得確切

正如休哈特（Walter A. Shewhart）所言，產業界及公共服務所要求的知識與技藝標準，都遠比純科學要求的來得嚴格。

> 純科學及應用科學對於準確度（accuracy）和精密度（precision）的要求愈來愈嚴苛。
>
> 可是，應用科學（特別是可互換零件式的大量生產）對準確度及精密度要求，甚至遠比純科學來得確切。像是某位純科學家做了一系列測量，並據以做出他認為準確及精密的最佳估計值，而未考慮他的測量數目的其實很少。他大可輕鬆

地宣稱「進一步的研究或許證實這樣的估計值是錯誤的」。也許他對該組數據只能這樣辯稱「這些估計值與其它合理的科學家在當時既有資料下所做合理推測的不相上下」。但是，應用科學家就不能這樣，他知道如果根據純科學家基於極少的證據所得的估計值來採取行動的話，可能會和純科學家一般，犯了同樣的錯誤。他也知道，這些錯誤可能會使人大虧老本，甚至受傷（或兩者）。

此外，產業界的人士還有另一層的憂慮。他知道品質規格中包括一定程度的準確度及精密度，也許會納入契約中，因此如果不確定規格所用的任何名詞（包括準確度及精密度），可能會導致誤解甚至法律訴訟。所以應用科學家都會盡可能合理建立名詞與意義：名詞要確切，意義要能用運作證實。（注2）

沒有精確值，也沒有真值（true value）

工商業的問題從不會涉及確切的真圓（百分之百），而是與真圓相差多少。汽車上的活塞就不是確切的圓，它也「不可能是」，因為我們無法對確切的圓做出可運作的定義。

此時，何不求助於字典呢？字典上說，假若歐幾里得（Euclid）的二維空間諸點都與所謂的圓心等距離，那麼該圖為圓形。此定義在正式邏輯（例如他的幾何理論）的運用上很管用。但在實務應用上，我們會發現，字典所提供的只是概念，不適用於應用於產業。換句話說，它並不適用於特定目的，也就是「圓」的可運作定義。

火車不會「確切」準時。

為了解這些真理，我們只須設法解釋所做的測量，採用什麼準則決定某物是否為確切的圓，或是火車是否確切準時；我們很快就會發現自己已陷入進退維谷的困境。

任何物理測量都是應用既定程序的結果，如同某地區的人口，我們可以預期依據兩種不同的測量或計數程序（稱為A程序與B程序），會得出不同的結果。這兩個結果都無所謂誰對或誰錯。而該行業的專家，可能會有所偏愛，如較喜歡A方法（程序）。此正是珀西‧布里奇曼（Percy Williams Bridgman）說的：「概念其實是與對應作業的集合。」（注3）或是下述引言，也許比較容易了解：

> 所謂受偏愛的程序的特徵是：它的產出理應給予最接近特定目標的結果；或是較為昂貴或較為費時，甚至是不可能實現。因為受偏愛的程序，總是要常常修正或捨棄，所以我們只好這樣下結論：任何程序的準確度或偏差與否，都無法以邏輯合理了解。（注4）

我們早就知道，製程平均將視該批所用的抽樣方法，與測試的方法所用的準則而定。只要抽樣或測試方法有所改變，所得到的製程不良數就會不同，製程的平均值也跟著不同。因此，某一特定批的不良品數目，沒有所謂真值，製程平均也沒有真值。

大多數的人對於光速沒有真值都會大感驚訝。光速是依據實驗者所用的方法（微波法、干涉器法、測地學法或分子譜儀法）所得

的結果。尤有進者（我們以前曾強調過），除非測量方法顯示出結果是處在統計管制狀態下，否則該方法算不上是方法。我們針對測試光速結果的資料進行一次統計分析，發現它們並未處於統計管制狀態。（注5）

如果兩個測試光速（或任何事物）的方法，都在統計管制狀態，而結果並不一致，這在科學上就很重要。反之，假如兩個方法的結果很合理地吻合，其一致性就可視為現在能接受的主標準（master standard）。

主標準並不就是真值，因為還有其它尚待驗證（但和現在主標準不同）的值更為符合。最好把這種尚待解決的差異，視為不同方法所產生的自然結果，而不是偏誤（bias）。

我們在學校所學的光速值為每秒3×10^{10}公分。這在大多數場合還是適用的，但是今日科技要求其它更精密的方法（小數點以下七至八位）。休哈特博士在他1939年的著作中，將當時各種書上的光速值做成**圖29**，它顯示出時間愈近於現在、測量值愈小。晚近的許多光速值都比過去的來得小（注6）只有一次例外（係由俄國發表）。（譯按：讀者也可從科學雜誌讀到近數十年對光速測量的討論。）

人口普查中沒有真正的居民數目

鼎鼎有名的美國人口普查局的官員，甚至也會忽視某些基本科學原理。我聽過某位人口普查局的人員說：1980年的普查結果最為準確，我怕這種說法會導致他自己和別人誤認為：有所謂的「準確值」存在，只要該局全體人員更努力就可以做得到。

美國許多市長抱怨：1984年4月的普查未能涵蓋該市的所有

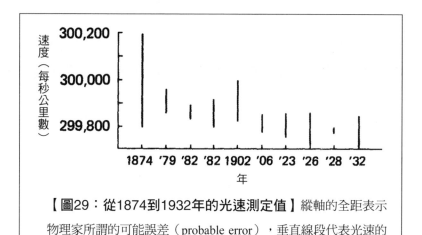

【圖29：從1874到1932年的光速測定值】縱軸的全距表示物理家所謂的可能誤差（probable error），垂直線段代表光速的可能值範圍，它的計算方式通常沒有明示。

人口。這很遺憾，它正顯示出市長們不懂得何謂人口普查。法院想運用法律力量來調整普查值的不當做法，也顯示法院對人口普查的無知。為何不乾脆在每個地區的人口數增加2.5%呢？（譯按：美國各地區的各種補助款是依人口普查值提撥。）

　　底特律的市民到底有多少人呢？我們永遠不知道，但是依照人口普查局的程序是可以公布一個數值。只要普查程序改變，普查結果就會跟著不同。

　　我認為有種合理的方法可使市長對該市的人口普查滿意，要這摸樣做，普查前先要和人口普查局合作。該市長要做：

　　1.研究並熟悉美國及其它地區人口普查的方法，包括哪些人要計入、哪些人不計入的定義，以及將某人從某區歸屬至另一區

的規則。

　　某地區空屋住宅單元的計數，既會發生分類問題，又會影響總數計算。首先，何謂住宅單元（dwelling units）？其次，何謂空屋住宅單元？這類問題看起來似乎很簡單，但是只要探討過各種住宅單元後，就會不以為然了。表面上，只要某住宅單元無人居住就可算是空屋。但是，要是住宅單元不適於居住呢？是否也算空屋？有些房屋待租；有的則想出售；有的只是季節性使用；有些空屋既不出租也不出售；有些則即將有人遷入。

　　空屋住宅單元的類別和數目，是重要的經濟指標，對於工商業很有用。顯然地，普查局在派訪問員至實地點算空屋前，一定要有職前訓練。

　　2.要了解美國人口普查程序的最佳方法，莫過於申請參加該單位舉辦為期四天課程及考試。

　　　任何熟悉人口普查局方法的人，都知道在普查局在4月8日夜間，想有計畫地計算在簡易住所、監獄、及居無定所的各行各業總人數。這之中許多有些對自己一無所知；有的不知道自己的姓名；更多的是不知道自己的年齡。許多計數人員及普查局雇員都加入此一搜索網，普查管理嚴密，而且都事先預演。

　　　值得注意的是，想花更多的金錢及時間找出超過一合理界限的精確人數，就會徒勞無功，特別是對18到24歲的男性黑人。要想以密集方式找出一個人口，可能要再多花100美

元。如果因找不到而想要採取更進一步搜尋,則每人要再多花200美元。究竟花費要到何種程度才適可而止呢?

再者,所謂「某地區之人口數」。究竟是指什麼呢?

顯然,我們必須事先同意要花多少功夫,以及誰要多付額外費用來加強求證的工作。

3.了解美國及各國人口統計估計的技巧:住宅單元的數目及失蹤人口的數目、重複計算的人數,以及點計數目的誤差。

順便一提,有人說:有一些名冊上並未出現的人宣稱,美國人口普查局並未將他們計算在內,所以普查不準。實則計數方式是你不必一定非在家不可。只要查閱普查局的紀錄,就可以了解某人是否已計算過,並將其歸入家裡地址中。

4.對各種程序不斷提改善建議,直至令人滿意為止。

5a.針對適當選出之小範圍,監視其實際的普查行動,以提供真實發生的統計證據。

樣本中的區域可依地圖選出,約含有10到50住宅單元之任何地區。樣本區域最重要的條件是必須清楚而毫無差錯的界限。

5b.除非監視結果證實普查執行失效,否則就得接受人口普

查局的結果。所謂「執行失敗」必須事先界定。

要是市長沒有參與，就必須接受普查局的數字。事後再抱怨的做法，猶如擲硬幣比賽，正面我贏，反面就重來，大概誰都不想玩這種遊戲吧！然而，美國市長們正是要人玩這種遊戲。

法官及其同事，要想具備審查控告普查局短估人口案件的資格，必須像市長一樣，先參加人口普查方法之短期訓練，並了解概念與可運作定義之基本差異（本章內容應列為法學院、工學院、商學院及統計系教材）。

可運作定義的進一步探討

每一個人都自以為他了解「汙染」的意義，直到想向別人解釋時，他才領會自己其實並不明白。我們需要河川汙染、土地汙染及街道汙染的可運作定義。因為除非我們能以統計方式來界定，否則這些名詞就毫無意義可言。譬如說，「空氣中有100 PPM一氧化碳是危險的」仍不夠充分。必須先規定：①在任何一瞬間如果一氧化碳含量超過100 PPM，就會有危險，或②在工作時間內，如果空氣中一氧化碳超過100 PPM就會有危險。再者，一氧化碳的濃度是如何來測量的呢？

「汙染」的意義是否指（例如）一氧化碳濃度夠大，足以使人吸了三次就會致病，或是指一氧化碳濃度濃到連續吸了5天就會致病？不管是哪一種情況，如何來確認一氧化碳的影響呢？要用什麼程序來偵測一氧化碳呢？中毒的診斷或準則為何？對人的標準為何？對動物的標準又為何？如果用人，我們如何來挑選樣本？人數多少？樣本中要多少人才能符合一氧化碳中毒的準則，

然後才能宣稱多吸幾口就不安全，或仍可習以為常？如果使用動物，我們也要問同樣的問題。

對工商業而言，連「紅色」這個名詞都沒有意義，除非能用測試及判別準則來可運作地加以界定。以潔淨為例，餐廳中對刀叉及碗盤的「潔淨」要求，就和製造電腦用硬碟或製造電晶體廠所要求的大不相同。

工商或政府人士對於產品，或藥品，或人為措施的性能規格上的了解，不能只停留在表面上。純科學家常誤以為知識論原理不重要，或只是應景的小技，而管理學相關的教科書也如此認為。但是，在面對工業問題的人而言，這卻是很嚴肅而迫切的。

美國法律上規定市場上銷售的奶油（butter）中，必須含有80% 脂肪（butterfat），其意義究竟為何？是否指每磅奶油中至少要有80% 的脂肪？或是平均80%？如果是平均80 %，意義又為何？是指每年所購的平均為80%？或是指每年所買的各種奶油的平均值？或是你及別人從某一特定廠商買的各種奶油的平均值？如果我們要測試其平均值，要用多少磅的奶油來測試？如何選擇試驗用奶油？實際上每磅奶的油脂肪量都不同，這有關係嗎？

任何想以可運作定義來界定80%脂肪的人，必須求助於統計技術及準則。所以只提「80%脂肪」的說法並無意義。

就經濟體及可靠性而言，可運作定義是必要的。像是失業、汙染、貨物及儀器的安全標準、有效性（如藥物）、副作用、副作用發作前的藥效時間等的可運作定義，如果不用統計名詞來加以界定，至些概念就毫無意義可言。調查或研究問題時如果沒有可運作定義，會既浪費又無效，而且極可能會造成永無休止的論爭。

就以鼻子過敏當成汙染的可運作定義為例。這並非不可能
（此與以統計方法維護食品及飲料的一致品質及風味類似），但除非
用統計方法加以界定，否則它就毫無意義。

測試樣本的數目，如何選擇，如何估算，不確定性如何計
算及解釋，檢定儀器之間、作業員之間、日期之間、實驗室之間
的差異，偵測並測量非抽樣誤差的影響等，都是很重要的統計課
題。兩種調查方法（例如問卷與測試）之間的差異，只有利用統
計設計計算，才能可靠而經濟地加以衡量。

美國國會通過的法律及聯邦管制機關所訂的法規，經常
界定不清，混淆誤事。下一段引自《紐約時報》1980年4月9日
第D-1與D-3版，旨在說明美國聯邦通信委員會（FCC，Federal
Communications Commission）終於放棄想要區別「資料處理」
與「數據傳送及控制」。

　　資料處理（控制文字及數字形式的資料）與電信（聲音的
傳送，一向是電話的主要業務）之間的區別即將消失了。

　　許多觀察家認為這是迫使FCC介入業界所謂的第二階段
電腦查詢（computer inquiry）的最後據點。

　　過去10多年來，FCC一直想解決何謂「資料處理」及
「通信」的基本問題。在這段時間，這兩種科技都突飛猛
晉，超越了法規所能管制的界限。

　　「每次FCC一想區別這兩個領域，它們卻愈形密切，」
某電信業觀察家說。「現在委員會事實上被迫必須立即做出
開放放資料處理業來利用電信網路的決定。」

「50%羊毛」標籤是什麼意思？

毛毯上的標示為「50%羊毛」標籤是什麼意思？也許你對毛毯的顏色、質感及價錢更有興趣，所以不甚關心成分標籤的意義。但是有人真的很在意，美國聯邦商業委員會（FTC，Federal Trade Commission）就是。但這個標籤的可運作定義是什麼呢？

【圖30：這條毛毯有50%羊毛】以面積為準。

假如你告訴我，你想買一條50%羊毛的毯子，而我賣給你（如圖30所示）上半部是全棉、下半部為全羊毛的毯子，這就某種定義而言，它確實是條有50%羊毛的毯子沒錯（以面積為準）。但是你可能會堅持原目的，喜歡另一種定義，你會說這條不是你所說的50%羊毛毯子。那麼，你要的是什麼呢？你會說你要的是羊毛均勻分布在整條毛毯中。你對50%羊毛毯的可運作定義可能是：

隨機從毛毯上選10點，割下10個直徑約為1.0公分（或1.5公分）的毛毯。將它們編號為1、2、3至10。把它們交給化學師化驗。讓他按照規定的方法測試。要求他記下每一樣本的羊毛重量比率x_i，並算出10個樣本的平均值$\bar{x}$。

準則：

$$\bar{x} \geqq 0.50$$
$$x_{max} - x_{min} \leqq 0.02$$

如果樣本不合乎上述任一準則，該羊毛毯就不符合你的規格。

上述兩種「50%羊毛」的定義，沒有所謂對錯。你有權利，也有責任依你的要求定出一個定義。將來目的不同了，也許又可再定出新的定義。

毛毯中羊毛成分的真值也不存在。可是我們卻可事先指定測試方法，取得一個數字。

前文我們討論的只是一條毛毯而已。現在要討論的是許多張毛毯的問題。你可能為醫院或軍隊買毛毯。這時面對如同第2章所碰到的根本差異：單次採購與連續採購。你可以規定製造商要在每10公斤乾淨羊毛裡加入10公斤棉花。這可能就是「50%羊毛」的定義，無所謂對或不對，只要你認為符合你的目的即可。

應用：以下為《美國新聞與世界報導》（*U.S News & World Report*）1981年11月23日第82頁的報導：

你能做什麼，不能做什麼：
最近法院及政府的裁決結果

根據美國某地區法院一致通過此一規定，如果你是靠外國製造廠商供應標籤的進口商，只要該標籤標示不正確，就會被判違法。紐約地區的某家進口商，在聯邦商務委員會通知他的羊毛織品的羊毛成分與標籤不合後，仍照賣不誤，最後被課25,000美元罰金。根據裁決，該公司必須委託公正的實驗室決定織品標籤成分的準確性。

如果我們能了解原告及被告所同意的「25%羊毛」的可運作定義，一定很有意思。

什麼是皺痕？

本個案的產品為汽車儀表板（注7）：

某一樣式的儀表板毛病特別多。該廠長告訴我，每日的不良率都在30％～50％之間。

檢視其資料後，我發現檢驗員之間的差異極大。調查之後才知道每位檢驗員各有一套儀表板皺痕的目視檢驗標準。該廠主管同意花些時間研訂皺痕的可運作定義。有6位高階主管參

加會議。檢驗員拿出20塊儀表板，其中有些有皺痕有些沒有。

我先要求在場的每位來界定「皺痕」，它要人人容易懂。但是出席的人都毫無反應，沒人答覆。我再試一次：哪位檢驗員能告訴我「皺痕」是什麼？還是沒有答覆。此時品管經理指出他所說的「皺痕」是什麼。某位檢驗員同意那是真正的「皺痕」。然而其它四位檢驗員中有兩位卻說：「你在找什麼呀？」他們卻找不出「皺痕」所在。

解決方法是先建立「皺痕」的可運作定義，用來判定何者為皺痕，何者不是皺痕，接著再建立其它類型缺點的定義。

結果在一個星期之內，該廠的不良水準就降為10％。這讓負責重修的工人有充分時間做分內的事。可運作定義可作為檢驗員與作業員之間的溝通基礎。

他們可自我訓練及互相訓練。該廠產量增加了50%。

成本：不花一文。同樣的人、同樣的物料、同樣的機械；只有增添能為現場作業員及檢驗人員共同了解的定義而已。

隨機選擇的單位

從N個單件的母體名冊（a frame，抽樣底冊），隨機抽取單件樣本的程序，可界定為：

1. 將母體名冊的單件分別編號為1，2，3……N。
2. 由一事先同意的書面程序，讀出從1到N個不重複的隨機數。讀出的數字代表選樣的序列號碼。

以上是一個隨機程序的可運作定義。樣本稱不上是隨機，也稱不上是非隨機。必須注意的重點是在選樣程序。選樣程序須滿足事先界定的隨機程序，否則就不是隨機抽樣。隨機變數是隨機作業的結果。（注8）

假定我們使用標準的（隨機）亂數表，或是在數學家（他懂得避免亂數產生過程中可能發生的謬誤）指導下，自行產生亂數。（詳見第11章第397頁）

練習題

1.為何我們可能找不到任何事物的真值的可運作定義呢？

〔答：任何事物的觀察值都是依所使用的定義及作業（運作）而定。不同的專家所建立的定義和作業都不相同。〕

2a.請說明為什麼測量系統必須顯示出是處在統計管制狀態下，才夠資格稱為測量系統？請深入探討同一物品的非破壞性重複測量值、交換測量員後的結果、並在下個月再重複測定。

b.說明為什麼任何測量系統的準確度，只能用「一個可接受的測量主標準的平均值之離差」來界定。

c.如果主標準改變，該測量系統的準確度也會跟著改變。可是，測量系統的精密度並不受主標準的改變而影響。

d.在決定是否要依主標準調整測量系統時，須考慮哪些重要的工程及經濟因素？

3.請說明為什麼任何測量的準確度，只能用「與一個可接受

的測量主標準的平均值的離差」來界定。

（答：準確度隨標準之改變而變。）

4.你如何回答台灣高雄某腳踏車製造商所提出的問題？

　　　　貴國（美國）政府曾有如下的法規：由中等資質的人員所裝配的腳踏車，必須安全無虞。

他的問題是：這法規的意義是什麼？你如何向他解釋？什麼才是安全？什麼是不安全？什麼是中等資質的人員？何謂人的資質？是否由資質較差的人來做反較好？如何界定資質較差？我們只能說：該法規並無意義。

評論：由工業界自發所發展的標準（見第10章），可避免這種無意義而令人困擾的法規。

5a.請說明為何除非測量系統及其所用的標準都在管制狀態之下，否則該測量系統就沒有可證實的精密度及可證實的準確度（和標準比較）。

b.分析化合物中的三溴甲烷（bromoform），其結果為86.5 ± 1.4（10^{-9}克／微升）。美國國家標準局並用± 1.4為95％信賴區間。試說明此區間（± 1.4）有何可運作意義。在何種情況下，我們可以預測在六個月以後同一化驗室的測試結果的全距？

c.你能否訂出計畫來顯示測量系統是在管制狀態下？

d.測量系統是否包括該檢定物料的抽樣？它是否包括樣本間的變異數？

6.試說明為何在商業上要了解並使用經濟及人口資料（當

然，包括行銷研究）時，要用有調查經驗的人較好？

7.試說明為何在實驗或調查時，如果結果的精密度有效，則此精密度將永遠有效。而結果的準確度卻時時隨新定義或新方法的改變而改變。

8.鑄造物的規格中，有下述條文：

鑄品交貨時必須合理地清潔。

何謂「合理地清潔」？此規格是指脫模毛邊或略有汙漬？顯然此規格要想有意義，就要訂出「合理地清潔」的可運作定義。

9.試指出下段文章的內容並無意義：

國會已通過法案，命令美國東北走廊重建，甚至規定火車時速120英里，要有99%準點率，從紐約到華盛頓的行車時間為2小時40分，而紐約到波士頓支線行車時間為3小時40分。〔詳見《大西洋》月刊（*Atlantic*），1976年7月號第36頁，作者特雷西‧基德（Tracy Kidder）。〕

評論：顯然地，準點率的定義，必須要有可運作定義才會有意義。（參閱第17章）

諸如「服務良好」「服務不佳」「服務令人不敢恭維」等形容詞，除非用「到站連續紀錄圖的特性」或「到站分布的特性」等統計名詞來界定，否則其意義就無法可溝通。

我們很容易看出來，國會所期望的99% 準點率，除非已有

「準時」的可運作定義，否則就沒有意義。如果所謂「準時」是指與公告的時刻表相差4小時以內，那麼任何人可保證100天中有99天火車準時到站。

我們雖然是用火車到站的績效來說明，但讀者可以很容易地應用到生產排程上。

10.下列兩個例子是從工業界及政府所用的規格中節錄，它們沒有可溝通的意義（缺乏可運作定義）：

a.代表性樣本（representative sample）：如果認為母體是均一的，「代表性樣本」與所抽樣的物料具有相同成分。（《英國國家標準》69/61888「化學產品的抽樣方法」。）

你如何決定樣本和被抽樣物料的成分相同？請解釋為何「與被抽樣物料具有相同成分」沒有意義。

b.抓取法樣品：「在物料之規定地點或在規定之時間或地點從產品流程中所抽出規定大小或數目的樣本，能否代表當時或當地的環境。」

形容詞「代表的」的意義是什麼？

答案：它沒有意義。統計學家不用這種詞。為什麼不用有統計理論基礎的抽樣程序，成本較低，又可取得有意義且可計算的公差？

11.最大努力：「承包者必須盡最大的努力。」（摘自美國司

法部的稅務處與某統計學家所訂的《契約》。）

　　誰曉得他盡了最大的努力？你如何能斷定他已竭盡所能？他每件承諾都全力以赴嗎？有任何努力會落在平均水準以下嗎？

　　12.下文引自一本著名的《實驗計畫》教科書，因為其中「精確值」（exact value）一詞沒有定義，所以它容易使人誤解：

　　顯然，我們不能期望該解法能提供未知差異的精確值。〔摘自威廉・卡克倫（William G. Cochran）與柯克斯（G. M. Cox）合著的《實驗設計》（*Experimental Design*），1950年Wiley出版〕

　　13.什麼是「人人平等受接教育」（equal education for everybody）的意義？

第9章注

注1：沃爾特・休哈特（Walter A. Shewhart）所著《從品質管制的觀點來看統計方法》（*Statistical Method from the Viewpoint of Quality Control*），第130至137頁。以及克拉倫斯・歐文・劉易斯（Clarence Irving Lewis）所著《心靈與世界秩序》（*Mind and the World-Order*，1929年Scribner's首印），第6至9章。

注2：沃爾特・休哈特（Walter A. Shewhart）所著《從品質管制的觀點

來看統計方法》，第120至121頁。

注3：P. W. 布里奇曼（P. W. Bridgman）所著《現代物理學的邏輯》（*The Logic of Modern Physics*，Macmillan出版，1928年）第5頁。

注4：參考作者的《企業研究的樣本設計》（*Sample Design in Business Research*，1960年Wiley出版）第4章

注5：沃爾特・休哈特（Walter A. Shewhart）所著《從品質管制的觀點來看統計方法》，第68至69頁。

C. K.奧格登（C. K. Ogden）和I. A. 理查茲（I. A. Richards）合著《意義學》（*The Meaning of Meaning*，1956年Harcourt, Brace出版）。

注6：大衛・韓禮德（David Halliday）與羅伯特・雷斯尼克（Robert Resnick）合著《物理學基礎》（*Fundamentals of Physics*，1974年Wiley出版），第655頁。

注7：本節內容由拜倫・多斯（Byron Doss）提供，多斯為美國納什維爾州（Nashville）顧問。

注8：參考拙作《企業研究的樣本設計》（*Sample Design in Business Research*，1960年Wiley出版），第54頁。

第10章 標準與法規

有的人不出聲，是因為他不知所答；有的人不出聲，因為他知道何時該說話。明智人緘默不言，直等相宜的時候；自誇和愚昧的人，卻不看時機。多言的人，必招人厭惡。

——《舊約聖經》〈德訓篇〉第20章第6至8節

本章目的

對於實施中的政府法規（regulation）和工業標準（standard）（注1），必須要有可運作的意義。符合（conformance）僅能由測試及準則（有時有許多測試及許多準則）判斷。準則與測試必須以統計學表達才有意義，否則毫無意義可言。法規若無意義，亦無法律效力。

法規及標準

法規由政府制定，許多自願標準由相關委會員制定，又有由企業及個人自行選用的標準（注2）。法規與自願標準之間的差別，主要在於未能達到要求時的罰則有所不同。

法規是否恰當，端視它所能提供的好處是否能大於伴隨而來

的經濟浪費而定。像是駕駛人必須在紅燈前停下來，即使路上顯然看不到車子出現，而且可能會浪費時間與燃料。但若沒有如此強制性的規定，十字路口的車禍勢必增加不少。

沒有任何人可被容許在任何期間違反法規而增加騷動，從而破壞大眾的是非觀、道德自覺。為了這個理由，法規的性質必須是嚴格的。在一個永久而良好組織的系統的監查及處罰下，長期而言會讓違反法令對任何人都沒好處。同時，公共當權單位必須避免強加自己無法執行的義務。

部長們要對國會及制訂法規的公眾意見負責，因此，政府官員要決定哪些活動必須加以規範，而不致造成過度的浪費或阻礙進步。尤其是抑制詐欺行為的及保護公民免受欺侮，都是在法律範圍內而政府官員責無旁貸。另一方面，當局可能會（或可能不會）考慮強制保護那些因一時疏忽而造成不良後果的人（像是不繫汽車安全帶、吸菸過量或吸毒）。他們可能認為農業品的包裝必須硬性規定，或單方面選擇並委派電視系統的技術規範。

工業標準

除了法規之外，工業界還希望在其它廣大的範圍中，提供一些建議（自願標準），應用在大多數的案例中。對於這些建議，企業家或個人可自由決定是否採用。如此，就可以避免經濟浪費及阻礙技術進步。

由於自願標準沒有包含任何強制禁令，它在付諸實施前不需要政府官員簽署。一般法令必須先通過行政決策相當嚴苛的層層過濾，而自願標準可經由那些自願工作者的互相同意後籌備，並

不需要徵求全體同意，因為這樣的建議並不像法規那樣嚴格。

標準化架構在所有相關團體間能更清楚表達，並且比制定法定的諮詢程序更有彈性，因為參與的人數有嚴格的限制。一般而言，有關團體在標準化組織的技術委員會上，比起參加政府官員的諮詢會議要輕鬆的多。因此，決定標準時，常常聲明這是根據協定來的，縱使該協定絕非排除在法令的準備之外。

如果有自願標準，也許能避免政府的管制

標準化的首要優點之一，是能夠讓公家機關將管制法規限制在只有重要且必要的個案。標準化能使管制法規的制訂更為經濟。政府部門因而可根據數千個的小決策（譯按：自願標準）以減輕大量的繁瑣工作。

標準化出現之後，企業界及個人就能受益於較少的限制，並能享有較大的自由。這就是他們為什麼願意花費時間及金錢致力於標準化的重要原因，因為如此即可避免因缺少自願標準，讓許多無用的強制法規冒出來。工業界大半已經了解這點很重要，但農業界因為自願標準的發展不夠，仍有許多管制法規。

參議員進言：自願標準進一步的益處（注3）

在國內各鐵路公司來來去去的火車，常因機具或汽閥壓力的不同，而在軌道間換來換去（即使並未裝卸貨物）。一列車廂可以從加拿大的哈利法克斯（Halifax）經蒙特羅（Montreal）、多倫多（Toronto）、水牛城（Buffalo），再到費

城（Philadelphia），墨西哥，然後北上溫哥華（Vancouver），
經過許多路線，依路徑需要，和其它的車廂掛在一起，有的是鐵
路公司的，有的是私人的。冷凍車廂停靠時，在當地都可接通電
流來使用。

標準化對我們而言已是理所當然的事。當我們跨越東西兩
岸將洗衣機和家庭用品運送至另一城市時，從未想過會有什麼問
題，因為插上插座時一定是同樣的電壓及電流。我們的白熱燈泡
可以在佛蒙特州春田市，找到與伊利諾伊州春田市一樣的插座。
我們從愛荷華州送出脖圍15吋、臂長34吋的襯衫，這個尺寸也適
用成長於維吉尼亞州的顧客。我們從美東海岸開車到美西海岸，
交通訊號同一系統。在芝加哥我們購買一個在阿克倫（Akron）
製造的輪胎，也可適合我們在紐約購買的底特律製造的車子，配
上匹茲堡製造的車輪。

無庸置疑地，焦距與鏡頭直徑的比例（如2：8），放諸四海
皆準；我們可以在世界的任何地方購買一個AA電池，取代剛才
電力耗盡的電池（電池的品質因廠牌而有所不同）。北半球國家到
處適用的110伏特電壓與插孔一致的插座，方便性更高。

標準化並不會減少產品在價格與品質的競爭力。

相反的，休哈特常說，歐洲各國或各城市為了抑止大量生產
所制定的製造法規往往各自微調，形成遠比關稅壁壘更為有效的
方法，來抵抗大量生產及增加成本。

參議員繼續建言：標準化與控制

我們已具備高度的標準化這事實，簡化了我們的生活，它們是如此基本而且觸目可見、隨手可得，幾乎不會覺得它們的存在。它們給我們一個自由的國內市場，我們認為它得來容易。對美國消費者而言，它提供了低價格、高品質、更安全、更有效、立即修配的服務，和其它因大量生產得到的優點。這是否被視為理所當然？

標準化促進美國的大量生產，這也是在第二次世界大戰中的頭號武器。可是我們卻不能因而忽略由於缺乏某些適當的標準，以致在人員及金錢、時間及資源上的浪費所造成的損失。真正的損失始於1940年春天，假如英國的彈藥適用於比利時的槍械，40萬比利時大軍也許可以支撐更久、打得更好（譯按：敦克爾克戰役，又稱敦克爾克大撤退：5月27日比利時軍隊投降，40萬英法聯軍開始全部集中向敦克爾克撤退）。損失同樣發生在阿萊曼（El Alamein，譯按：埃及北部地中海沿岸的城市）的首次戰役，英國敗退的原因在於坦克車的無線電缺少可互換的標準零件和某些輔助器材。而在美國國內，許多小型公司失去參與產製戰爭設備的機會，因為他們缺乏一套適用於國防標準的簡明系統。有了這套系統，主要承包商與協力廠商間的複雜關係可以簡化許多。

在戰爭早期，因為缺乏標準幾乎導致大規模的災害。譬如說，保護巴拿馬運河戰線時，有套雷達的某個零件故障了。指揮人員感到很恐慌，因為庫房中找不到替換零件。他們緊急向華盛

頓當局下訂單，要求從工廠空運零件至運河區。然而早在零件到達之前，管理庫房的軍官在庫房內進行地毯式搜尋。他發現了8整箱所需零件，但每一箱的存貨編號都不一樣。

這個問題並非由來已久，因為在工業萌芽階段，標準是只由兩個人制定的，那就是製造者及使用者，可能他們之間的協定也僅限於「如同上回所訂」。顯然政府有權制定採買的標準。政府是個利害團體，而且應該是主動出擊並受監督。

目前有許多趨勢、計畫及建議正在進行中，使標準化幾乎全部或大部分成為政府的一項主要功能，可是我反對這種現象。我不希望我那些在華盛頓聯邦機構中聰明、能幹、真誠的朋友替這個國家寫工業標準，因為這樣會衍生太多的風險和問題。

控制某一產業的標準，便完完全全管制了該產業。在標準成為政府功能及責任的那一天，就如同現在產業受到威脅，那麼政府將邁向管制全美產業的一大步。

在這樣的制度下，政府官員將決定標準將在什麼時候制定，發展出什麼內容，條款為何。這種做法是缺乏彈性的。它不允許單一製造商背離標準，發展對他專業上有用的生意。

在這種情況下所發展出來的標準，勢必成為限制、管制及禁限的程序。它們降低了消費者的選擇機會。

沒有一位負責政府政策規畫的人員有足夠的知識，能寫出適合全美國工業及所有美國人民的標準。

納粹德國用命令方式來實施標準而飽嚐苦果，特別是在軍用飛機的標準化上，過多又過快。我們自己在二次世界大戰所得到的經驗則顯示，只有在產業能參與意見，也能決定標準的內容

時，才是最好的運作方式。

如果必須舉實例來說明這一顯然道理的話，可以用播放訓練影片用的手提投影機作簡單的說明。軍方某一機構拿著一份規格給製造廠商，該規格的要求與投影機的嚴格使用要求完全不一致，結果機器在使用兩、三次後便故障了。因此戰後多家攝影器材公司便與技術標準協會共同制定規格，兼顧到投影機的要求及業界的產製能力。如今所有軍方都使用此一規格。

我們必須使世界達到更高度的和諧及秩序；由簡單化來紓解現代生活的緊張；並經由自由市場中更有效率的互換零件之生產以提升生活的標準。我們使用標準必須如同「解放者把那些已解決的問題歸屬成例行常規，有創造能力的人能自由地處理尚未解決的問題」。（引自參議員法蘭德斯同一文章）

目前大約有4,000名主管人員及技術專家投入許多委員會，發展並經常修訂美國的各項標準。

那些標準的範圍從交通訊號到電子線材，從消防水管的規格到馬戲團帳篷的最新安全規格都有。它也包含了齒輪尺寸；物質含金純度；電氣爐烤箱、熱水器、瓦斯燃燒器具；冷藏設備；以及清除工業機器上灰色色混（shade）的變異等的標準。同時有美國標準固定音樂最高音A〔最高部記號（treble clef）〕為每秒440個週期，以及達成廚房的量杯、平底鍋、湯匙的統一化。目前有美國標準委員會正在尋求對人造絲紡織品，設定最低標準及規定標籤標示內容。

所有這些例子中，沒有一個是由美國標準協會〔American

Standards Association，後為美國國家標準協會（American National Standards Institute，譯按：現改組為美國標準及技術協會）主動規定並遞交的。該機構僅對發展標準的有關人士提供協助。在草擬有關人造絲紡織品的160頁標準中，有30個以上的全國性組織參與此一作業，生產者、配銷者、消費者、服務業及聯邦機構皆協助發展。

法規與標準間的關聊

制定法律者如果能在法規中參考了有關的工業標準，將使得法規更有效、更有意義。舉個例，法規中規定加熱器所發出的煙霧最大硫磺含量。而讓工業標準決定實際上如何測量硫磺含量的方法，要便利而有效，又不增加成本。政府當局常常可以經由修正案回應那些不再適用的標準，自由地撤回該法規。

開發安全的技術及方法

在過去，標準化的主要目的，是著眼於以大量生產降低成本。

然而，目前產品和其服務相較，早已微不足道。現今消費者的選擇考量，已不再只是基於「品質與價格的關係」，同時要考慮使用期限、可靠性、可修護性、容易更換零件和其它特性。生產者也考慮了這些，並不僅關心售後服務，還須注意產品的後續破滅及其組件的更換（像是配件、導線和接頭）。這就是為什麼互換能力及相容是標準化中最重要的問題。

當然，安全仍是基本的首要考量，但事實上，它的範圍有限，因為只有少部分產品（和每一產品的特性）與安全有關。再一

次，改變產生了。安全不再被認為絕對的，並且概率的概念不可避免的被引入了，因為大家更警覺，對於在農業、礦業、製造業及服務業中的安全程度，需要一致的說法。

國際標準的更新過程極冗長，有時甚至會妨礙創新（innovation）。

我們今日所了解的國際郵遞，其實是經由許多人的努力，一步步達成的。下述情況並不誇張。以前寄信人從一個國家寄信到另一個國家時，往往需要和送信人交涉郵資，而且其費用通常會相差好多倍。（注4）

> 一封由陸路從德國投遞到羅馬的信，其間可能有3種不同的郵資：1.經由瑞士，68色令（Pfennig，德國銅幣，為0.01馬克）；2.經由奧地利，48色令；3.經由法國，85色令。一封從美國到澳洲的信，如果重量以0.5盎斯為單位，其郵資可以取0.5、0.33、0.45、0.6美元或1.2美元，完全視採用6條路線中的哪一條而定。
>
> 因此這寄信人及不同的郵政單位造成很大的困擾。寄信人不知道信件需要多少郵資，除非他到郵局查詢最新的郵資表，決定信件運送路徑，再將重量轉換成途經國家的重量單位，之後才能將所有費用加起來，得到應付郵資。

產業標準化的落後

不幸的，美國的產業界可能是缺乏足夠的資金投入，也可能不願冒著「勾結」的風險，因此至今尚未訂定適當產業標準減少

汙染及改善大多數機械、電子裝置的安全性。因為這個理由，產業界及公眾往往必須因應政府匆促制訂的法規，它們有時是交給那些缺乏相關產業及統計經驗的人所制訂的。目前訂定標準的機構有美國材料試驗會（ASTM，American Society for Testing and Materials）、美國標準學會（NBS，American National Standards Institute）和其它許多組織。

在前文常常提及，有些政府機構匆促制訂的標準，往往會遇到定義困難及測試結果相左等困擾。以下引述在《華爾街日報》（*Wall Street Journal*）1980年3月4日的標題〔譯按：原文中大豐收（bumper crop）和緩衝器（bumper）有文字遊戲〕：

汽車撞擊試驗產生了大量的混亂數據
（Auto Crash Tests Yield Bumper Crop of Confusing Data）

政府官員承認把試驗弄混了，
仍用它來說明緩衝器的規定。

（U.S. Agency Admits Mix-up in Tests But Uses Them to Back Its Bumper Rules）

如果汽車業者多年前就開始制訂緩衝器的標準，解決那些拼湊而成的撞擊試驗標準，這些枝節橫生的情況就不會發生了。但工業界現在只能囫圇吞棗，吞嚥下那些匆促設計、未經測試的法規。連節約能源、汙染防治及安全方面，也是如此。

威廉・大內（William G. Ouchi）的投稿

大內是美國貿易協會年會所邀請的主講人，會議地點在佛羅里達州，聽眾是300多位公司負責人。與會者在第1天下午休會後去打高爾夫球，第2天下午休會後去釣魚。大內的演講是在第3天開始時，講詞如下（注5）：

> 你們打高爾夫球、等待球友開球時，我希望你們能想一些問題。上個月，我在東京參加好幾次會議，是由各位競爭對手所舉辦的，總共有兩百家大大小小的公司派員與會，他們如同身在同一個系統那般共同合作，致力於產品設計、外銷政策、儀器測試。使得任何一家的示波器（oscilloscope）都與他們的顧客的分析儀器互通。他們從早上8點工作到晚上9點，每週工作5天，經過好幾個月的努力，終於達成共識。請問各位，5年後誰會領先？是你們？還是你們的對手？

汽車公司已分別在安全性、觸媒轉換器、節約能源和其它特性等領域，盡力滿足顧客。沒有一家公司能儲存足夠的知識，在考慮經濟效益與性能方面給予顧客最好的服務。

閉門造車所造成的損失是無法估算，然而，誰承擔這筆損失呢？美國的消費者。同時，經由日本的企業界、政府和與消費者的合作努力下，他們的產品源源不斷地湧入美國市場，帶給美國消費者品質與經濟上的好處。

美國的電腦工業缺乏標準，導致整個產業界透不過氣，並且剝奪消費者使用更好產品的機會。

第10章注

注1：本書中的「標準」是指自願（自發）標準。美國的自願標準計畫由時任美國商務部長的赫伯特・胡佛（Herbert Hoover）於1921年10月29日發起。

注2：摘自皮耶・埃勒瑞（Pierre Ailleret）所撰〈標準化的重要及可能的演變〉（The Importance And Probable Evoluition Of Standardization），刊載於《標準化新聞》（*Standardization News*，1977年第8卷11號）。埃勒瑞為巴黎電子技術工會（Union Technique d'Electricite）名譽主席。

注3：摘自拉爾夫・佛蘭德（Ralph E. Flanders）所著〈一吋有多大？〉（How big is an inch？），原刊於《大西洋》月刊（*Atlantic*）1951年1月號。

注4：參考喬治・科丁（George A. Codding）所著《萬國郵政聯盟》（*The Universal Postal Union*，1964年紐約大學出版社出版）。

注5：摘自威廉・大內（William G. Ouchi）所著《M型社會的時代：協調合作的企管方式》（*The M-Form Society: How American Teamwork Can Recapture the Competitive Edge*，1984年Addison-Wesley出版），第32頁。

第11章 改善的共同原因及特殊原因

的確，對那些充耳不聞的人說教，徒令自己受人討厭。

你那無價值的講演，令我雙耳疼痛。
──傑弗里‧喬叟（Chaucer）《梅里白（*The Tale of Melibeus*）故事集》

本章目的

管理及領導的核心問題，我的同事勞埃德‧納爾遜（Lloyd S. Nelson）說，乃在於未能了解變異（variation）包含的資訊。大家即使只對本章內容稍微了解，就會明白，以年終考績做為加薪或升遷的依據是徒勞無功的。本章將使讀者了解：為減少變異的特殊原因所採取的行動，和為減少系統本身的變異與缺點所採取的行動，兩者完全不一樣；同時也會了解製程能力（capability of a process）及測量系統（system of measurement）的意義。理解儀器及量規使用統計管制是必須的，了解根據標準來調整儀器時，二者都必須在穩定狀況下，並有統計穩定的證明才能實施；會了解針對低於平均生產

量及高於平均錯誤率的人採取的管理作為，是錯誤的、無效的而又會提高公司的成本；同理，領導者假設每個人有朝一日終能成功也是錯的。他會了解為什麼品質改善之後成本會降低。然而，在工業及科學界中，重要的是了解穩定系統及非穩定系統之間的區別、如何點繪圖以及如何運用合理的方法來判斷是否是穩定系統。圖上的點子可為每週銷售額、進料及出貨品質、客戶抱怨、存貨、缺勤、意外事件、火災、應收帳款，還有人員因公受傷的公假療傷等記錄。（詳見第367至368頁的圖33與34）。

　　本書並非討論統計技術的書。讀者若要進一步研究技術，我建議尋找合格的老師來指導，並參考本章章末所介紹的小冊子及書籍。

特殊原因、共同原因和系統的改善

【另一張連串圖（操作記錄圖run chart）】

　　我們在第1章第8頁看到連串圖。該圖指出，任何重大的改善都必須從系統的改變著手，這是管理者的責任。現在我們看看另一張連串圖**圖31**特別畫圈標示出來的部分，圖中各點表示在汽車前後兩次加油期間，每加侖汽油的行駛里程數。各點的數字變化很大，有時接近平均值，有時高過平均值，有時低於平均值。在溫暖氣候下，每加侖平均可跑25英里。連續9次加油之後所開的里程數，突然都落在平均值以下，即圖中連續9點都在平均值之下。這是什麼原因？如果連續2點或3點在平均值之上或之下，這是可以預期的，但連續9點卻指出變異是出自特殊原因。（注1）

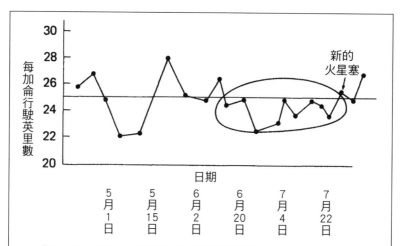

【圖31：每加侖汽油可跑里程數紀錄】在前後2次加油間每加侖可跑英里數的連串圖。有9點一連串都落在平均值之下，顯示有了改變。原因是由於火星塞不良所致〔此例由納舒厄公司的弗蘭克·貝爾錢伯（Frank Belchamber）和羅伯特·詹姆森（Robert B. M. Jameson）提供。〕

特殊原因有各種可能的解釋，可能為所有可能原因中的一個或數個的組合，如天氣寒冷（可能在山區行駛）、不同的油品品質、跑短程、不同的司機、負載較重、火星塞不良等。所有這些或其它可能的原因都被考慮之後，只剩「火星塞」是唯一的可能。換上新的火星塞之後，里程數即提升到原有水準。

里程數的回復是否代表火星塞為問題所在呢？我們不能確定。我們心中僅能建立起某種直觀確度（degree of belief），那便是在任何車輛上發生同樣的事件系列時，我們將把火星塞列為

可能的原因之一。

　　許多擁有自己的汽車及卡車（在全美約有兩百萬輛）的公司，都保存著有關行車里程數及購油加侖數的精確記錄。我們可以善用這些資料，即可以將每位司機的記錄做成一張簡單的連串圖，以利指出問題所在。這張圖可能會令司機著迷，並為他及車主開打一個新視界。

　　統計圖可以協助我們偵測出系統以外的變異原因是否存在。但它不能找出確切的原因。

　　連串圖並不能作為立即的指標。連續6點的趨勢，或在平均數以上或以下的7點或8點連串，通常表示有特殊原因存在。（詳第364頁）

應用統計理論的第一課

　　統計課程通常從研究及比較分布（distributions）開始。課堂上或書本中，大多數未警告學生，如果以分析型研究為目的（像是改善製程），除非數據是在統計的管制狀態下產生的，否則分布與平均數、眾數、標準差、卡方分布、t 檢定等工具的計算，對製程的改善並不管用。因此，審查數據的第一步，就是要觀察數據是否在統計的管制狀態下產生的。審查數據最容易的方法，是將其按照生產次序繪點，然後才能知道數據所形成的分布是否可利用。（注2）

　　舉例來說，我們來研究一個分布，它看來符合各種良好品質，但不僅無用，還會誤導人。**圖**32右圖表示某一型號照像機的50個彈簧測定值的分布。每一個測定值是將彈簧置於20克的拉

力下所得的伸長度。這分布是相當對稱，兩個尾端都在規格內，因此容易讓人認為該製程是令人滿意的。

可是，將各伸長度按照製造次序繪出點來，卻顯示出向下的趨勢。此表示要不是製造程序上出問題，就是測量的儀器出錯。

因此，要利用圖32的分布是無效果的。比如說，該分布的標準差沒有預測的價值。它不能告訴你有關製程的任何事情，因為這不是一個穩定的製程。（注3）

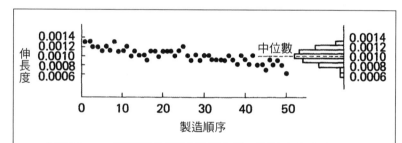

【圖32：50個彈簧的測試紀錄】按照製造先後次序，對50個彈簧所做測試的連串圖。數據顯示出分布是對稱的，但按照製造次序繪點後，才知道上述分布是無用的。例如，這分布無法告訴我們可以符合什麼規格，因為無法確認製程狀態。

在此，我們學到分析數據上非常重要的一課，要仔細地看數據。按照生產次序或其它合理次序畫數據點。畫一張簡單的散布圖（scatter diagram），對解決某些問題是有幫助的。

如果有人使用這分布來計算製程能力（第383頁），會怎樣呢？他將掉入陷阱。因為這製程是不穩定的，無法談製程能力。這在圖2（第8頁）的研究中我們就學過了。

一個分布〔直方圖（histogram）〕只呈現製程績效的累積史，和能力（capability）無關。我們要知道，製程必須在穩定狀態下才談得上有能力。製程能力只有使用管制圖（不是由分布圖）才能達成並確認，一張簡單的連串圖可以給我們許多製程能力的有關資訊。

哪個特性或哪些特性是重要的？

哪些數字重要？哪些數字應該用管制圖或其它方法研究呢？答案是要看研判主題需要什麼知識（工程、化學、心理學、製程知識、物料知識等），統計理論為輔。

特殊原因和共同原因

在解釋觀察時，常犯的錯誤便是假設任何事件（缺點、錯誤、意外）都是可以歸因於某人（通常最近的人），或與某些特殊事件相關。事實上，在服務或生產上所發生的大部分的困擾，是由系統所造成的。有時候錯誤的確是局部造成的，可歸因給工作上的某些人，或給應該負責的人（雖不在工作上）。可以說，「系統的錯誤」是困擾的「共同原因」（common causes），由短暫事件所造成的錯誤，則為「特殊原因」（special causes）。

就我所知，關於系統錯誤的「共同原因」一詞，首次出現在1947年與哈里・阿爾珀特（Harry Alpert）博士（已故）討論有關囚犯暴動事件的會談上，書面上第一次出現為1956年。（注4）

某監獄裡發生暴動，官員及社會學家對該監獄做出詳細的研究報告，詳盡解釋為什麼會有暴動及暴動如何發生，卻忽略了一個事實，對大多數的監獄而言，原因是共同的，也就是任何地方都會發生暴動。

代價高昂的混淆

混淆了何者為「共同原因」以及何者為「特殊原因」會讓每個人挫折不已，並導致更大變異性及更高的成本，正好與需要的完全相反。

依我的經驗看來，大多數的麻煩及改善的可能性所占的比例大致如下：

- 94% 屬於系統原因（管理者的責任）
- 6% 屬於特殊原因

我詢問某汽車貨運公司的經理：「比爾，這些困擾（短少及損壞），有多少是司機的過錯？」他回答：「全部。」他既然這麼說，我敢保證，這種損失將會持續下去，直到他了解到這些困擾的主因來自系統，這正是比爾必須改善的。

你隨便在路上抓一個路人，問他汽車公司召汽車回廠修理的原因，大部分人會說是工人的草率所致。這完全錯誤。因為假如有問題的話，問題出在管理者身上。錯誤可能來自於某些零件的設計不當，或管理者未能注意試驗的結果，急於將新產品推上市、搶得先機所致。也可能是管理者忽視了早先公司工程師做完

試驗的警示，或忽略了顧客反應不佳的報告。無論多努力，細心的技藝或技術都不能克服系統所造成的基本缺失。

管理者若能被感知到他衷心要力行第2章中的管理十四項要點，並讓作業員僅負責他所能控制的部分，而不把系統的困難歸給他，這對作業員士氣的提高是大到難以估計。好的管理者及督導人員必須具備知識，能區分「共同原因」與「特殊原因」這兩種原因。

時好時壞往往會使管理者犯錯，造成高成本的損失。譬如說，某家鐵路公司的總部高薪職員所關心的是在明尼阿波利斯（Minneapolis）公司代理商的績效。在上週，他對某一客戶僅售出3單位的貨車載量（意思是有3輛裝貨的貨車會利用公司的鐵路輸送）。去年同期，他對該客戶售出4單位的貨車載量。到底出了什麼問題呢？該職員準備發電報給代理商要求解釋，然而因一番變異性的簡單解釋而停下來。鐵路公司的全國代理商往往要花費許多時間解釋如此小的生意變異。如果他們能不必向總部解釋如此無意義的小變異，而多利用時間聯絡客戶，銷售量可望增加。事實上，代理商每週給一定的銷售量，可能表示他竄改業務報告，掩飾變異，以避免設定新的業務標準。

會場明顯地掛著「你的安全在自己手中」標語。當我踏上台階上去時，幾乎摔了下來，因為該台階竟是搖晃的。

1983年11月，比勒陀利亞（南非聯邦行政首都）的巴士公司經理和每位司機約定，假如他們從現在到新年都沒有任何意外事件的話，大家就可以獲得600蘭德（rand）（約540

美元）的獎金。當然，管理者的假設是意外事件是由司機造成的，而且司機也可以避免發生意外事件。事實上，司機們已知道什麼原因會造成意外事件，但你也知道，做司機的每天要避免好幾件意外事件。管理者忽略大多數的意外事件並非司機所能控制的。如果司機在規定期間終了之前都保持良好的駕駛記錄，但最後卻被別人的車子側撞，結果會如何呢？別人的過失卻讓他的獎金丟了。〔由比勒陀利亞的希羅‧哈克奎博德（Heero Hacquebord）提供。〕

「我們靠自己的經驗。」

當我詢問一家大公司的品管經理如何分辨特殊原因與共同研原因，及使用何種原則時，他如此回答：「我們靠自己的經驗。」這種回答簡直是自證其罪（self-incriminating）：它會讓這家公司和往常一樣，繼續一錯再錯。憑什麼會有所改變呢？

沒有理論基礎的經驗不能教你什麼東西。事實上，除非具備一些理論，否則甚至不能將經驗記錄下來。理論雖然有時是粗糙的，但它能引導出假設及系統，讓人能將觀察分門別類（注5）。有時候單憑預感，不管是對或錯，就足以導向有效觀察的理論。

什麼是系統？

對那些管理者而言，系統（制度）包含：

- 管理的方式
- 雇用的人員（管理者和所有員工）

- 國民的
  - 工作經驗
  - 教育水準
  - 失業人口
- 本國政府的
  - 稅負
  - 申報
  - 關稅
  - 對貿易及產業的障礙
  - 職位的聘用以完成數量要求，而非能力，來決定
  - 進出口配額
- 外國政府的
  - 進出口配額
  - 貨幣的操縱
- 顧客
- 股東
- 銀行
- 環境限制

　　管理者有很大的權力及自主力（discretion），但畢竟沒有辦法操縱所有的事情。對生產員工而言，他就是系統。〔譯按：1983年作者在開普敦（Cape Town）的研討會學員提供。《新經濟學》有專章探討系統。〕

兩種錯誤

我們可以列出混淆了變異的特殊原因及共同原因,而導致的兩種損失:

　　1.事實上原因源自系統(共同原因),卻把變異或錯誤歸屬於特殊原因。

　　2.事實上變異或錯誤源自特殊原因,卻把它歸屬於系統(共同原因)。

　　過度調整(over adjustment)是第一種錯誤的典型例子。從來不試圖尋找某特殊原因是常見的第二種錯誤。

　　當督導人員直接注意部屬的錯誤或缺點時,通常會犯了過度調整的錯誤,因為他並未先辨別該作業員應否真正對此缺點負責。究竟缺點是作業員的錯?還是要由系統負責?本書將會有許多舉證。

　　單就其中一種錯誤而言,要沒有錯誤的記錄是容易辦得到的:永遠不犯第一種錯誤,或永遠不犯第二種錯誤。但在要避免某一種錯誤時,往往就會犯了另一種錯誤。要長久同時避免這兩種錯誤是不可能的事情。

　　尋找及消除特殊原因時所必須採取的行動,與改善製程所需的行動是完全不一樣的。我們一旦偵測出特殊原因,應該在線索消失前,進行研究並且找出它來。〔由安多弗市(Andover)AT&T公司網路事業部的羅伯特・考利(Robert Cowley)經理提供。〕

對於規則的需要（Need for rules）

沃爾特・休哈特（Walter A. Shewhart）（約在1925年）體認到這樣的事實：好的管理者仍會一下子犯這種錯誤，一下子又犯另一種錯誤。他認為我們需要一個實務上可行的規則，使兩種錯的淨經濟損失最小。為達目的，他設計了「三標準差」的管制界限。這兩個管制界限提供我們在廣泛未知（過去的和未來）的環境下，合理而經濟的指引，讓兩種錯誤的損失減至最低。

管制圖傳達統計的訊號，偵測出有無特殊原因（通常指特定的某一個或某一小組的作業員或某特別稍縱即逝的情形）存在，或告訴我們所觀察到的變異是屬於共同原因，也就是說系統的機遇變異。

讀者可在本書看到幾種不同的管制圖？每個相關例子都列出管制界限的計算規則，讀者也可在任何品管的書中找到。

針對任何規則的註解

喬治・蓋洛普（George Gallup）有一次對大選的預測失準，他後來在演講中提到，他是在選舉前預測的。許多比他聰明的人士卻在選後當事後諸葛，還會解釋為什麼會有這種結果。

規則必須在事前訂好，以便將來應用。實務上，規則往往是在對未來缺乏足夠資訊下構建的（事實上，我們甚至對過去的製程的變化也幾乎永遠沒有完全的資訊。）只要手邊有更多資訊，規則就可以設計得比事先較少資訊時的更好。這些評論也適用於休哈特（Shewhart）式的管制界限。實務所碰到的情況，它們的目的可達成。

用純判斷力來區分「特殊原因」和「共同原因」風險過高。

本書到目前為止，每次應用判斷時都錯誤了；讀者可參考第401至403頁的例一和例二。用肉眼所看到的數字來判斷，實在不安全，雖然如此，在特殊環境下，我也會甘冒些風險而採用目測法（eyeball method）。

發現變異的「特殊原因」並予消除的責任，通常落在直接產出管制圖數據的人員肩上。

某些特殊原因卻僅能由管理者來消除。例如，生產線作業員有時就需要工程單位的協助來排除運動會時的機器故障。管理者的責任是提供所需的協助。另一個管理者必須負責的例子是在處理供應商的品質問題時的混亂情形。這時作業員可能被迫使用不合格的或不一致的原料、零件。管理者該負責的是要採取矯正行動，與供應商共謀改善進料的品質，同時停止改換供應商。

各種型態

由許多點分布所顯示的特定型態（patterns），往往表示出有特殊原因存在。事實上，我們已在連串圖上使用型態的觀念。在第8章第303頁的**圖23**中，我們由管制圖的型態中留心到可能發生的問題。另一種要注意的型態為連續7個點或更多的點呈向上或向下的趨勢，或連續7點或更多的點都落在平均值以上或以下。

我們在找尋型態時可能會找得過度（overdone），所以必須事先說明如何指出特殊原因的規則。一旦某些人手中也有管制圖時，就很容易編造一個可自圓其說的型態。

在本章末尾所列的西方電力（Western Electric，譯按：AT&T

公司的大工廠）所編的參考書中，在型態方面的描述相當優秀。當然其它大多數的書籍中也有很好的解說。我的朋友勞埃德‧納爾遜（Lloyd S. Nelson）將西方電氣的書中舉的型態，彙整得非常清楚（注6）。

統計管制（Statistical Control）

依照休哈特（Shewhart）的說法，製程沒有變異的特殊原因，就是處在「統計管制」下，或稱為穩定（stable）。這時的製程是隨機的。在最近的未來，它的行為是可以預測的。當然，可能會有某些未知的變動發生而讓該製程超出統計管制之外。因此，在統計管制下的系統，具有可界定的身分（definable identity）及可界定的製程能力（definable capability）（詳見「製程能力」一節）。

在統計管制狀態下，即表示所有偵測出來的特殊原因都已除去了。剩下來的變異，必定是隨機的，也就是共同原因（除非又產生了另一個新特殊原因，並已消除）。這並不表示在統計管制狀態下，不需做任何工作；它只表示：對其餘上上下下的點，不需採取行動，而要是採取了行動的話，會產生更多的變異及更多的麻煩（參閱後述的「過度調整」各節）。而下一步是永無休止的改進製程（十四項管理要點中的第5點）。一旦達到統計管制狀態並維持住，才可以有效推動製程的改進〔朱蘭（J. M. Juran）多年前就這樣說〕。

把變異的、錯誤的、失誤的、低產量的、低銷售量的，以及大多數意外的共同原因移除，是管理者的責任。但是，「共同原

因」還會接著常常出現。像是銷售量不佳可能是由於產品不良或售價過高。對於每一個人的工作上所面臨的共同原因，我們不能期望機器旁的作業員可做任何改善，因為他僅應負責處理特殊原因。對於照明狀況，他不能有任何的改變；原料、工具都不是他採購的，他的工作只是使用它們，訓練、督導及公司政策等，都不是他的工作。

　　管理者、工程人員、製造人員、原料採購人員及服務人員等，都必須對統計管制有徹底的了解。穩定性（stability）或現存的系統很少是自然得來的。它是一種成就，是逐一消除統計訊號的特殊原因的成果（只留下穩定製程的隨機變異）。

　　　　我們在實際現場可以看到不計其數的管制圖，不幸的是，它們大部分都用得不正確。它們恐怕多半是弊多於利。要成功地使用管制圖就必須懂得一些理論背後的知識。本書中前面所敘述的幾節，對於增進這方面的了解是有助益的。

　　　　此外，大多數管制圖的另一個問題，是運用正確但用得太遲了，因為它們的運用在過於下游的地方，以致無法有太多好處。

　　　　更有甚者，許多使用管制圖的人認為，統計管制是所有努力的最後一步。例如我曾經看到環境汙染（contamination）處在統計管制狀態下，可是最大的問題其實是如何去除汙染。

挫折的典型路徑（A typical path of frustration）（詳見**圖33**）

一個改善的計畫，往往會產生熱情的參與、上級或外來何顧問的說教、再接再勵的鼓舞會議（revival meeting，譯按：原意為信仰復興傳道集會）、張貼海報、宣誓立約等。品質成為一種宗教。在最終稽核用的檢驗站所測量的品質，開始時有大幅的改善，以後的每個月仍有進步。每一個人都希望改善的路徑能沿著**圖33**的點線持續下去。

可是，事情開始不順，之前的成功停頓下來了。在最好的狀況下，不良率曲線開始走平。甚至會向上爬升。大家的士氣開始消沈。對此現象，管理者自然開始憂慮。他們對生產相關部門及裝配的主管，使盡各種軟硬兼施的手法：說服、祈求、懇請、拜託、請求、乞求、哀求，加上用下述利害事實來嘲笑、騷擾、威脅大家：若不能立即有實質上的改善，公司將關門大吉。

到底怎麼一回事？開始時去除由常識偵測出的特殊原因之後，所帶來的快速改善，看來相當簡單。但當改善的來源漸漸枯竭以後，改善的曲線就開始走平了，並在令人無法接受的水準上漸趨穩定。

值得注意的是，當我們依照管理十四項要點、致命惡疾及障礙試圖開始改善時，在管理者領導下，改善的曲線才能在最初幾個月（甚至長達2年）會有所起色。而且要是管理者有一個健全的計畫，那麼品質及生產力的改善曲線就不會趨於水準。只要管理者繼續領導此一計畫，情況就會繼續改善下去。

一般公司大約要花兩年，才會發現他們從貼海報、立下誓約及激勵大會是一條死路，這時才驚覺「我們受騙了」。

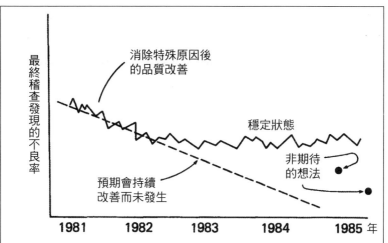

【圖33：挫折的典型路徑】開始時品質改善非常顯著；然後趨緩、走平，變成穩定狀態。此時管理者所肩負的品質改善責任愈來愈重，隨著明顯的特殊原因一個個被找出並排除，品質趨於穩定，但不幸地是，它處在不能接受的水準，到最後責任幾乎全落在管理者身上。

火災太多嗎？

某家公司接到一份保險公司通知，內容是說：除非公司火災的頻率能大幅降低，否則保險合約將被取消。這時我們可以從每月火災次數的管制圖，看到很好的說明。它表示公司的火災次數處於穩定的狀態，每月平均為1.2次，經計算可得出管制上限為每月5次（詳見圖34）。該公司有幾種產品，其中一種便是火災，而火災的發生次數是穩定的。有幾個月沒發生火災，幾個月只發生1次，有幾個月發生2次，上限為每月5次火災。

此事讓該公司的總經理心神不安，於是發信給公司的10,500名員工，要求他們減少火災次數。

如果保險公司有人也繪出**圖34**或類似的圖表，他將會看出來火災系統是穩定的，這也是保險公司設定保險費率，並能獲取利潤的良好根據。

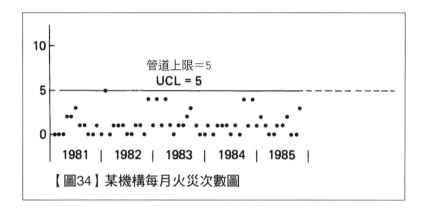

【圖34】某機構每月火災次數圖

在相同的火災系統下，該火災系統將會持續下去，直到管理者採取行動降低火災的頻率為主，保險公司當然可以就此提供專業建議。

圖34的上限計算方式，我是用移動全距（moveing range）法；移動全距總和為77，總共有57個。$\overline{R} = 77/57 = 1.35$。$\overline{R}/d_2 = 1.35/1.128 = 1.20$。平均 $m = 67/58 = 1.16$。 $m + 3\overline{R}/d_2 = 4.75$；圓整為5次。

此一穩定製程下，某些特質是否未曾顯示出來？果真如此，

只有管理者採取行動才能減少。是否公司內的任何單位，在此系統外而造成特殊原因時，需要另外研究？（參考第11章。）

送貨給你或給顧客的運送時間是否穩定？或仍舊受一些延誤的特殊原因所困。如果是穩定的，怎樣才能減少運送時間呢？（詳見第7章第242頁）意外事件如何？因此產生公假日又如何？

是否公司內有哪一單位超出了公司的管制界限？

紡織工廠的困擾

某紡錘會使紡織工廠停工，原因可能是紡錘的機械毛病，或者是紗線的缺點。工廠經理曾經追查破損的原因，並指示機械員維修前幾週故障率較高的紡錘。這樣做是共同的錯誤，它浪費了機械員的技巧及努力。

為了偵測紡錘是否超出上、下管制界限，可以計算如下：

$$\bar{r} \pm 3\sqrt{r}$$

上式中 $\bar{r}$ 代表當月份某一紡錘造成停機的平均次數。這公式有一假設，那便是停機事件是各自獨立的：對同一紡錘而言，某一次停機並不會導致下一次停機，也不會影響其它的紡錘，也不會減少其它地方發生的機率。

一個紡錘若超過上限，即表示發生問題。它可能在特殊使用狀況下，或它馬上需要調整。一個紡錘若落於下限之下，表示它是特別良好的紡錘，或它在某種特殊狀況下使用。紡錘若不逸出上限之外，則為正常的紡錘，可以定期的加以保養。

讀者能否從下述飛機指定保養的規則中，看出同樣的錯誤？

1.設定警戒水準是應用工業界的一般方法。詳情可參考
《民航出版品》（*Civil Aviation Publication*）CAP 418及FAA
保養通訊（FAA Maintenance Review Board Circular 1971）。

2.這方法必須計算過去12期（periods，譯按：指
「月」）的每一千次落地的實際移動（或去除）比率（re-
moval rate）的平均值，並加上2個標準差。

3.標準差是個統計參數，用來測知距平均值的變異性
（variability）。

4.應用先前4季的每一千次落地的移動（或去除）比率，
可以計算3期的警戒率（alert rate）。

在進行計算前，先將資料繪製於圖表上，例如每週的連串
圖，這是良好的起步。即使粗略的工具，如故障時間的分布圖，
也能讓我們看出組件的故障型態及有用資訊。

使用漏斗的蒙地‧卡羅實驗（Monte Carlo experiments）（注7）
（譯按：《新經濟學》第9章有進一步說明）

假若任何人要試著補償不滿意的結果，或是想取得特別良好
的結果，而調整穩定製程，那麼以後的產出一定比未調整前更糟
〔威廉‧拉茲科（William J. Latzko）提供〕。

這最常見的例子是依據不良品，或依據某顧客的抱怨而採取
行動。這種努力（看是全力以赴）改善未來的產出，往往反而會

使產出的變異倍增，甚至導致系統爆炸（譯按：變異愈來愈大，如下述的規則4）。真正的改善所需的是系統上的基本改變，而不是刻意干預它。

漏斗實驗的目的在於說明「過度調整」所造成的損失幾乎令人無法置信。實驗所用的工具是廚房中最常見的材料：①漏斗；②大小足以通過漏斗的彈珠；③桌子；④固定漏斗的架子。**圖35**能幫助讀者了解此一實驗。步驟為：

步驟一：指定桌面上的某點為目標。

步驟二：經由漏斗丟下彈珠。

步驟三：當彈珠落在桌上靜止時，在該點做個記號。

步驟四：再將彈珠秋丟入漏斗。當它靜止時，再作記號。

步驟五：連續丟、記錄50次。

進行步驟四，繼續丟下彈珠以前，你必須先決定採用哪一規則調整漏斗。我們歸納出下面4條規則：

規則一：固定漏斗的位置，對準目標，不加調整。

規則二：當丟出第 k 次（$k=1$，2，3，……）時，彈珠將靜止在測量值與目標點距離 Z_k 的落點（換言之，Z_k 是第 k 個落點的誤差值）。再將漏斗從前次的位置移動「$-Z_k$」距離，並將它記起來。

規則三：把漏斗移動至與目標點距離「$-Z_k$」的位置上。不需記憶。規則四根據前次的靜止點（Z_k），把漏斗移

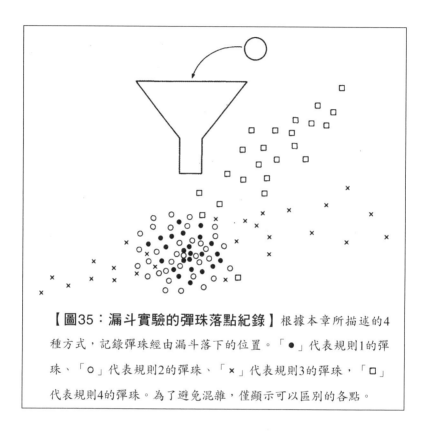

【圖35：漏斗實驗的彈珠落點紀錄】根據本章所描述的4種方式，記錄彈珠經由漏斗落下的位置。「●」代表規則1的彈珠、「○」代表規則2的彈珠、「×」代表規則3的彈珠，「□」代表規則4的彈珠。為了避免混雜，僅顯示可以區別的各點。

至那一點上面，不需要記憶。

在規則二及三中，作業員會盡最大的努力調整機器，以補償前次的失誤。

結果（注8）

規則一：這是目前最好的選擇。規則一將產生彈著點呈穩定

的分布。以目標點為圓心，向各方測量，它產生的變異都會是最小的。

規則二：規則二會形成一個穩定的產出，但是它從目標點各方所測量的變異，將為規則一的兩倍。

規則三：系統將爆炸。彈著點最終將依相反方向距目標點愈來愈遠，變異的型態有些對稱。

規則四：系統將爆炸。彈著點最終將依同方向，離目標點愈來愈遠。

規則三及四的結果是不穩定的；系統將爆炸。

規則四將產生隨機的移動形態。連續落下的彈珠就像一個醉漢試著走回家，

他每一步都是踉踉蹌蹌而歸，完全搞不清楚東西南北。他向任何方向移動，毫無先前的舉步記憶。他的努力最後只是徒勞無功，以蹣跚步伐離目標愈來愈遠。

規則四就相當於嘗試達成產品均勻性的作業員一樣，他企圖讓每一個產品都像前一個一樣，如此一來，系統將爆炸。

規則四的另一個例子是：試圖藉比對相接著的各批原料的顏色來驗收，而不參考原先指定的色碼〔由艾弗・弗朗西斯（Ivor S. Francis）提供〕。

關於規則四還有個令人擔憂的例子，就是由在職人員來訓練新進人員。這些新進人員數天後，便又開始協助訓練下一批新人。這種傳授方法將無止境的惡化下去。但又有誰會知道呢？

應用規則二及三的例子在本文中出現過。以後還有更多。

對讀者而言，一個好的練習便是將其組織中適用於規則二，

三及四的例子列出來，並試著估計其損失。

　　上述的實驗是用二度空間來測量。同樣的也可用一度空間來進行此一實驗。可以建造一個水平的軌道讓彈珠滑入，而此軌道旁有圍牆，以維持彈珠在此軌道內。

從本實驗及紅珠的實驗（後述）中，將可延伸理論、示範及應用情形，也可作為統計課程的令人興奮的入門課。

　　說明一：我們曾在第3章第160頁提及，根據機械或電路板回饋的訊息而讓尺寸及品質特性保持在規格之內，以致因過度調整（overadjustment）而造成後來各階段的損失，如此總成本反而會增加。對製程的改善根本沒有幫助。

　　說明二：在某次研討會中，有人告訴我：「我的兒子在潛水艇服役。他們每天早上第一件事便是對著靶子發射一枚砲彈，然後調整準星來補償誤差。現在我了解此種調整方式，幾乎將保證使當天接下來的射擊愈來愈差（與不調整比起來）。」他是對的，觀察很正確。

　　說明三：儀器與母標準之間的差異令人困擾時，往往需要校正（calibration）。此種校正常會過度調整，使該儀器失去了原先的準確度。我們要有一條準則，知道什麼時候該調整，也就是母標準及測試這兩個測量系統必須處於統計管制狀態下，然後基

於工程及經濟上的考量來決定是否需要調整。

　　例一：某製造汽車汽化器的廠商現在使用兩種測試方法來測試產品。汽化器測試方法A：是一種便宜的方法，使用的是不可燃氣體。測試方法B：昂貴的方法，從每批樣本中抽出10個汽化器（沒有任何說明如何抽取此10個樣品），使用可燃燒氣體來測試。

　　使用上述兩種方法來測試抽出的這十個樣品。

　　規則：對從每一批中抽出的10個汽化器用A、B兩種方法測試，計算其平均值A及B。假若連續3批A均低於B，則調整測試方法A，以期與方法B一致，然後再進行測試。若連續3批A大於B，也做同樣調整。

　　這個規則有什麼錯誤？假設測試方法A與測試方法B的結果是高是低都是隨機的。那麼在連續3批的一系列測試中，有四分之一的機會A＜B，同樣也有四分之一的機會A＞B。這個規則導致過度調整，即增加了人為的兩種測試間的差異程度，會造成額外多的成本。更糟的是，這規則並沒有把測試方法帶入統計管制狀態，也不能表示出測試間的差異。

　　假如他們能提供正確的測量數字（使用公分、毫克等單位），則比較此兩種測試方法的較佳方式為：根據**圖50**（第15章第497頁）所建議的方式，將兩種測試的結果繪製於圖上。

　　例二：某一汽車製造廠的幕僚人員的工作為預測各月的銷售量。他們需參考許多的資料。比較預測數量和每月份的實際銷售

量，有時超過，有時不足。根據此一比較，對下個月的預測做出或向上調整或向下的調整。讀者可以理解到，這些人這樣作，肯定將會讓他們的方法永遠無法改善。

儀器及量具的統計管制

我們曾在第8章第307頁得知，記錄的測試值是一系列作業的最終產品，從原料起加上在某些階段的產品測量作業而得出來的。我們在本書中的許多地方都強調這樣的觀念，那就是測量值要有意義，製程必須處於統計管制下，這是極其重要的；否則測量本身就沒有意義了。

這台儀器對下週產出的100件產品的測量，結果能否和今日的一樣？假若我們更換了操作人員又會怎樣呢？這個題目在第8章有關督導方式中出現過，在第15章有關檢驗成本中又會有所討論。讀者可能有興趣參考下述兩本書：Harry H. Ku 的著作及西方電力公司所出版的書，這兩本均列在本章結尾的書目中。標準177〔A.S.T.M. Standard 177，美國材料試驗學會（ASTM，American Society for Testing and Materials）〕有關精密度及偏差的規定，對讀者也有幫助。

另一個使用儀器的重點是，讓儀器有好機會執行工作。像是當我把液體樣本送到實驗室測量黏性（viscosity）時，它在路途中已開始老化。假如能把測量儀器一開始就放在液體樣本抽取處，結果自然會大不相同，抽取的樣本測量會更精確。

測量儀器的不實訊號

假若儀器已超出管制界限，它也許會發出不真實的特殊原因訊號，或無法偵測出特殊原因。一台儀器，不論是否在統計管制下，若精密度不足，工作時就會發出不實訊號。所以說，儀器的精密度及統計管制實在很重要。（由福特汽車公司的謝爾肯巴赫提供。）

杰弗里・拉夫蒂格（Jeffrey T. Luftig）曾提及某人負責量測量兩個照明彈間的距離但只測一次。我要求他做8次測量，他做了。結果這8次間的全距是規格容差的4倍。

在我點頭接受這些結論之前（關於哪一部分造成困擾），我想多了解些測量系統。這位經理向我保證：測量上沒有任何問題，因為都是他自己測量的。

管制界限並不是規格界限

一旦我們達到良好的統計管制狀態後，管制界限就會讓我們知道製程以及未來的狀況。因此，管制圖是製程告訴我們的信息（譯按：所謂「製程之聲」）。（注9）

當品質特性的分布處在統計的管制狀態下，它們就是穩定的、可預測的，日復一日、週復一週都是如此。這時產量及成本也可預知。如此便可考慮採用看板方式（Kanban）或及時生產管理（just in time）運貨方式。

威廉・康韋（William E. Conway）還指出，當工程師及化學師一旦看到製程是在統計管制下，他們對製程的改善會更具創新力、創造力。因為他們體會到更進一步的改善非他們莫屬。（參

考第1章）

不用統計方法而企圖改善製程，只是純靠運氣做事，結果往往使事情更糟。

研討會中的提問：請詳細說明符合規格及統計製程管制之間的不同。我的管理者認為符合規格便夠了。

回答：生產的目的並不僅是要達到統計管制，還要想辦法縮減變異。當變異減小後，成本也會跟著降低。只要求符合規格是還不夠的。

更進一步說，除非製程處於統計管制下，否則我們無法知道產品是否會繼續符合規格。除非我們已辨識出特殊原因、消除它（至少把目前出現的全數消除），否則下一小時製程會產出什麼樣的產品，還是無法預測。完全依靠檢查是有風險而又費錢的。你的製程可以現在很好，但下午就開始超出了規格範圍。

由貴公司管理者的假定所造成的損失數字在哪裡？他們如何知道？

規格界限並不是行動界限（action limits）。事實上，不斷用各種方法調整製程以求符合規格，才是造成嚴重損失的原因。（第3章第158至159頁「只需符合規格即可的假說」及「零缺點的謬誤」。）

有趣的是，處於統計管制下的製程，可能還是會製造出10％的不良品，甚至是100％的不良品。

管制界限並未設定機率

在管制圖上的某處畫出管制界限，根據的是機率理論。然而想用機率數字指出下述兩種情況，無論如何是「錯誤的」，以及「偵測特殊原因的統計訊號有時可能是錯誤的」，或是有特殊原因卻無法發出訊息。原因是沒有製程是固定的、不會上下變動的，除非是使用亂數的人為示範。

某些品質統計管制領域的書籍及許多訓練手冊，都教我們用管制圖看出常態曲線圖及曲線下不同的面積比例。這樣的圖表會誤導人，讓我們無法有效研究及使用管制圖。

那些可以偵測出特殊原因並據以行動的規則，並不是根據系統是處於穩定狀態的假說檢定（tests of hypothesis）而已。

有關規格的更多討論（注10）

對生產作業員而言，產品規格的最大界限及最小界限這種指導原則，成本既高又無法令人滿意。因此把外徑的規格設在1.001及1.002公分間，並告訴作業員：1.002公分在規格之內，這無法讓不良品較少及產量增加；這兩目標可藉由統計方法，以最少的努力來完成。

工作說明書應該能在最經濟的狀況下，幫助生產線作業員達到統計的管制。更進一步，品質特性分布要達到經濟水準，並讓變異持續減少。在此一系統下，他的產出就會符合規格，進一步超越一般水準這次，在後續作業持續降低成本，並提升最終產品的品質。對那些處在統計管制下，然而產出卻無法令人滿意的作業員，可將其調往其它工作重新訓練。（參考第8章）

變異、錯誤的散布及錯誤水準的共同原因（部分清單）：**管理者的責任**（讀者可視自己的工廠和狀況不同自行舉例）

・產品或服務的設計不良
・未能排除剝奪作業員做好工作及以工作為榮的障礙，
・不良的指示及督導（即領班與作業員之間工作關係不良）
・未能測量並減少共同原因的影響並減少
・未能提供作業員以統計形式表達的資訊，讓他們知道哪裡可以改善績效及產品的均勻性。
・進料不符所需

　本例為最近的經驗。產品設計要求把皮革黏著在塑膠上，可是有三分之一的失敗記錄。問題出在皮革上太油了。我們只是稍微改變皮革的規格，就可消除困擾。這僅是對系統作簡單的改變。（附帶一提，經此改變後，經理宣布員工的流動率顯著下降）

・程序不合所需
・機器故障
・機器不合所需
・機器的設定慢慢變得不精確（負責設定者的缺失）
・照明不良
・振動
・不合製程的濕度

‧製造流程中產品混雜,每一個產品都有小變異,程度不同而已。

‧不舒適的工作環境:噪音、雜亂、不應出現的灰塵、物料搬運笨拙、不是太冷就是太熱、通風不良、餐廳的食物不佳等。

‧管理者一下強調數量,一下強調品質,反反覆覆,卻不知道如何達成品質。

另一個共同原因是管理者未能正視不良原料所造成的問題。從前一個作業或公司外部進到製程的不良品或次裝配品,往往會令士氣低落。因為不管該作業員多麼用心,最後這產品仍將是不良品。由於不良品在中間過程所導致的多重影響,令人沮喪。(詳見第8章更多的討論)

管制圖的兩種基本用途

1.用於判斷

過去的製程是否處於統計管制中?(注11)用管制圖觀察製造某一批產品的製程即可知道。答案如果是肯定的話,因為管制圖是依品質特性而描繪的,我們將了解每一件產品的品質特性分布。參考第12章第423頁圖42的例子。

2.用於操作(進行中的)

管制圖也可在生產期間幫助我們獲得統計的管制並予維持。

此時製程已經在統計管制下（或近乎如此，僅有些微特殊原因的證據）。我們把管制圖上的管制界限延伸至未來，然後每半個小時或每個小時就畫一個圓點。生產線作業員並不需要關心這些點子的上下波動，除非出現連串趨勢（如工具的磨損），或是點子落在管制界限以外。

雖然消除變異的特殊原因，以朝向統計的管制是重要的，但這不是改善製程，消除特殊原因僅是把系統帶回原位而已（朱蘭博士演講詞）。朱蘭博士重複提到，從達成統計管制時，才剛開始要落實改善的重要課題。

接下來可以由工程師們接手改善系統。改善可能很簡單，只要作些調整就可提高或降低管制的水準，減少產出不良品的風險。但另一方面，改善可能是困難的、複雜的，目標可能在減少某種原料的使用及縮小管制界限之間的範圍。

使用管制圖的注意事項

生產線的作業員僅需懂得簡單的算術就會繪製管制圖。但他不能決定是否在工作上使用管制圖，更別說推動與應用。

教人有效地將管制圖應用在工作上，是管理者的責任。我們在第2章中知道，當作業員的工作榮譽不再受到剝奪所苦時，才能有效的使用手邊的管制圖。

用於小組內每一位成員的個別管制圖，有時是有幫助的。生產線作業員看到超出管制界限的圓點時，馬上能鑑定出特殊原因並予排除。除非作業員願意把這種管制圖公開，否則只有作業員及領班能看到管制圖，一張用於工作小組的不良率管制圖，可以

在特殊原因發生後,立刻顯示出特殊原因,通常這對每個人都有幫助。

要避免漫無目的地增加管制圖。我參訪過一家在大阪附近的工廠,當天他們讓我看到241張 $\bar{x}$ 及R管制圖。所有的管制圖每兩個月檢討一次;增加了某些管制圖,而停用有些已達到目的的管制圖(有需要時可恢復)。

製程能力

製程一旦達到統計管制狀態,它就具有可定義的能力(definable capability)。並會在及R管制圖上顯示出令人滿意的績效。也能預測可符合的規格。

我們可以用一個簡單方法來描述可符合的規格:在 $\bar{x}$ 管制圖上測量平均值 $\bar{x}$ 的上、下變動,也即用 n 乘以 $\bar{x}$ 管制界限間的分散,式中 n 是樣本大小。第390頁有實例。而個別值間的分散為 $6\bar{R}/d_2$。

符號 d_2 的數值要根據 n 而定,可在任何統計品質管制書籍中找到。它是從全距的分布導出。(注12)以近似值而言(注13),d_2 略等於 $\sqrt{n}$,到 $n = 10$ 為止。

因此,在管制狀態時,R管制圖可告訴我們製程的能力。

在應用 $\bar{x}$ 及 R 管制圖以及計算製程能力時常犯的錯誤為:不了解全距必須顯出隨機特性,每一點全距必須為 $\bar{x}$ 圖上觀測值的全距,而非來自其它觀測值。我們常常可看見許多製程能力的錯誤運用。若選取某些件數,如8、20、50或100件,用測徑器

（彎腳規）或其它儀器測量這些物品，然後取這些測量值的6倍標準差作為製程能力（這是錯誤的）。正確的方法的第一步是先檢討這些資料或數據，可以使用連串圖（run chart操作記錄圖）或 $\bar{x}$ 及 R 管制圖決定製造過程及測量系統是否處在統計的管制狀態。假如是，製程能力可明顯地從 $\bar{x}$ 及 R 管制圖看出來。假若不是，就沒有製程能力可言。

穩定性或統計管制的優點

一個穩定及統計的管制下的製程，比起不穩定的製程有許多好處。處在統計管制下：

1. 製程是有自己的身分，它的績效可以預測。它有可測量及可溝通的能力，如上節所述。生產量、尺寸及其它品質特性，包括缺點的數目，幾乎每個小時，每一天都是固定的。

2. 成本是可以預測的。

3. 統計管制的重要副產品為產出的規則性（regularity）。當整個系統都在統計管制下時，自然就可以採用看板制來運送零件。

4. 在目前的系統下，生產力最高（成本最低）。

5. 供應廠商的原料在統計的管制下時，我們與供應商的關係就可大為簡化。品質改善的同時成本也會降低。

6. 系統改變（這是管理者的責任）的效果能更快、更可靠地測量出來。如果不在統計管制下，我們就很難測量

系統改變的效果。更精確地說，只有大變動的影響才
能被確認出來。

7.在第14章全檢或免檢規則（all-or-none rules）也適用
於進料來自統計管制製程的產品，使進料的總成本最
低。

實驗室間的測試（此主題與「儀器和量規的統計管制」密切相關）

測試對買賣雙方都很重要。否則，不是買方為材料付出太
多，就是賣方收入過少。其實兩方都不輸不贏。這種測試對有好
幾個工廠在生產相同或相似產品的公司而言，也很重要。

使用管制圖判斷

我們在第1章中提過一例，現在換另一例。某大型郵購公司
的主管正為成本過高問題所苦。他手上有每半小時的訂單數目，
但「4個」占半小時的資料（$n=4$）就足以構成 $\bar{x}$ 及 R 管制圖了
（**圖36**）。他一旦看到訂單產出的管制界限很寬時，就說希望變
異能縮小些。我問他，你要怎麼做？他竟以為只要重新畫兩條距
離更小的線就可以了。我身為統計學家，有義務向他指出，管制
界限僅能顯示製程的現況，而不是他所期望的情況；而且以後要
想將變異減小，全是他的責任。他必須調查所有可能變異的共同
原因，並將其排除。只要這方面的努力有成，就能提高生產力，
縮小管制界限間的距離，而這才是他想要看到的。

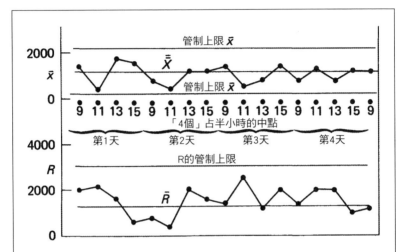

【圖36：每半個小時的訂單數量紀錄】圖中的每一點都是從4個連續的半小時而來的。$\bar{x}$ 是4個連續半小時的訂單平均數；R 是這4個數據的全距。

管制界限的計算公式如下：

$$\bar{x} = 1200, \qquad \bar{R} = 1372$$

對 $\bar{x}$ 而言：$\left.\begin{array}{l}\text{管制上限}\\\text{管制下限}\end{array}\right\} = \bar{x} \pm A_2\bar{R}$

$$= 1200 \pm 0.729 \times 1372$$

$$= \begin{cases} 2200 \\ 200 \end{cases}$$

對 R 而言：管制上限 $= D_4\bar{R} = 2.282 \times 1372 = 3131$
管制下限 $= D_3\bar{R} = 0$

上式各常數的數值為 $A_2 = 0.729$，$D_4 = 0$，$D_4 = 2.282$，可在統計品管的相關書籍中找到。

　　後來發現，變異範圍之所以寬廣的原因，其實很簡單（圖36顯示）：由於待處理的訂單起起伏伏所致：一陣子無訂單，隔一陣子又讓生產線疲於奔命。但是一旦管理者把這些訂單（譯按：要求的產能）平均分配（譯按：意即平準化）以後，就能提高生產力，錯誤也隨之減少了，所有的人（包括顧客）會更高興。

　　這樣做的收穫是，客戶抱怨交貨延遲及訂單錯誤的次數大減。以前需要雇用5位婦女來解釋遲延及錯誤，目前只需1位就可以，而且她還可騰出一半時間做其它工作。自然讓客戶更為滿意。同時，相同的設備卻讓生產力大增。沒人更為辛苦，只是更聰明了。

經由品質改善降低存貨

　　圖37表示每月製程中存貨的狀況（包括現成可用的外購零件），圖中縱軸上的刻度是「百萬美元」。品質改善計畫開始時的存貨水準是3,000萬美元，7個月之後，減為1,500萬美元，減少了1,500萬美元。依現行利率計算，每天約可節省6,000美元利息（週末、週日及假日都計算在內）。

　　存貨為什麼會降低呢？因為我們與供應商合作，提升進料品質，供應商的家數卻減少了。我們再也不需要為預防不良進料阻礙生產，而先在手邊多保留存貨了。更重要的是，等待重修的零件少了；大家都知道，待修品會愈積愈多，因為沒有人想處理。

　　製程處於統計品質管制狀態下，表示生產速度在統計管制之下，這時自然可實施看板制度（Kanban）和及時生產系統（just

in time）。

最重要的數據不在圖上

圖37很重要，但是比圖上數字更重要的是那些：未知的或無法得知的數字〔引述自勞埃德‧納爾遜（Lloyd Nelson）〕。例如，全廠的生產員工都看到整條生產線的改善所帶來的好處。他們浪費在隱藏瑕疵的時間減少了。生產力提升了。另一個看不見的收穫是，最終顧客所得到的產品品質更好了，從而可能會帶來更多顧客。由改善品質而導致生產力及競爭地位的收穫，是難以用金錢衡量的。另一個尚未提及的收穫是，以前散布在工廠各處用來堆積待修品的場所，現在可清空做更有益的用途。

銷售上的應用

某公司的銷售員要提出業務報告，每名銷售員負責費城區域的某塊業務範圍。他們可能會有什麼問題呢？在這方面，統計思考法可以協助某些系統相關的問題。也許某些銷售員的績效是落在管制界限之外。（譯按：本節的圖示和倒討論，請進一步參考戴明著《新經濟學》第10章圖31和相關說明。）

公司當然希望產品的市場占有率更大，但要達此需要管理者採取某些行動，此遠超本書的範圍，但我們可以提出三種可能，像是改善製造效率來讓降價是可行的，讓交運過程更快或可能更好和更可靠，以及或許品質更好和更可靠。發動一波促銷活動會有幫助嗎？

1號及2號銷售員都碰到了問題，1號銷售員在產品A及B的銷

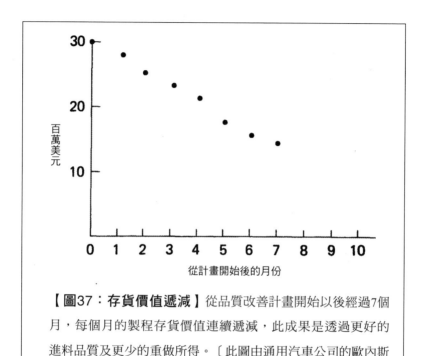

【圖37：**存貨價值遞減**】從品質改善計畫開始以後經過7個月，每個月的製程存貨價值連續遞減，此成果是透過更好的進料品質及更少的重做所得。〔此圖由通用汽車公司的歐內斯特・舍費爾（Ernest D. Schaefer）所提供，1982年〕

售上，超出了小組的管制範圍。2號銷售員則僅在產品B上低於管制界限。如果我們馬上就下結論，以為更換銷售員可以有更好的結果，這是不智的。管理者的第一步，就是該檢討這兩位銷售員的工作區域及其競爭力；因為消費者對別家品牌的忠誠度有時也可能讓銷售量更低落。

適當的協助或許可以幫助兩名銷售員來提高兩種產品的銷售量，在這些營業範圍立即獲得巨大的利潤，因此，如何幫助業績低的銷售員，值得管理者深思。

第二步則為與地區經理及兩位銷售員談談，找出特定因素。當然，結論可能是：低業績的銷售員應該調任。

該公司的工作額度（即「工作標準」）是每天7,200美元。你以為會有人的業績報告會超過這7,200美元嗎？

紅珠實驗

（譯按：進一步的討論，請參考本書的姐妹作《新經濟學》第7章的「紅珠實驗的教訓」和圖19。）

演講中，我常舉一個簡單的實驗來說明，把系統缺點歸咎於作業員是多麼容易的事。（注14）

裝置：紅色及白色的木質珠子，放在盒子裡

全部珠子：3750顆（包括紅珠及白珠）
白珠：3000顆
紅珠：750顆

50洞板杓：上有50個微凹的洞（10×5）。一次可以舀出50顆珠子。50洞板杓形狀詳見**圖56**（第15章第516頁）。

我們在黑板或投影片做徵人廣告，誠徵聽眾自願參加抽樣：

有10個職缺，應徵者必須有工作意願，教育程度不拘。

10位自願工走上前來。其中6位充當生產線學徒。2位指定為檢驗員，另1位擔任檢驗長，第10位為記錄員（編制人員氾濫！）。名字列入薪資冊中（**圖38**）。

工頭解釋說，顧客只接受白珠，不接受紅珠，因此所有的錯誤只能在這裡（廠內）發生。我們有工作要求標準，即每個作業員每天須生產50個產品，好壞都算。我們有兩位檢驗員（事實上一位就夠了），目標是每人每日的產品中紅珠數不能超過一個。

他們有3天的見習時間（實驗中縮減為10分鐘），工頭解釋工作內容。某位志願工首先攪拌原料（紅白珠的混合）。攪拌的方法是在距離10公分的高度處，將珠子從一個容器倒到另一容器中，然後再倒回來。然後用50洞板杓舀滿一天的產量，再把這個成果送至1號檢驗員處，再送給2號檢驗員。這兩位檢驗員靜靜地把各自數到的紅珠數記在紙上，不做任何評論。檢驗長會比較兩位檢驗員的記數，沒有問題時，他向大家宣布這個數目，記錄員把每一批的數目記在**圖38**的表格中。

工頭向大家解釋，這6位志願工的工作，完全是獨立的。假若他們的績效令人滿意，這地方將能繼續營運。

工頭又解釋說，我們唯一做對了的事就是：兩位檢驗員是獨立的。他強調，靠共識來完成檢驗，會使檢驗員之間無法比較，也會失去了發掘檢驗系統是否存在的機會。

所有工作人員都了解自己該做什麼。一切準備就緒。

工頭看到第1天的紅珠數目，快嚇呆了，他懇求作業員好好

研究每一顆紅珠，第2天不要再產出。第2天一開始，他又不懂為什麼別人不能做得像尼爾第1天所做的那樣好，只生產3顆紅珠子。「假使尼爾能，別人也能。」

明顯的，尼爾是第1天的英雄，可以準備加薪了。另一方面，蒂姆卻顯然是我們所有問題的根源。我們都喜歡他，但可能需要找個人來接班。

第2天結束時，工頭非常失望。因為甚至連尼爾都令他失望：第1天3顆紅珠，第2天13顆。他問：「到底怎麼了？」。他不明白每批與每批之間，為什麼變異這麼大。他辯稱，不應有變異才是。程序都是固定的，每一批都相同。為什麼這一批與另一批有所差異呢？他同時也對低產率（此指良品率）感到驚訝。因為根本沒人能達到1顆紅珠的目標。

第3天結束時，管理者威脅著要停產，除非第4天顯著改善。作業員的確每天都能達成50顆的配額，但是產出率太低。

第4天依然沒有好轉，工頭告訴作業員，雖然他們已盡力而為，結果仍然不夠好。管理者決定要關廠了。他對此非常抱歉，希望他們在離職前能領到薪資。

在場的每一位聽眾都被要求，要畫一張每批紅珠數目的管制圖（**圖**38）。

管制圖的解說

參見**圖**38。有人也許會從企業經營的觀點下結論，認為製程如果處於統計管制中、穩定的，那麼繼續進行屬明智之舉。這種結論的基礎可能是：①了解「目的或意圖」；工頭給每一個自

管制圖的解釋：

本次的流程顯示它處於統計管制狀態。其中沒有任何證據顯示，未來哪一位作業員的表現會比其他作業員更好。

每位作業員已全力以赴。

降低產品中所含的紅珠的比率的唯一方法，是設法消除進料中所含的紅珠數目（管理者的責任）。

此控制界限或許可以延伸到未來，繼續提供相同流程的變異當成預測使用。

在聖地牙哥實驗的數據（提供預測比較之用）：相同的珠子、相同的板杓、相同領班。

平均數（$\bar{x}$）=18、管制下限（LCL）=1
=18、管制上限（UCL）
=9.9，管制下限（LCL）=1

$$\bar{x} = \frac{238}{6\times4} = 9.92$$

$$\bar{p} = \frac{238}{6\times4\times50} = .198$$

管制上限
管制下限 $= \bar{x} \pm 3\sqrt{\bar{x}(1-\bar{p})}$

$= 9.9 \pm 3\sqrt{9.9\times.802}$

$= \dfrac{18}{1}$

5 mm木珠數目：
總數：3750
紅珠：750
白珠：3000

使用第2號板杓

作業員每天的不良品（紅珠）數的紀錄。
每位作業員每天抽50個（批量）。

作業員姓名	日期 1	2	3	4	All 4
尼爾	3	13	8	9	33
塔西	6	9	8	10	33
蓋瑚	13	12	9	8	42
麥尼	11	8	10	15	44
托尼	9	13	8	11	41
理查德	12	11	7	15	45
6人總和	54	66	48	70	238
累計平均數	9.0	10.0	9.3	9.92	9.92

檢驗員：班與喬
記錄員：溫蒂；檢驗主任：羅伯特

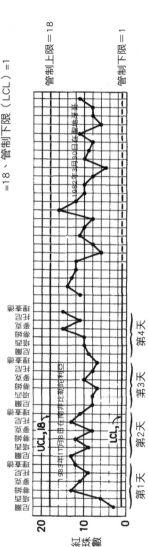

【圖38：數據由來實驗產生的計算控制界限】1983年11月8日在南非此地對比勒陀利亞所舉辦的品質提升研討會中所產生，說明控制界限的計算過程。將結果畫在圖左、控制圖的解釋在右上方。（與1982年3月30日在聖地牙哥的實驗，請見圖38圖右。）

願工（作業員）及檢驗員的指示；②對自願工的信心；③圖38的
報表及管制圖。假若製程穩定，那麼試圖發掘為什麼尼爾在第1
天只有3顆紅珠，第2天卻是13顆，及理查德為什麼第4天產出15
顆紅珠是徒勞無益的。所有這些變異完全由系統所產生，而非作
業員的錯。

我們從紅珠實驗學到了什麼？

1.造成低產率的原因是進料中的紅珠。既然如此，就該把紅
珠移出系統。作業員完全沒有能力改善品質。只要原料中還有紅
珠子，作業員的產出將繼續有紅珠。此一實驗本身非常簡單，但
是把重點說得很清楚。只要看過這個實驗，大家就知道在他們的
組織中到處都紅珠（問題的源頭）。

2.各批之間及各作業員之間的變異，是由系統（而非作業
員）產生的。

3.任何作業員在任何一天的績效都無法成為預測其績效的基
礎。

4.我們同時看出來，機械抽樣與使用亂數抽樣的結果，可能
完全不同（參見隨後的說明）。

變異的預測

我們都同意，如果製程顯示在統計管制之下，好到足夠使用
時，就或可以把管制界限延伸，成為未來連續生產所會出現的變
異界限的預測。我們手邊並沒有接下來4天的資料，但管制圖上
卻有過去的數字資料，也就是同樣的珠子、同樣的50洞板杓、同

樣的工頭,只是作業員不同而已。

在這裡,我們要重複有關統計管制的重要智慧:製程處在統計管制下、呈穩定狀態,表示它可成為合理基礎預測未來生產作業。

實驗數據代表什麼?

在產業界及科學界,實驗的目的是在預測未來實驗的結果。休哈特強調,做一次實驗所得的數據的資訊,有助於預測。那麼,為了幫助預測未來的實驗結果,我們在實驗中到底需要什麼樣的記錄呢?

不幸的是,未來的實驗(未來的試驗、明日的生產)將會受到環境(溫度、原料、人員)影響。究竟能否允許將手邊的結果成為未來的利用,要取決於原實驗的環境與未來的是否夠相近:未來的環境,可能與本次實驗的不同,所以我們必須考慮該題目所牽涉到的固有(基礎)知識,可能的話,再更進一步做實驗,讓實驗涵蓋更大範圍的情況。如此我們可以決定:未來的環境條件是否與今日的類似,當然,這種推論還是有可能(風險)犯錯的。

> 必須附帶說明的是,預測出錯的風險,是不能用機率名詞來描述的,這點與某些教科書及教法有所不同。因為經驗上的證據,怎樣也不可能完備。(注15)

這裡我們記錄了日期、時間,以及作業員的姓名、檢驗員的姓名、珠子的情況、板杓的號數(第2號)等。還有什麼遺漏了?

　　這6位按時計薪作業員形成了一個統計系統（沒有一個超出管制界限外）。在此後做其它實驗時，我們也許可以不必記錄他們的名字。然而，板杓卻是很重要的（見下節）。

　　此實驗的其它資料是，工頭有熱忱，他在執行將原料（珠子）均勻混合這一規則的表現熱心。

累計平均

　　既然盒子裡有20％的珠子是紅色的，試想，我們用同一製程繼續生產許多天之後，累計平均及其統計界限會是多少？

　　觀眾直覺的口頭答覆是10，因為50顆的20％是10。大錯特錯！觀眾這樣的陳述，並無根據。事實上，根據過去多次實驗的結果，第2號板杓的累計平均數是9.4顆紅珠（每批50顆珠子）。而使用過30年的第1號板杓，平均紅珠數是11.3顆。

　　因此，板杓是製程中的一個重要資訊。看過這些數字之前，讀者是會也這麼想？

　　同樣的問題，可以有不同的說法：請告訴我，為什麼我們不該猜測累計平均數為10。答案是：①眼睛對紅色素的感受與白色素的不同。用手指摸起來，紅白珠不同，同樣地，對不同板杓也會不同。②紅珠和白珠的大小可能不同。重量可能各不相同。紅珠是用白珠染紅製成的（或是反過來做，將紅珠染白）。

　　累計平均（r̄）和「10」這個數字之間的差異，有人或許以為是偏差（bias）。不，這種差異不是偏差。它是兩種方法間的選擇差異：①我們在此處使用機械抽樣法（mechanical sampling）；②也可以用隨機數來選擇。（注16）（請參考下面有

關機械抽樣的章節）

　　練習一：本練習將讓我們知道，如果我們一批一批算出白珠數目，白珠管制上下限之間的差距，與剛剛算出的紅珠其實是相同的。接下來，我們再畫一張白珠的管制圖僅將縱軸反轉，以0取代50；以10取代40；以20取代30；30取代20；40取代10；50取代0即可。白珠的管制上下限仍會維持原樣：上限為49，下限為33。

　　練習二：在蒐集資料以前，我們都知道理查德有一半的機會，會在第4天比蒂姆產出更多不良品，這是無庸置疑的。假設實驗再進行4天，並假定6位作業員間的差異仍維持在好的統計管制內。兩人在第2個第4天相反的機會為50比50。8天下來，理查德累積不良品的數目大於蒂姆的機會仍為一半一半。

亂數抽樣

　　假使我們的批用是由亂數取來的，那麼累計平均（$\bar{x}$的統計界限）將為10。因為亂數不受顏色、大小、珠子的特性、板杓，或作業員所影響。許多教導「抽樣理論」及「分布理論」的書都是應用亂數來教統計理論（機率理論），但實際生活中，則不是這樣的。一旦統計管制成立，就有一個分布存在，就可以預測了。

機械抽樣將曲解製程平均

　　事實是這樣的：用檢驗員抽出來的樣本的不良率計算累計平均，再怎麼小心，都不能和製程平均接近。公正的檢驗員所

選取的檢驗樣本，可能是由批的上、中、下部位所抽取的（以求公正），但這不能保證他的取樣會近似用亂數來取樣的結果。唯一最能避免機械抽樣所造成的扭曲的方法，最好還是以亂數抽取；但我們必須承認，在許多情況下，使用亂數是不切實際的。想要消除機械抽樣所造成的偏差，唯一方法是對隨機抽取出的各批，當然可能是全部的批，實施100%檢驗。〔戴夫‧韋斯特（Dave West）於1982年6月在南非比勒陀利亞（Pretoria）市的研討會中所提出〕

　　選取樣本方法的改變，如使用機械式選樣或是判斷（judgment）選樣，可能使某一點遠離管制範圍外。這點我們在解釋管制圖時，可要牢記在心。

統計管制的進一步解說

統計管制並未蘊含不良品不存在

　　統計管制是處於隨機變異的狀態中，就某一方面來說，它所謂的「穩定」是指「變異界限是可以預測的」。處於統計管制下的製程，仍然可能產出不良品。事實上，產出不良品的比率可能還相當高呢。我們可以從紅珠實驗中看出來。

　　讓製程處於統計管制內，並不是我們的最終目的。統計管制一旦成立，就該好好地開始改善品質及讓生產處於經濟狀態。

　　介入系統來改變它（如消除系統中的紅珠），可能很簡單，也可能既複雜又漫長。改變平均（或水準level）也可能很簡單。它可能需要長期的實驗（回想第1章第12頁紙張塗布的例子）。但降低上下限間距，則通常較改變水準困難得多。每一個問題都和

別的問題不同，沒有通則可循。這就是屬於工程師的工作。

研究混合品

可能會隱匿了改善的機會。讓我們想像：現在有3條生產線的產品，都從同一管道輸出。就像3條支流注入相同河川一樣（圖39）。如果這3條生產線（支流）皆在統計管制之下，則管道中的混合產品也一定處於統計管制之下，即使這3條生產線的平均值，彼此相距很遠。

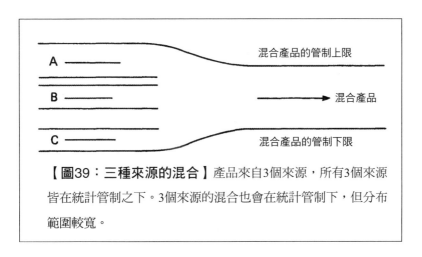

【圖39：三種來源的混合】產品來自3個來源，所有3個來源皆在統計管制之下。3個來源的混合也會在統計管制下，但分布範圍較寬。

事實上，如果從3條生產線來進行的原料都混合得很均勻，混合產品的變異將會介於3條生產線所有產品的總變異之間。學統計的人都認識下面這個公式：

$$\sigma^2 = \sigma_b^{\,2} + \sigma_w^{\,2}$$

上式中，σ^2是混合產品彼此之間的變異，σ_b^2是3條生產線平均值之間的變異，σ_w^2則是3條生產線內產品之間的平均變異。

第一步是減小來源A的變異。讓我們分別將3個來源移至同一水準。

事實上，無論混合產品有無問題，研究來源都是一個很好的做法，把它們調至同一水準；降低來源間的變異（尤其是那些變異特別大的）。開始研究前，先設法使每一個來源都處於統計管制之下。

向上游溯源研究，會讓我們找出改善混合產品的有效途徑。
〔威廉・謝爾肯巴赫（William W. Scherkenbach）〕

一個小團體的聯合即使處在良好的統計管制下，但對個別（針對每一個人）的管制圖，可能還會讓我們發現有一兩位（或更多）人員需要再訓練或調工作（第12章第439頁的例子）。

下面是個別管制圖發揮功能的例子。9台研磨機放在前軸上作最後的修飾，9台研磨機平均有3％的不良品，而個別機器的資料顯示，第2號及第3號機器會產出不良品，需要調整。當這兩台機器經過仔細修護之後，這一列9台機器的產品不良率降至零。假若沒有每一台機器的個別資料，將不可能達成製程改善。

在第8章的**圖20**中，所有11位焊接員的產品都混在一起。分別研究每一位焊接員，我們就可以看出是第6位焊接員的出錯率太高。

以下是大衛・錢伯斯（David S. Chambers）教授提供給我的

一個「編織」的例子：47名編織員的綜合產出結果位於相當良好的統計管制下，次級品及報廢品只有4.8％。每一位員工的個別管制圖都顯示了一個事實：某些編織員產出不良品的數量比他應該承擔的錯誤還多（第12章第430頁）。

案例解析：代價昂貴的誤解（注17）

例一：管制圖上的行動線，是用「判斷」設定的，而不是用「計算」。我們已經知道，管制圖上的管制界限將讓我們知道該對製程有什麼樣的期待，而不是以為心想就會事成。試想一個作業員在管制圖上畫了一條線來表示每天的不良率。假定他畫在4%的水準上，對他而言，這似乎是合理的目標。他指給我看，一個遠在線外的點。他說，這是一個超出管制的點。

我問：「你怎麼算出管制界限的？」

「我們不做計算；我們只是把線畫在它該在的地方而已。」

有些教科書會誤導讀者根據規格或其它需求條件來設定管制界限。甚至有書本根據OC曲線（OC-curve）來設定（此處不討論）。這些誤解都會增加成本，不能達成所需的品質。

這樣畫一條線來取代管制界限，將會導致「過度調整」或「調整不足」的情形，並使問題永遠無法根絕。結果。如同我所說的可悲情形：人們拋棄了管制圖（用這種態度誤用它），然後補說一句：「品質管制在這裡不管用」。

這也難怪，畢竟他們從來沒有試過活用管制圖。

規格界限絕不能畫在管制圖上。

最近有一本統計品質管制書籍也犯了類似的錯誤，它誤認顧客的要求才是計算管制界限的基礎。這種說法讓初學者困惑不已，讓他們永遠被誤導。

這裡我要再強調一次，一定要由高水準的導師教導初學者，而不是冒牌貨。

例二：同樣的錯誤是：按製造商的等級來設定「行動」限制。落入用「判斷」來設定行動限制的陷阱比你想像中的還要容易。我要在這裡引述一封來自某公司副總裁的來信；他對自己努力的成果感到很高興，卻渾然不知其方法實際上是剝奪了品質及生產力（可由同樣的設備及人員來達成，只要給他們一個表現能力的機會）。製造設備的廠商如果有機會的話，設備也可能超過要求的水準。

在1980年的最後一季，我們重新組織了一番，並聘請顧問透過正式指導及現場實習，來了解有效的督導（領導）原則。我們把許多工作（正式員工和非正式員工等）合併在一起。我們取消了生產人員的所有工作標準，改用製造商的設備規格中的最大速度，作為現場標準。不能百分之百的達成時，督導就要查明不能達到最大速度的原因。一旦查明，所有的保養、技術，及服務人員都須一起設法來改正。

這個方法是錯的。他的專家用製造商宣布的規格來做管

制界限（行動限制），這樣將會混淆特殊原因及共同原因，會使問題永遠持續下去。

　　更好的做法是在當時的情境下，使機器達到統計管制狀態。這樣下來的結果，績效可能是製造商規定最大速度的90%、100%，或110%。下一步才是持續改善機器，並從此使用該改善了的條件。

　　例三：如此明顯，如此徒勞。某大公司副總裁告訴我，他對最終產品的檢驗有一套嚴密的程序。我問他們如何使用數據時，他的回答是：「數據都在電腦裡。電腦提供每一個缺點的記錄及說明。我們的工程師從不停下來，直到他們找出每一個缺點的原因為止。」

　　然而，為什麼過去兩年內，其不良燈管的水準相當穩定地維持在4.5到5.5%之間的水準呢？因為工程師們把共同原因和特殊原因混為一談了。對他們來說，每一個缺點部是特殊原因，需要追查、發現，並加以消除。他們試著找出穩定系統中（或上或下）的變動原因，但這只會使事情更糟，違反他們的目的。〔詳見第25至26頁勞埃德・納爾遜（Lloyd S. Nelson）的評論〕

　　對顧客而言，製造者的努力固然令人激賞。因為看來製造者是很有良心的。他們會盡力降低未來的不良燈管。事情的確如此。只可惜，他們的努力方向是錯誤，又顯然無效的。但顧客和製造商兩造，又如何能知道他們的無知呢？

　　唯一明顯的例外是，這環境「有規律地」產生不良品。不良品規律地出現，可視之為是一種「形態」（pattern），表示缺乏

統計管制。不良品項有單一可能長期而重要的原因時，我也會給同樣的建議。在這些個案中研究不良品，可能會讓我們找到問題的根源。

例四：保證問題會持續存在。我有天在一家製造輪胎的工廠中，看到工人把當天的不良輪胎排列起來，等工程師來查看（這情形會和例三一樣）。

例五：分布的誤用，常在無人化電腦上發生。銅錠被擠出，熾熱、火花四濺。一台機器切割銅錠至所需的326公斤。每一塊銅錠都自動秤重，數據也輸入電腦中。

下一步是銅的電解沈澱，銅錠形成正極（anode）。當較重的銅錠在電解槽中完成之時，較輕的銅錠只會浪費空間。

作業員的工作，就是在看到銅錠的重量太輕時，調整開關以便增加下一個銅錠的重量（如果銅錠超重，就採取相反的行動）。自動秤重裝置在每天結束時，會把當天生產的銅錠重量繪成一張直方圖。每天早晨作業員面前都會有一張前一天的銅錠重量直方圖（**圖40**），這是一個令人垂頭喪氣的例子。

我問：「直方圖到底有什麼用?」
答：「這是我們的品質管制系統，它可以指出作業員表現如何，使他得以改善。」
我問：「重量不均的情況發生多久了？」
答：「一開始就有。」

　　其實作業員這樣根據銅錠重量，上上下下的調整機器時，等於是和自己唱反調，只會加大重量變異而已。他只會隨著（漏斗實驗）規則二、三、四的模式（第373頁），只是盡其所能，使事情愈來愈糟。然而他也不明白。圖40的分布是完全無用的，它只會讓大家被感到挫折而已。

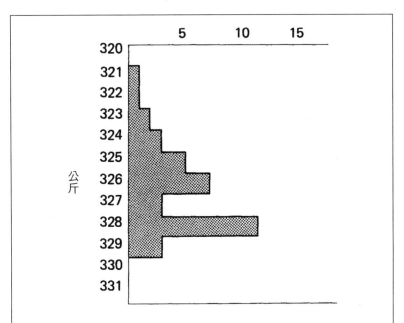

【**圖40：昨日生產的直方圖**（由自動秤重機測重，並記錄每一銅錠重量）】直方圖顯示作業員昨天的工作表現如何，但對他達成平均重量所需的更狹窄的分布並無幫助。電腦同時列印出分布的平均值、標準差、偏態及第四動差係數等，所有這些對於作業員完全都沒用處。

應用有什麼錯？

圖40分布無法讓我們看出：①從系統產生的原因；②作業員所能矯正的原因。它根本就幫不上忙，只會使作業員覺得沮喪。管制圖則會指出必要的原因，所以以能幫助作業員。

主管工程師向我解釋，這裡不需要統計的品質管制，因為他進行100%檢驗（全檢），並有每一個銅錠的重量記錄。作業員只需在每一個銅錠秤重之後調整機器。工程師很清楚他所有的工作，只是不知道哪些重要。他如何能知道道理所在？

另一個有趣的統計問題則是，在我們考慮平均值以上的最佳重量（利潤最高）時產生的。銅錠超重的部分，則予以切除。這個問題相當直截了當（而簡單），但我們不打算在這裡研討。它將牽涉到重量的分布、超重銅錠的切割成本，以及延長銅錠在電解槽中的時間成本。

我曾在某個實驗室看到一張圓型圖（pie diagram，派圖），依錯誤類型顯示出每個人上週犯錯的數目，同樣的過失、同樣的理由。因為他們的管理者假設每一個人在工作崗位上都能改正所有的錯誤，也就是，他們都能做到盡善盡美，只要他們知道自己錯了，而且努力做得更好。

例六：績效指標帶來的損失。某貨運公司的工程師們發展出一套標準，來測量70個轉運站經理的績效。只要該經理的績效低於100%，就表示他在某方面怠忽職守，只要高於100%，就說他做事確實。

這就像叫經理檢視不良品，以便努力改善未來產品一樣（是

錯誤的）。管理者該做的是調查「指標」（index）的分布狀況。看看這個分布會形成一個系統嗎？或是還有超出範圍外的點？研究你手邊績效和業務間的「相關」關係。將可發現績效為什麼特別好或特別壞。例如，內陸運輸比海外運輸比例高的情況，就可以解釋為什麼有些裝卸站的利潤不高。這也就是為什麼進入佛羅里達州的貨運，比運出者多的原因；結果鐵路車廂及貨車北上時都是空的（轉運站經理對這種比例無能為力）。

例七：在生產階段早期程序的錯誤。這個例子的課題和我們已經學過的一樣，但再重複一遍也無妨。

我們先檢測10、30、40或100件產品，以知製程是否管用。下一步（錯誤的）是研究失效的產品，以期發掘問題的原因。

這是個失效分析的失敗。使用統計方法來解決統計問題是較好的辦法：

1.依生產次序用測量值繪出操作記錄圖或其它統計圖（數據足夠，還可以畫出 $\bar{x}$ 或 R 圖），以了解製程是否在統計管制之下。

2.如果圖表顯示確有相當合理地統計管制存在，我們可以說：製造不良品的系統也是製造好產品的系統所製造的。只有改變系統，才能減少未來不良品的數目。我們也許要改變零件的設計，或是改變製造方法。然後還要檢查測量系統，是否夠標準化及在統計管制之下。

我們對少於15或20件樣品的合理程序，很難對製程能力問題有一個合乎邏輯的回答。雖然較小數目的樣本，有時也

會有確定結論。因此，如果開始生產時的6或7件產品都不合格，我們就可以說，製程無法滿足規格要求，或是測量系統無用，或是規格應予放寬。

7至8件產品都顯示出向上或向下趨勢而無相反跡象時，這表示相當確定製程出了問題，或是測量系統有問題。

有關變異的資訊；如果你在取得5至6個測量值之後便停止，你便沒什麼機會得知更多測量值所能提供的變異了。〔此段是1984年6月7日與勞埃德‧納爾遜（Lloyd S. Nelson）的一次討論的成果〕

3.如果管制圖顯示缺乏統計管制，那麼下一步驟便是找尋特殊原因。同樣的，我們最好先調查測量系統；首先是找出數據中的錯誤。

例八：我向華盛頓的郵政局長抱怨寄給我的信郵遞錯誤。鄰居的每一個人（包括我在內），都好像常常收到給別人的郵件。當我將信轉交過去時（地址就在附近），在門口巧遇一位手中拿著我的信的鄰居。真是公平交換。郵政局長對我的抱怨所給的答案是：

你所指出的問題，也是郵政系統中令我們傷腦筋的問題之一（如同它令你頭痛一樣）。這個問題已經存在多年了。我們向你保證，你所提到的每一項錯誤，我們都會讓出錯的郵差多加留意。

　　「已經存在多年了」等於是承認錯誤是系統造成的，這問題顯然不僅限於我住家附近，也不限於時間，或任何一位郵差；它將持續下去，直到系統開始進行基本變革為止。同時，管理者將會繼續責備郵差，結果我的抱怨只會讓郵差難過。

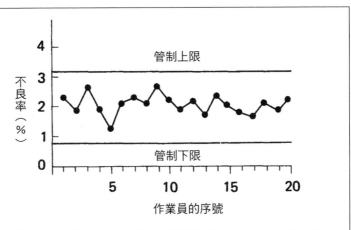

【圖41：20位作業員的不良率管制圖】20位作業員每位的不良率。圖中的點是依工作位置順序排列。（所有人員的生產數量幾乎相同。）

管制界限的計算過程：
$n=1225$，每人每月的平均產量

管制上限（UCL）
管制下限（LCL） $\Big\} = 0.02 \pm 3\sqrt{\overline{pq}/n}$ $(\overline{q}=1-\overline{p})$

$= 0.02 \pm 3\sqrt{0.02 \times 0.98/1225}$

$= 0.02 \pm 0.012$

$= \begin{cases} 0.032 \\ 0.008 \end{cases}$

進一步的應用

使用管制圖測量系統的綜合錯誤

圖41表示20位作業員在上個月所造成的不良率（他們的操作本質基木上沒什麼不一樣）。我們可以清楚地看出：

1. 這20位作業員的產出構成了一個「穩定」而「可界定」的製程（具備製程能力可言）。

2. 製程能力是2%的不良率。

生產線員工已經盡力而為了。改善只能來自管理者，而他們的責任目前很清楚：找出並排除（只要可能，就儘量減少）一些問題的共同（或環境）原因，或持續接受2%的不良率。

研究並改變系統的好處例子

1980年5月29日布達佩斯《每日新聞》（ *Daily News* ）的報導：

管理上的革命

【倫敦訊】

倫敦著名的紅色公車在過去6個月內，生產力大增，官員們認為「管理革命」是主要原因。

在公家系統下運作的倫敦通運公司，將其改善歸因於

終止中央控制。300條路線上的5,500輛公車分成8個區域，每一個區域各自為自己的財務、修護及顧客抱怨負責。

公車在路上的里程數增加了10%。

在招呼站等車的時間大減，停駛待修的公車數也從500輛以上降至150輛。

現在公車上有區域主管的名牌，隨時接受乘客申訴。

第二天，同一家報紙上出現了一段匈牙利第一書記亞諾什・卡達（János Kádár）閣下的演講詞，標題為：

生活標準依工作績效而定

品質的要求必須提升，必須要求每一個人要有正確的工作績效。

匈牙利第一書記的想法很正確，也就是更好的生活來自於更高的生產力。匈牙利的高階領導團隊參加了我的演講，並知道什麼是他們的責任所在。他們同時也知道，沒有領導團隊的協助，就不能奢望勞工的努力改善生產。

人是系統的一部分，他們需要幫助

拋開管理團對須對系統，或是缺乏系統的事實負責，我發現在我的經驗中，產業界中根本沒幾個人知道組成系統的要素是

什麼。當我提到「系統」時，很多人想到的是機器設備及資料處理；很少人知道招募、訓練、督導及幫助作業員也是系統的一部分。還有哪些人要為這些活動負責呢？

一位來自倫敦的男士。他出了一些問題，主要在的帳務部門。他的現金量太低，原因有二：①他老是遲送每月帳單，而且主要都是大客戶的。因為過去帳務部門犯太多錯誤（特別是對這些大客戶），因此在沒有多次查證以前，他不敢讓把他們的帳單送出去；②客戶們（尤其是大客戶），拒絕對最近2至3個月的帳單付款，除非把先前的帳單錯誤清理乾淨。

他說這些問題的原因都是帳務部門的疏忽所致，像是送貨單及發票之間的不一致、錯誤太多了。

1.送錯貨物；必須多付來回運費，造成顧客失去耐心。
2.送錯地址：還是要付來回運費，並讓顧客失去耐心。
3.發票金額不正確，例如對大量採購未予折扣優惠。

這些失誤造成了許許縮多的錯誤的借貸帳單，運費單也急速上升。他並未提及，因在耶誕節送錯銷貨品而損失的利潤及其訴訟事件，何況他還有其它種種問題。他抱怨為他工作的人，是倫敦街上所能找到的最差的人。

他當然可以向銀行借錢：雖然他的問題不少，但他的事業還一個值得冒險的投資。但是他等於要為別人欠他的錢付利息（當時的利率是18%），這可不是做事的方法。

他說，當他的新型資料處理機上線操作後，這些問題兩年之

後都將消失。在這個同時，他還應該怎麼做呢？

　　我向他保證，當新的資料處理機器開始運作後，他仍會遭遇到一大堆全新的問題，除非他能採取下列步驟：

　　　　1.簡化產品計價系統；原先的系統太複雜了。像是超過某一期間（6個月）的大量採購必須取消售後折扣。

　　　　2. 提供更好的訓練及持續不斷的再訓練。你知不知道某些重要錯誤的發生頻率？它們會在哪裡發生？原因為何？哪一位作業員不是系統的一部分？對這些問題，他都沒有答案，居然還是經理。

　　他從來沒有想過，員工居然也是系統的一部分，他不但要對他們負責，還要回應上述這些問題。對他而言，「系統」就是硬體、倉庫所在位置及財務狀況等。他恍然大悟地離開了，並同意在倫敦找一位統計專家來幫他。

　　5個月之後，他愉快地回來告知：最重要的錯誤已從39%大減至6%，次要錯誤從27％降至4%。而且正持續降低中。

經過選擇的書單

　　認真的讀者現在可能正在想辦法增進變異的相關知識。但是，好的老師還是不可取代的。

推薦書單

1.美國國家標準協會（ASQC）《品管手冊》（*Guides for Quality Control*，B1 和 B2）。

2.石川馨（Kaoru Ishikawa）所著《品管指引》（*Guide to Quality Control*），（1976年Asian Productivity Organization出版）。

3.石川馨《日本式品質管制》（*What Is Total Quality Control?*，1985年Prentice Hall出版）。

4.南西·曼（Nancy R. Mann）所著《通往卓越之鑰：戴明哲學的故事》（*The Keys to Excellence: the Story of the Deming Philosophy*，1985年Prestwick Books出版）。

5.威廉·謝爾肯巴赫（William W. Scherkenbach）所著《通往品質及生產力的戴明之路》（*The Deming Route to Quality and Productivity*，1986年CEEP Press出版）（編按：繁體中文版譯本由戴明學院出版，鍾漢清譯，《戴明修練I：品質與生產力突破》）。

6.沃爾特·休哈特（Walter A. Shewhart）所著《產品的經濟品管》（*Economic Control of Quality of Manufactured Product*）。

7.休哈特《品質管制的統計方法》（*Statistical Method from the Viewpoint of Quality Control*）

8.邦妮·斯莫爾〔Bonnie B. Small，西方電力公司撰寫委員會主席（Chairman of the Writing Committee, Western Electric Company〕所著《統計品管手冊》（*Statistical Quality Control Handbook*），1956年AT&T Technologies出版，1985年Delmar Printing Company重印，書名改為《AT&T統計品管手冊》（*AT&T Statistical Quality Control Handbook*，Select code 700-

444），ASIN：B000N5XQJE）。

　　還有許多其它所謂品質管制的書。每一本書都有它的優點，而且幾乎每一位作者都是我的朋友及同事。然而大多數書中均有陷阱，諸如拒收界限（reject limits）、修正管制界限（modified control limits）、常態曲線下的面積允收抽樣（acceptance sampling）。某一本書上竟根據OC曲線（OC-curve，此處不討論）來設定管制界限。其它的則為迎合規格而設定管制界限。有些書上用管制圖來檢定假說：製程是在管制下，或不在管制下。這樣的錯誤會使自修的人脫離正軌。

　　學生也應該避開書中的某些章節，像是信賴區間（confidence interval）、顯著性檢定（tests of significance），因為在科學及工業上分析問題時，這些計算都不能應用。（第3章第149頁「產業界缺乏良好的統計教學」）

基本統計與方法研究書目

　　1.A. 哈爾德（A. Hald）所著《統計理論和工程應用》（*Statistical Theory with Engineering Applications*，1982年Wiley出版）。

　　2.Harry H. Ku等人合著《測量過程》（*The Measurement Process*，1969年National Bureau of Standards出版）。

　　3.歐內斯特‧庫爾諾（Ernest J. Kurnow）、杰拉爾德‧格拉瑟（Gerald J. Glasser）與弗雷德‧奧特曼（Fred R. Ottman）合著《商業決策的統計學》（*Statistics for Business Decisions*，1953年

Wiley出版）。

4.亞歷山大・穆德（Alexander Mood）所著《統計理論導讀》（*Introduction to the Theory of Statistics*，1950年McGraw-Hill出版）。

傅雷德里克・莫斯特勒（Frederick Mosteller）、約翰・圖基（John W. Tukey）合著《資料分析與迴歸》（*Data Analysis and Regression*，1977年Addison-Wesley出版）。

5.埃利斯・奧特（Ellis R. Ott）所著《製程品質管制》（*Process Quality Control*，1975年McGraw-Hill出版）。

6.L. H. C. 蒂皮特（L. H. C. Tippett）所著《統計方法》（*The Methods of Statistics*，1952年Wiley出版）；《統計學》（*Statistics*，1944年Oxford University Press出版）。

7.約翰・圖基（John W. Tukey）所著《探索資料分析》（*Exploratory Data Analysis*，1977年Addison-Wesley出版）。

8.W.・艾倫・沃利斯（W. Allen Wallis）與哈利・羅伯茨（Harry V. Roberts）合著《統計學：一個新方法》（*Statistics: A New Approach*，1956年Free Press出版）。

9.W. J. 尤登（W. J. Youden）所著《實驗與測量》（*Experimentation and Measurement*，1962年National Science Teachers Association出版），以及《化學家的統計方法》（*Statistical Methods for Chemists*，1951年Wiley出版）。

10.沃爾特・休哈特（Walter A. Shewhart）所著《產品的經濟品管》（*Economic Control of Quality of Manufactured Product*），以及《從品質管制的觀點來看統計方法》（*Statistical Method from the Viewpoint of Quality Control*）

第11章注

注1：沃爾特‧休哈特（Walter A. Shewhart）使用變異的非機遇原因（assignable cause）一詞，而我則使用特殊原因（special cause）。我喜歡用「特殊」這個形容詞，因為它表示特定的一群工人、特定的工人、特定的機器，或特殊的工作情況。使用何種名詞並不重要觀念是最重要的。這是休哈特對世界上的最大貢獻。

注2：參考約翰‧圖基（John W. Tukey）所著《探索性資料分析》（*Exploratory Data Analysis*，1977年Addison-Wesley出版）；傅雷德里克‧莫斯特勒（Frederick Mosteller）與圖基合著《資料分析與迴歸》（*Data Analysis and Regression*，1977年Addison-Wesley出版）；保羅‧韋爾曼（Paul F. Velleman）與大衛‧霍格林（David C. Hoaglin）合著《探索的資料分析法的應用基礎和計算》（*Applications Basics and Computing of Exploratory Data Analysis*，1981年Duxbury Press出版）；大衛‧霍格林（David C. Hoaglin）、傅雷德里克‧莫斯特勒（Frederick Mosteller）與圖基合著《了解穩健的與探索的資料分析法》（*Understanding Robust and Exploratory Data Analysis*，1983年Wiley出版）；以及《探索圖表、趨勢與形狀》（*Exploring Tables, Trend and Shapes*，1984年Wiley出版）

注3：參考沃爾特‧休哈特所著《從品質管制的觀點來看統計方法》（*Statistical Method from the Viewpoint of Quality Control*）第86至

92頁。

注4：參考拙文〈理論之用〉（*On the use of theory*），刊於《工業品質管制》（*Industrial Quality Control*，1956年7月號），第12至14頁。〔譯按：此篇為戴明博士1956年獲頒休哈特獎章（Shewhart Medal）的演講，可在美國的戴明學院網站取得pdf檔案：https://www.deming.org/content/selected-articles-dr-deming-0〕

注5：參考克拉倫斯・歐文・劉易斯（Clarence Irving Lewis）所著《心靈與世界秩序》（*Mind and the World-Order*，1929年Scribner's出版），第195頁。

注6：詳見《品質技術季刊》（*Journal of Quality Technology*）1984年10月號〈科技援助〉（Technical Aids）專欄中的文章。

注7：謝謝吾友勞埃德・納爾遜（Lloyd S. Nelson）的實驗。與吉普西・蘭尼（Gipsie Ranney）與本傑明・泰平（Benjamin . J. Tepping）博士討論後，使四條規則更為清楚。謝謝泰平博士關於此四條規則的許多模擬。

注8：這個問題的數學解，參考拙著《某些抽樣理論》（*Some Theory of Sampling*，1950年Wiley出版首印；1984年Dover重印）， 第454至466頁提到的數學解。我引用了瑞利勳爵（Lord Rayleigh）的論文，以及著作〈論大量振動的數學物理學合力〉（*On the Resultant of a Large Number of Vibrations*），《物理雜誌》（*Philosophical Magazine*，vol, xlvii, 1899年），第246至251頁； 同時在他的《聲學理論》（*Theory of Sound*，第2版，1894年），ec. 42a.;《科學論文集》（*Scientific Papers*，第4卷第370頁。目標值最佳收斂的問題，請參考弗蘭克・格拉布斯（Frank S.

Grubbs)所撰〈設定機器的最佳程序〉(An Optimum Procedure
for Setting Machines),《品質技術季刊》(*Journal of Quality
Technology*), vol. 15, no. 4., 1983年10月)第155至208頁(譯按:
格拉布斯博士解決的問題並非為漏斗實驗而做)

注9:誠如歐文・伯爾(Irving Burr)在《工程統計與品管》
(*Engineering Statistics and Quality Control*,1953年McGraw-Hill出
版)中極有說服力的說明。

注10:此節為約瑟夫・朱蘭(Joseph M. Juran)多年前在美國品管協
會(ASQC)紐約分會的演講主題。也可參考如歐文・伯爾
(Irving Burr)所撰〈不要只要求最大和最小的界限,而要確
定所需的分布〉(Specifying the desired distribution rather than
maximum and minimum limits),《工業品質管制》(*Industrial
Quality Control*,第24卷第2號,1967年)第94至101頁。

注11:本節第1、第2點的標題乃採自休哈特博士所創。

注12:關於全距分布的論文,請參考L. H. C. 蒂皮特(L. H. C. Tippett)
所撰〈論從常態分布母體抽出樣本的極端個體和全距〉(On the
extreme individuals and the range of samples taken from a normal
population),《生物統計》(*Biomctrika*,17,1925年)。
此外,關於製程能力有本好書,木暮正夫(Masao Kogure)
所著《工程能力的理論與應用》〔日文書名『工程能力の理
論と應用』,英文書名為*Theory of Process Capability and Its
Applications*,日文版由日科技連出版社(JUSE Press)出版,
1975年首印,1981年出版修訂版,ISBN: 978-4817102232〕。

注13:內森・曼特爾(Nathan Mantel)所撰〈小樣本平均數的標準誤

差之快速估計法〉（On a Rapid Estimation of Standard Errors for the Means of Small Samples），《美國統計學者》（*American Statistician*，1951年10月號）第26至27頁；以及M. H. 克努耶（M. H. Quenouill）所著《快速統計計算》（*Rapid Statistical Calculations*，1959年Hafner 出版）第5至7頁。

注14：從參加我主持的研討會的威廉・博勒（William A. Boller）學到此一示範，謝謝他的分享。

注15：克拉倫斯・歐文・劉易斯（Clarence Irving Lewis），《心智與世界秩序》（*Mind and the World Order*，1929年Scribner's出版）第283頁

注16：參考拙著《企業研究的樣本設計》（*Sample Design in Business Research*，1960年Wiley出版）第5章。

注17：謝謝洛杉磯的卡特實驗中心（Cutter Laboratories）的芭芭拉・金博爾（Barbara Kimball）指出書中許多這種錯誤。我將這些書從本章的書單中除去。

第12章　更多下游的改善實例

因為，智慧愈多，煩惱愈多；學問愈廣，憂慮愈深。
──《舊約聖經》〈傳道書〉第1章第18節

本章目的

我們看過許多有關「系統下游的改善實例」。這些例子都簡
單得令人難以置信。以後的章節還會有更多例子。本章的目的乃
再次強調：無論是向下游的或向上游的「系統」（制度）改善，
其認知與行動，都是管理者的責任。

提醒：如果讀者認為系統的改善實例，都像本章及本書
他處所舉的例子那樣簡單，那你就錯了。改善往往需要適當
的統計設計，同時對兩個或更多的因素進行試驗。一次僅試
驗一個因素（的不同水準），就無法觀察出兩個因素之間的
交互影響。一個常見的例子是，同時飲酒和服用抗憂鬱藥所
導致的危險，遠比單獨服用大得多。另一個常見的例子則是
同時使用肥皂及清潔劑，它們的效果幾乎相互抵消。

例一：本例說明只要在系統中稍做改變，便能幾乎消除產生不良品的機會。

圖42的測試項目為車輪運轉的平衡性。縱座標為測試成品的均勻性（uniformity）後所得的平均值（$\bar{x}$），代表取三個樣本（$n=3$）。以下的觀察是研究過圖42所得的分析（注1）：

1. 該生產工人的工作是處在管制狀態之下（這也是他唯一該負責的）。沒有任何點落在管制界限之外。
2. 該生產工人本身受到系統的限制。他既不能改變系統，對於該生產製程的能力，也無法提升或降低。因此，縱然他是一個優秀的作業員，並處在管制狀態之下，偶爾也會產出一些不良的車輪。
3. 該生產工人達到工作要求。他不能做得更好。他無法進一步貢獻。
4. 主要的問題出在系統本身。

此生產線的督導人員如果能採用適當的原料，維修工作做得更好，機器調整更仔細，將能降低整個管制圖及分布，使得此後沒有車輪會落在規格上限之外；不再有不良品。

例二：與服務業中的汽車貨運業有關的例子。

本例中，卡車司機須將收取的託運貨物裝運至轉運站，以便重新裝載，繼續運送；其它司機則負責運交給貨主。大型的運輸公司在各大城市或其周遭可能會有10到40個不等的轉運站。整個

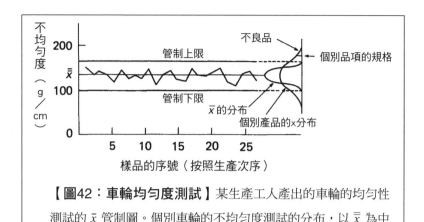

【圖42：車輪均勻度測試】某生產工人產出的車輪的均勻性測試的 $\bar{x}$ 管制圖。個別車輪的不均勻度測試的分布，以 $\bar{x}$ 為中心，其全距為 $\sqrt{3}$=1.73 乘以其管制界限內與 $\bar{x}$ 的距離。

過程牽涉到一系列的作業：託運者開始請求（通常用電話）承運公司來取貨，承運者取貨後，到將東西置於貨車月臺上，到準備重新裝載，然後拖至運轉站以便進一步運送至目的。司機在上述每一個步驟中都可能出錯。下表中有 6種錯誤形態及歸類為其它項。雖然錯誤的頻慮不高，總損失卻相當可觀。

在第一種錯誤為司機在出貨單上（shipping order）簽收10 箱貨（比如說）。但在一連串操作之後，最後發現只有9箱而已，有1箱遺失了。它到哪裡去了呢？當然，很有可能在出貨就只有9箱，也就是說，出貨單填錯了；更常見的是，司機把其中一箱留在託運者之處。讓我們列舉第一種錯誤可能的解決方法：

1.為了尋找丟失的一箱，必須仔細搜尋貨車月臺，或找回原先搬運的車輛（此時已上路了）再仔細搜尋，成本

約25美元。

2.調一個司機去託運者所在地拿回遺留的那一箱，成本約15美元。

3.在尋找的期間，分開儲存另外9箱，約需10美元。

4.假使搬運公司不能找到這失去的一箱，託運者可以依法提出賠償要求。搬運者必須對這第十箱負責。它的價值可能從10到1,000美元不等，甚至更高。

從上述分析可知，第一種錯誤的損失顯然相當昂貴。下表的7種錯誤中，任一種錯誤平均都會讓我們損失50美元。在過去的記錄，總共發生過617次錯誤，單是索賠的損失高達31,000美元。再乘以20（有20個服務站），由這7種錯誤產生的總損失計為62萬美元。（這是最保守的估計。它不包括尋找的費用，也不包括管理費用。更有甚者，有一些錯誤並不包括在這617個項目裡，然而它們還是同樣造成損失。）

【表】貨車承運的錯誤型態

錯誤型態	狀況描述
1.	上貨數量不足
2.	上貨數量過多
3.	在運送期間，對於箱數超量、短缺，以及受損的，未能利用電話及時通知
4.	提單（Bill of lading）不完整
5.	箱上標示錯誤
6.	簽收手續不完整
7.	其它

若將7種錯誤合併計算，**圖43**顯示這150位司機所犯錯誤（所有7種合併計算）的次數分布情形（當時共有150位司機都在工作）。

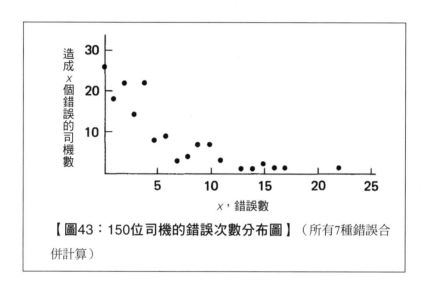

【圖43：150位司機的錯誤次數分布圖】（所有7種錯誤合併計算）

我們提議使用下列方法，使錯誤隨機分配給司機。想像在一大的盆子裡面，裝有黑白兩種珠子，經過徹底混合。每位一司機從中舀起 1,000 個以上的樣本（每一位司機在一年中所跑的平均次數），然後再將這些珠子放回盒子，重新混合。則每舀一次所得的黑珠子，將成一隨機變數，符合泊松分布（Poisson distribution）。在**圖43**中的錯誤總數是617，而司機總數是150人，則可推斷出，每一司機的犯錯平均數 $\bar{x}$ 為 617/150 = 4.1。管制上限和管制下限計算方式為：

$$（4.1 + 3\sqrt{4.1}）＝11（上限）$$

$$（4.1 － 3\sqrt{4.1}）＝0（上限）$$

我們將管制上限的意義解釋為；該年內犯錯11次或更多司機並不是系統的一部分。表示他犯錯的次數超多，他就是造成損失的特殊原因。

我們可以把司機分為兩群：

A.犯錯次數超過11次的司機群。

B.犯錯次數11次或更少的司機群。

我們從此一簡單的統計模式中能領悟什麼？

1.A群司機共有7位，每一位都超過11次的錯誤，他們高占錯誤的112/617或18%。

2.司機群錯誤數比11次還少，是由系統本身所引起的損失。他們就是造成系統之所以如此的原因。他們所造成的錯誤占總錯誤的82%（100—18＝82）。

跟人有關的問題，沒有一個是簡單的。聰明的管理者不妨暫緩對A群司機的批評，先要決定這些司機錯誤較多，是否因為路線行駛困難或特別漫長所致。結果，就如同我們所猜的。

這裡我們遭遇管理上的一個重要課題。公司對每一位犯錯的司機都會給一封信，無論該錯誤是司機本年度內第一次犯的，或是第15次錯誤：信的內容完全一樣。對B群的司機而言，這種信

將使他們士氣不振：他們認為，他們之所以受到責備，是系統的失誤使然，即使他們是冤枉的。

讀者在此刻可能會問：對已經收到15次一模一樣的警告信的司機來說，他對管理者會有什麼看法？

在我研究期間，那些只犯一、兩次錯誤的司機，以及那些在過去6個月沒有犯錯或只有1次錯誤的司機，收到一封和已犯15次錯誤的司機一樣的信時，他們對管理者會有什麼樣的看法？

某位參加我的研討會的朋友告訴我，他家鄉的任何一位警察，只要市民一有抱怨，都會回一封信，內容一模一樣的，不管是本年中的第一件抱怨或過去數週內的第十次。這是好的管理嗎？

我想，所有貨運客戶都很希望能與承運者合作以減少錯誤。因為錯誤對客戶的損失都遠大於承運者。我的建議如下：

比爾，如果你有兩位督察（snoopers）到處跟蹤司機並且詳細記錄。他們記錄下司機開的路線，花多少時間找停車位、喝咖啡時間。我會建議你給這兩位督察另一個工作，一個更有用的工作。像是有些停車位是露天的，沒有遮雨棚。司機往往要在風中、雨中、下雪時，或在昏暗的光線下，吃力地閱讀運送指示。就讓這兩位督察勸說客戶，在停車位上加蓋雨棚及加強照明。另外，我也想建議客戶，將每批託運貨物分開，可以用膠帶或在地板上用粉筆畫線來區隔空間。

這樣司機可以拿取整批的託運物，而不會遺留下一些，或誤取其它批的貨品。此外，我也建議客戶：在運送指示單上要書寫得清楚些。

例三：一家小型製鞋廠以高價租來的縫紉機出了問題。作業員因而必須費時重新穿線，造成嚴重的損失。

關鍵的觀察：此一問題發生在所有的機器及所有的作業員身上。結論很明顯，這個問題屬於是共同的、環境的因素，影響所有的機器及作業員。做了幾次試驗後，顯示出縫線是造成困擾的原因，因為工廠負責人購買了廉價的縫線。機器時間的損失是好壞縫線價差的數百倍。廉價的縫線反而成為所費不貲的陷阱。

這是遭最低價得標所矇騙的例子，廠方只單獨考慮價格因素，卻忽略了品質或性能。

使用較好的縫線，問題就可以消除。只有管理者才能決定這個採購的改變。即使作業員知道問題所在，也不能出去購買較好的縫線。他們是在系統內工作，縫線是系統的一部分。

在這個找出問題原因的簡單調查（平凡卻有效）之前，工廠老闆原以為這些問題，是作業員的缺乏經驗及疏忽所致。

例四：工具間所需的機械工人數。

此工具間的工作是製造機器，尤其是製作原型（prototype）的機器，修改現有機器，及緊急修護工廠內所有的故障機器。有時領班會缺少足夠的機械工處理緊急修護。在其它日子，緊急事件較少，他的人員可以在研究發展上投注較多的人力。

平均而言，每天大約有多少次緊急事件？

領班並沒有數字紀錄，但可能的數目是36或40次。

假設故障是獨立的，並非連鎖反應，則逐日的故障數目將形成泊松分布（Poisson distribution）。如果平均數為36，則這分布的標準差為$\sqrt{36}=6$。那麼應付任何緊急事件所需機械工的人數為：

$$36+3\sqrt{36}=54$$

我們合理地要準備應付最多為54次的緊急事件。將未來進一步的經驗畫成圖，將可確認或修正此一預期。

如果每日的平均故障數為40，則他將準備應付58次緊急事件，而非54件。上限對平均數及週期（趨勢）是敏感的。

如果領班頂多只想在2個月內面臨1次人力短缺，他可以用2倍標準差為其上限，數目則為：

$$36+2\sqrt{36}=48$$

這個界限也對平均數及趨勢都敏感，如果平均數為40，而非36，則該界限須增加4。

下一步是將整理持續數週的每日數字，並繪製連串圖（操作記錄圖）以驗證分布的隨機性。

例五：礦砂裝載在鐵路台車上，台車以每小時4英里的速度通過裝載機。

需求：更均勻的裝載量（每車淨噸數）。

負責裝載台車的人員巧妙地控管操作，盡量使鐵砂的重量分配均勻。需要裝載均勻的理由有好幾個。因為對1週內預訂100台

或更多的客戶而言,他可以用10車或15車為樣本,計算這筆大訂單的總重量及運輸成。使用樣本可以減少對台車稱重的成本,並可加速台車在車場內的移動速度。每一輛台車的容量應好好利用,但不能過度。因為如果礦砂在台車上堆得太高,火車轉彎時礦砂就會掉落下來。一輛台車損失半噸礦砂的情況並非不尋常。

因此想出一個解決方法(圖44)。很重的水準鋼板(圖44的A處)將礦砂保持在恰當的高度。為什麼工程師在以前沒有想到這呢?他們以為裝填人員如果夠努力工作,就能縮小變異。他們從未考慮過系統也有改變的可能。

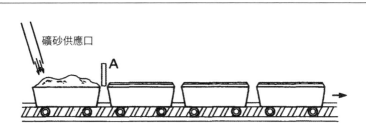

【圖44:台車經過礦砂裝載口】
台車經過礦砂供應口時,礦砂會裝進車斗。台車前進到A處的水準鋼板,會整平車斗高低不平的礦砂。結果是改進每一輛台車礦砂的均一性和提升每車運載噸數。我們希望有較大的承載量及各車重量較均勻。這些要求,在未裝上堅硬的鋼板之前是很難達成的。

例六:改善長襪的生產量
某廠的管理者放眼未來,預測在不久的將來,該廠的成本會

超過收入，所以必須採取一些行動，以免公司無利潤可期。（注2）任何能增加一級品長襪比例的計畫，都會增加淨收益，競爭地位提高，縱使生產量保持在目前的水準。其它必須改善生產量的理由還包括：工人們是論件計酬，但每生產一件不良品，則要罰扣兩件產量，假若工人每週的工資低於法定最低工資，公司必須補不足差額給工人。任何生產力的提升，對工人及公司都有利。初步採取的措施應為：

1. 大衛・錢伯斯（David S. Chambers）曾說，最重要的步驟是管理者能事先看到問題所在，懂得尋求統計人員的幫助。
2. 第二步是教導管理者。
3. 然後，依據錢伯斯教授的建議，公司選派20位督導人員參加田納西大學（University of Tennessee）為期10週、每週2.5小時的課程。附帶一提，這個課程讓20位督導人員第一次有機會相互熟悉並討論問題。
4. 訓練課程結束後，管理者要求督導人員試加應用他們學到的原則，並將成果作成報告。

　　在某次督導員的週會中，討論提出的成果報告。這種週會之所以召開，是在訓練期間所提議的。管理者希望這個週會能成為營運人員之間討論、交換意見的場所。督導人員的工作對管理者或工廠是非常重要的。他們發展出團隊精神及熱情、興趣，這是前所未有的。實際上，這個小組是由督導人員組成的品管圈，是個尚未發掘的資源。

5.開過幾次督導人員會議之後，顧問師建議先開始研究編織
部門（looping department）的問題。選擇這一部門的主要
原因為：①哪裡顯然有問題發生；②該督導人員已學習過
督導哲學；③該督導人員有能力與工人及其它督導人員共
同作好工作。

第一步：在生產線的末端把長襪分數個等級：一級品、異常
品、二級品、三級品及廢品。一位有生意頭腦的雜貨商購買了廢
品級長襪，細查後，發現有些可以當成二級品或異常品出售。他
再雇用修補人員，把剩餘的大部分長襪修補成一級品。

這裡我要特別強調，廢品和一級品的生產成本都是一樣
的。可是利潤主要都靠一級品。異常品、二級品及三級品的
售價都低於成本，廢品幾乎不值錢。

首先開始檢查編織，來了解編織作業系統是否在統計管制之
下，或是證據顯示出有特殊原因導致巨大的變異。該公司採早班
及晚班的兩班制。從6月的第一個工作天開始，每天檢驗每一位
編織員的16雙長襪。6月及7月2個月為試驗期間。47位編織員幾
乎每天都在廠工作。**圖**45顯示47位人員每天的總不良率。平均
不良率為4.8%，管制界限計算如下：

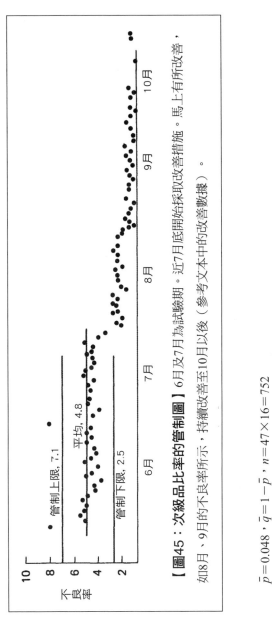

【圖45：次級品比率的管制圖】6月及7月為試驗期。近7月底開始採取改善措施。馬上有所改善，如8月、9月的不良率所示，持續改善至10月以後（參考文本中的改善數據）。

$\bar{p}=0.048$，$\bar{q}=1-\bar{p}$，$n=47\times16=752$

$$\left.\begin{array}{l}\text{管制上限}\\\text{管制下限}\end{array}\right\}=\bar{p}\pm3\sqrt{\bar{p}\bar{q}/n}$$

$$=0.048\pm3\sqrt{0.048\times0.952/752}=\left\{\begin{array}{l}0.071\\0.025\end{array}\right.$$

在試驗期間有2點（天）超出管制。第一點的解釋是：以前哪個部門從未設檢驗員，所以引起作業員的不愉快。至於第二個超出界限的點，原因為當天適逢7月4日（譯按：美國國慶日）假期周（工廠停工）之後的星期一，這是所謂員工會在「週一早晨會把問題放大」的例子。

對管理者的衝擊：當作業部門副總經理看到有4.8%的產品低於一級品時，感到一陣恐慌。他從來都不知道過去生產的情況。他宣稱：公司有4.8%低於一級品，無法在此一行業生存，早該關門了。他忘掉了該公司業已營運65年了。該公司唯一保有的紀錄，是有關於配對與裝盒作業（pairing and boxing operation）部門的次級品數目。但是，無法從這一點溯往追查問題的原因。換言之，管理者都搞不清楚他們所處的狀況。

每一位編織員的管制圖（**圖46**）：下一步是建立每一位編織員自己的管制圖，使她們能夠知道自己每週的工作成果。讀者可能會對下列的某些個別管制圖感興趣：

75號作業員：優秀的編織員。督導員可以把她的技巧轉變成全部門的共同方法，讓所有人員都獲益。

22號作業員：7月的業績比6月的還差。督導員研究了她8月的工作習慣，建議她到人事部門接受視力檢查。她前次檢查是在8年前。醫師發現她的左眼快看不見了，而右眼的視力只有6/20，醫生可以矯正右眼視力成為20/20（編按：6/20與20/20皆為美國視力測量標準，分別相當於台灣的0.3與1.0）。她的

業績立刻改善，每小時的收入增加了0.19美元。

22號作業員的這例子，讓管理者考慮到眼力檢查政策。除了那些在學校學過編織的新進人員，公司有6週的訓練課程之外，公司目前並沒有視力檢查。對那些已有編織經驗的應徵者而言，錄用程序為測試後由督導人員決定是否能勝任此工作。對正式雇用的人員，沒有要求做任何視力檢查。

公司新政策是對所有編織人員做視力測試，然後建立一套定期複試的模式。

初次檢查後，發現12位作業員的視力有問題。

27號作業員：在整個試驗期間，這位作業員可能是最差的。督導人員把管制圖給她看過之後，她的反應是：「我在這部門5年了，這是第一次有人告訴我「要用心」。如果有人在乎，我當然可以把工作做得更好？」她在8月和之後的紀錄有明顯的進步。

另一位編織員仍有許多錯誤，表現落在管制界限之外，她表示，她從事這份工作已有5年，卻從來沒人向她們解釋編織的真正意義。她只是觀察其它作業員怎麼做，他作業員也盡力教她，但她卻學到了許多壞習慣，仍舊不了解到底怎麼工作才正確。

成就簡述：紀錄顯示持續的改善。從努力改善的第一個月（8月）開始，不良品的比例降至2.4%、然後1.4%、1.3%、

1.2%、1.1%，最後到翌年2月的0.8%，僅僅7個月，他們就有了極顯著的改變。以往的紀錄是每週有11,500隻長襪列為次級品，而到了2月，次級品的數目降至2,000以下。成果包括：

· 增加一級品的數量
· 降低成本、提高利潤
· 提高生產力（用更少的努力）進而增加每位員工收入
· 有證據可向顧客說明維護品質，有助於產品銷售
· 大幅降低客訴

　　此種改變的淨成本幾近於零，雖則增加幾位檢驗員，但取消一些100%的檢驗，因為已不需要了。一位祕書足以處理所有的繪圖工作，不需要增加人員。我要提醒讀者，這項改善是在同樣的人員以及不增加新設備的情形下完成的。

第12章注

注1：參考拙文〈論經濟生產的一些統計輔助工具〉（On Some Statistical Aids to Economical Production），《界面》（*Interface*），第5期，1975年8月號，第1至15頁。

注2：摘自吾友大衛‧錢伯斯（David S. Chambers）一篇未公開發表的論文〈品質管理的經濟控制〉（Economic Control of Quality of Manufactured）。

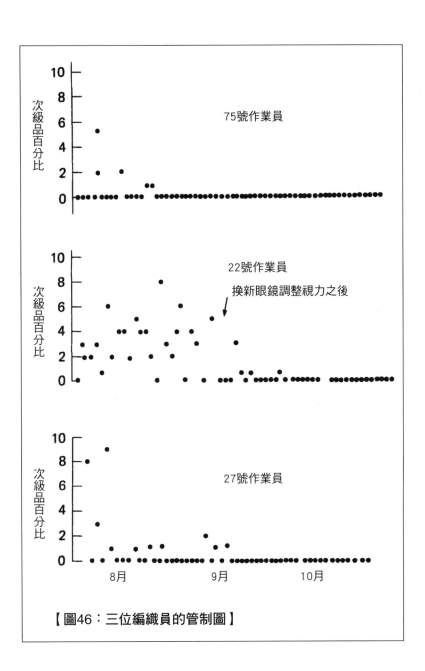

【圖46：三位編織員的管制圖】

第13章 大構想的期望落空

目標令人欽佩，但方法是愚蠢的。

——據傳為聯合經濟委員會（Joint Economic Committee）共和黨少數派的報告，《華爾街日報》（*Wall Street Journal*），1977年3月15日。

每一個問題都有一個辦法：簡單、俐落，卻是錯誤的。

——美孚石油公司（Mobil Oil Company）1972年的廣告文案。摘自美國《商業周刊》（*Business Week*），1980年4月21日。〔譯按：可能引用亨利‧門肯（Henry Louis Mencken）：「每一個複雜的問題，總有一個簡單的答案，但卻是錯的。」〕

所用的基本原則

以下案例之所以失敗，乃是由於未能了解下列4個基本公設所引起的：

1.一群點中間，有若干點一定在該群的平均值之上。

2.所有的點不會落在平均值之上（只有極少數巧合例外）。

3.品質及數量的變異（variation）統計管制，確實有一理想狀況，但其上下變動均須能符合隨機的準則。換句話

說，變異必須是穩定的。在管制下的品質特性是穩定的、恆常的；此一特性的形態每小時必然重複顯現（詳見第11章）。如何縮減變異及達成更適當的水準，幾乎全屬管理者的責任。

4.變異及損失不僅有其特殊原因，也有自系統本身的共同原因（如果它能成為一個系統的話）（譯按：即處於統計管制狀態）。（詳見第11章）

前述兩條通則或許會讓讀者以為我想嘗試漫畫連載。其實不然。可悲的事實是：美國的行政及許多管理實務往往忽略了這4條公設。

例一：有些人的在平均之上

在某一專業的業務場合，某公司董事長向我展示資料處理設備。此一設施需要60位女士把資料卡片打孔（譯按：打孔為當時輸入資料的方式）。我問他打卡的錯誤率時，讓我很驚訝的是，他竟然知道。他比大多數人先進。因為許多管理者說自己沒有錯誤，或是他們的職位不允許犯錯的。他告訴我，平均錯誤率是100張卡片中有3個錯誤。他每週三收到一份彙總的查核報告，顯示出每一位女士在上週所犯的錯誤。

他因此想出一個督導上的大創意：找那些錯誤超過平均值的女士來談話。

我問：「那麼，你是否每週要和30位左右的女士談話？一週接著一週。」

「是的，」他回答，「大約是這個數目。你怎麼知道的？」

我於是告訴他倫敦《泰晤士報》（*The Times*）最近的一封讀者投書。投書者研究了健康部（Ministry of Health）公布的一篇報告之後發現，在英國有一半孩童的體重低於平均值。這真是國恥，英國必須改善孩童的營養。

我的聽眾對這故事感到好笑，但並未深入了解自己的管理方式也會落入同樣的陷阱，甚至造成更多的錯誤（而不是更少）。

在不自覺的情況下，他陷入每週都要從60位女士中隨機訪談的危險。其實用一些簡單的統計技巧，就能告訴他哪些女工需要協助，像是接受較佳的訓練或轉換到其它工作。

我問他：「你的努力達成了多少效果？」可想而知，答案讓他很失望，沒有任何改善。更糟的是，不管他知道與否，他的努力只會讓挫折和困擾愈來愈多。

例二：最終產品是精煉糖

精煉糖的原料大部分為粗糖及海水。因為工廠位於海灣旁，並無適於製糖的新鮮淡水可供應，因而水的成本為一重要因素。淡水的製造，必須從海水中除去鹽分及其它化學物質。

目標：讓每噸最終產品減少3.5噸海水使用量。

方法（錯誤的）：調查任何用水比例高於3.5噸時的情況。

我問：「3.5這個數字是從哪裡來的？」

「我們開了一次會議，決定我們可以達成它。」

管理者邀請我去訪問該工廠時，我看到布告欄上掛有一列的色板（slats），有些是綠色的，有些是紅色的，每一色板表示當

月份的某一天。綠色色板表示海水和精煉糖的比例低於3.5；紅色色板表示相反的情形，如此一來，生產線的作業員就會知道前一天的比例為何。若是出現紅色色板，大家就聚集在一起，試圖找出前一天的操作有哪些錯誤。結果，他們提出各種解釋，並嘗試採取矯正措施，但這樣做都是錯誤的。如果第二天變成綠色色板，大家便喜孜孜認為他們已經找到了浪費的原因，非常滿意紅色色板在整列中，僅出現一、兩天，或者兩、三天。

「精製一噸糖需用3.5噸水」是一個數值目標，它雖經所有參與同仁的同意，然而仍只是一個沒有計畫的數字目標而已，只能在目標未達成時，試圖找出原因所在，別無作為。此種計畫暴露出在第11章例1（第401頁）的同樣錯誤。由於過度調整（overadjustment）（第361頁所示的第一種錯誤）或調整不足（underadjustment）（第二種錯誤），所產生的不必要的嚴重損失，導致改善之路滿布荊棘，充滿困難、危難、迷惑，這當然絕非最佳的營運情況。較好的計畫性改變是，由一組人共同研究製程，應用化學的知識並試作，再依據第2章圖5休哈特循環（第99頁），並細心地使用良好的實驗設計。

根據每日每噸糖所需的純水消耗量的管制圖，可以顯示出特殊原因（如果有的話），並可做為改善的紀錄。

我要強調，為了解及改善製程，並不見得需要做實驗以累積資料的蒐集。溫度自然是隨時改變，那就是沒有事物是恆常不變的。在不同的方法、製程及混合的狀況下，可以有一系列溫度的連續紀錄。我們也可以有壓力、速度的連續記

錄。可是要達成此一目的，常常是利用間斷性的紀錄就可以
了。觀察高溫、低溫、高壓、低壓等條件，對於生產量及產
品的測量值的影響，並經由工程知識的判斷，便可找出製程
改善的線索。這一方法，比起那種從開頭說明實驗目的，並
針對不同溫度、壓力、速度組合的實驗計畫法，可能是更便
宜，更好。我在東京的朋友西堀榮三郎（Eizaburo Nishibori或
E. E. Nishibori）博士向我提及，觀察自然變異是一種經濟而
有效的方法，只有對於不能由簡單觀察來解決的問題，才進
一步採用實驗方法。我的朋友休・哈梅克（Hugh Hamaker）
博士在飛利浦公司服務多年，也強調過同樣的主題。

　　本書多處強調的，便是善用既有資訊解決問題。

例三：零抱怨

　　我去參加一位客戶的會議，在接近蘭開斯特（Lancaster）
時，車子故障了，需要更換一條新的風扇皮帶。在修車廠等候
時，我觀察到牆上的布告：

> 最能讓顧客滿意
> 本月最佳修護員
> ——湯姆・瓊斯

我問領班：「什麼是最能讓顧客滿意的？」
領班回答：「顧客的抱怨數最少、當月退貨數最少。」

接下來，是我們之間的問答：

問：某些機械修護員是否有「零抱怨」的紀錄？

答：是的，經常如此。

問：那麼，每一個人每月的平均抱怨數為多少？你是否有記錄？

答：沒有，但平均數我很清楚。我必須運用一些判斷。例如新的汽化器不易調整，所以我不把客戶對這種汽化器的抱怨列入計算。

問：是否所有的機械修護員逐月都是同樣的平均數？

答：是的，當然有時會有些變化，但最後他們會達到相同的水準。

（此時，我應該問他：你如何知道？）

問：是否有位機械修護員的名字，從未出現在牆上？

答：不，他們輪流上榜。

問：如果某月份有兩人分數相同時，你如何處理？

答：我把他們同時公布。

問：你如何知道他們兩人不分勝負，除非你保有記錄？

答：我非常了解我的屬下。

問：是否有某一機械修護員在連續的一、兩年內，名字從未出現在牆上？

答：沒有，大家很自然地輪流出現。

問：是否有人連續兩個月是零抱怨？

答：是的，曾經發生過。

問：你認為這種考績制度是否有效？

答：前幾年很有效，但現在已不再讓人興奮了。

我原先想，該領班會問我，為什麼我對此事會有興趣，但他沒問。從他的回答，我得到的結論是，這種榮譽制度和抽獎一樣。他的回答幾乎完全符合隨機形態（random pattern）。既有的數字應可以用來做隨機性檢定。讓我們就此例來看隨機性（統計管制的狀態）的涵義。

就總平均每人每月有兩件抱怨而言，一位修護員在任一月份中將有 $e^{-2} = 1/7.4$ 的機會沒有抱怨（此項計算是假設抱怨是互相獨立的）。假若每人每月的總平均有3件抱怨，他在1個月中沒有抱怨的機會為 $e^{-3} = 1/20$。這些概率顯示出，如果他的工作達到統計的管制時，那麼每個月中平均有一、兩件抱怨下，他僅需耐心地等待，便可輪到此項榮譽。實際上，他可能發現他是連續兩個月的榮譽得主。如果當月他得到此一榮譽，那麼他下個月得獎的機會也很高。另一種可能是，他也許要等待一段較長的時間，純粹靠機會。

總之，我們有一套看來可改善服務品質的系統。實際上（假設人們對它並不關心），它毫無成就。實際上它或者（假設人們關心此事，並想得到此項榮譽）反而會打擊士氣並降低服務的品質。

再詮釋何謂「士氣」

一位紐約大學學生，聽了我對上述主題做的演講，送給我下一段話，並說出他的決心：「從現在起，我對大將軍的功績，將

採用不同的眼光來審視。」關於大將軍的影響力及天才，有這樣一則故事：

> 恩里科・費米（Enrico Fermi）曾向萊斯利・格羅夫斯（Leslie Groves）將軍問：「有多少將軍可以稱之為『偉大』？」格羅夫斯回答說：「大約百分之三」。費米隨後問：「什麼是『偉大』？」的條件，格羅夫斯回答說：「任何一位將軍在連續贏得五次戰役後，就可稱之為偉大。這是二次世界大戰的中期。」費米說：「在考慮過大多數戰場的反抗力量，大約與攻方是相等的，這位將軍可能在兩場戰役中贏一場，有四分之一的機會可以連續贏兩場，有八分之一的機會可連續贏三場，有十六分之一的機會可以連續贏四場，有三十二分之一的機會可以連續贏五場。「將軍，你是對的，大約有百分之三的機會，這是數學概率，並不是天才。」〔約翰・基岡（John Keegan）所著《戰爭的面目》（*The Face of Battle*），1977年Viking出版。〕

例四：廣告效果

我們有時可以在商業雜誌上讀到有關大製造廠商的計畫，像是如果某些產品或一系列產品的銷售量連續兩年下降，則該公司會更換廣告商。

現在，任何經歷過以不適當的統計技巧來衡量廣告的效果的人，會痛苦地醒悟，使銷售量或市場占有率減少的力量，其實相當多。廣告（或失敗的廣告）會是力量中的一種，僅可歸因於廣

告商的壞運氣；在如此眾多的可能原因下，怪廣告商全然只是猜測。這樣的考績系統，彩券是最好的形容，廣告商是在碰機會，可能贏，也可能輸。

想一想有人如上述般，因想出好點子而升遷。他的同事或會誤認為他的升遷是根據績效而來，他也必定認為如此。（譯按：升遷也多半靠運氣）

例五：成本效益分析的謬論

成本效益分析要求計算公式 $\triangle C/\triangle B$，公式中 $\triangle C$ 為計畫（運作中或提議的）中額外增加的成本，而 $\triangle B$ 為額外增加的收益。此種想法看起來不錯，但常常會碰到嚴重的困難。

1.成本有時無從捉摸且難以估計。像是沒有一個人知道不良品（例如電視映像管）到達顧客手中的成本。顧客不滿意一件低成本的產品（像是烤箱），可能會影響到大量訂單的決策，從而由其它製造商得到它。

2.效益的道理也是如此，效益甚至更難用金錢來衡量。可是，就交易的觀點而言，利益和其它因素是對立的，因此，有時可以做出效益等級（scale of ranks）的表格（注1）。

如果本益比的分子或分母的估計不甚滿意，你就不可能計算出本益比的值。這就是為什麼成本效益分析往往會令人大失所望。

在產品設計可能會傷害或危及生命的時候，任何企圖使用成本、效益分析的會議，我通常不會參加。

第13章注

注1：參考杰羅姆·羅瑟貝利（Jerome E. Rotherbery）所撰〈成本與效益分析〉（Cost／benefit analysis）《評價手冊》（*Handbook on Evolution*，1975年Sage Publications出版），第2卷第4章，第53至68頁。本書由埃爾默·史特拉依寧（Elmer L. Struening）與瑪西婭·古特坦格（Marcia Guttentag）合編。

第14章 給管理者的兩份報告

歌德（Goethe）觀察到，在缺乏好理念之處，總是不缺泛泛
之言。

——阿什利·蒙塔古（Ashley Montagu），《科學》（*Science*），1977年9月號

本章目的

本章包括作者當顧問時，提出的兩份經營診斷報告書，報告
中的問題都是實際發生的。我之所以選擇此兩份個案報告書，並
非因為它們特別與眾不同。事實正好相反：我之所以選擇它們，
是因為它們描述的正是典型的環境和問題。

個案一：改變某工廠政策的建議書

本報告為作者與大衛·錢伯斯（David S. Chambers）在
研究某大公司的一處工廠的問題之後寫成的。作者完成診斷
工作之後，大約花3週時間完成此報告。多年來該公司主管
團隊都知道工廠一直處在虧損邊緣，大家都認為唯一的解答
在於添購新機器。

該廠的品質稽核紀錄顯示，每天的產品出現重大瑕疵比率高居7.5％，但是此數字未能激發大家採取改善措施。

1a.貴公司南丁格爾廠每天的產品中，平均每7.5%就有一個（或以上）的重大瑕疵。當然，每天的缺點數在平均值上下變動。有時候甚至高至11%甚至12%。請注意，這些數字指的只是重大瑕疵而已：並不包括次要瑕疵。

1b.重大瑕疵的產品都流入顧客手中。

1c.從貴廠的品質稽核報告中有此比率的完整資料。

1d.從貴廠產品的重大瑕疵比率足以說明銷售及獲利的一些問題。

2a.貴公司南丁格爾廠很典型地想靠檢驗來管制品質。這種想法永遠行不通。結果一定會是品質低、成本高。

2b.假使你的目的是要讓不良品占產量的7.5%，還有許多其它方法更便宜。

3.生產線上的重做（重工）數量不只損及利潤，而且無效的。

4a.問題是這樣開始的。如果檢驗員在某處宣稱發現的瑕疵是次級的，她自行將它修好（假使她看到缺點又有時間修理）。工廠規定，凡屬重大瑕疵就要退回給作業員修理，但是這要生產督導不阻擋，認為這樣不會造成生產線缺料時才行得通。

4b.不管瑕疵大小，一旦送回生產線上，接下來的每一階段

都會發生麻煩。一旦是不良品，就一直會是不良品；瑕疵，只會衍生更多的瑕疵。

4c.作業員負責產出。她做完後會自行檢查一下。她或許會修理重大瑕疵。對她而言，所謂的重大瑕疵是有機會被退回。檢驗員可能會在發覺出瑕疵之後自行修理，不退回給作業員。何況，檢驗員也有可能找不到瑕疵，即使檢驗員看到了，生產主管也可能把它再放回生產流程中。為什麼不冒險呢？反正這樣做沒壞處，何況生產紀錄還可能會更好點。

4d.至於次要瑕疵，為什麼要費心呢？檢驗員會處理的。所以安心做下一件事。

4e.生產主管重視監督而忽略檢驗，會讓作業員及檢驗員感到挫折。

5a.實質上，貴廠的檢驗員算不上檢驗員。她們負責修理，只能算是生產線上的一員。工作多到沒時間完成重做。

5b.換句話說，作業員的工作是生產瑕疵。她的工資就是為此而付的。當今的系統就是這樣，作業員不能對該系統負責。

6.貴廠在每件完成品經過200%檢驗後，再做品質稽核。這種最終檢驗顯然淪為笑談。貴廠的品質稽核結果應足以說服大家，想用檢驗來管制品質是行不通的。我們說過，這樣永遠辦不到。貴廠的經驗可為例證。

7.以下有3條路可供考慮：

(1)繼續下去,堅持不改變。

(2)繼續生產,並維持7.5%重大瑕疵品比率,但要設法降低成本以提高利潤。

(3)降低不良率和成本,進而提高利潤。我們只對循此途徑感興趣。

8.貴廠需要徹底整頓。我們在本報告提出一些建議,相信能增加產量、大大提高品質,從而無疑地會讓利潤增多,員工更感滿意。

9a.貴廠採用按件計酬制,這種制度是導致不良品持續出現的根源。

9b.論件計酬制一定會造成員工不滿。論件計酬制使員工失去以工作為榮的權利。

9c.我們建議廢止論件計酬制。要實行此一措施需要配套,像是更好的員工訓練和新的督導方式。

10a.不要區別重大瑕疵及次要瑕疵,瑕疵就是瑕疵,在品質稽查上或可有例外(可區分)。

10b.要建構「可運作定義」,讓作業員了解何者是正確或錯誤。在8月8日的會議上提出。我們試著希望讓你們了解,這是貴公司的責任。這並不屬於統計顧問的工作,雖然貴公司只有透過統計方法,才能了解所提議的可運作定義是否適用。

10c.當然,身為統計專家,我們有責任設計出測試方法來驗

證所建議的定義，了解它在實務上的效果如何。

11a.同時，降低檢驗時的重做次數。需要重做的品項，處理方式應該是：(1)如果作業員尚未達到統計管制狀態，就退回給作業員；(2)如果已達統計管制狀態，則把待修品送到指定的修理小組。

11b.解除領班要求產量的壓力，使作業員能負責協助成員做出好的品質。針對一組成員用的管制圖會有幫助，有些工作站可採用個別管制圖。

12a.最後的成果會是，檢驗人員更少而且檢驗更有效，從檢驗中可得到有用的情報來改善品質，使顧客更滿意，利潤更高。

12b.檢驗員的工作負荷（譯按：人數）要由檢驗量決定，而不應是生產量。她的工作就只是檢驗。

13a.檢驗員的規則是從許多箱產品中隨機選取幾箱，再從選出的箱子中隨機選待檢驗的產品。（隨機意指使用亂數表）

13b.修訂後的檢驗系統，將使我們清楚了解每　位作業員的工作。各產品別及各缺點別的不良率。它會告訴我們哪一位檢驗員是否與眾不同，以及哪一位作業員的成績突出（特別好或特別不好）。

14a.身為統計學家，我們的工作是提供你方法，讓你們能找出問題的來源及高成本的原因。

14b.我們不想告訴你們哪些地方必須改革以及如何改革。

15.務必排除各種使作業員不能以工作為榮的障礙。

16.我們懷疑買新機器會帶來任何改善。事實上,我們認為,除非管理者能了解:在目前環境下,什麼地方出了錯,以及他們在改善上果所應負的責任,不然新機器只會帶來新問題。

個案二:給經營管理者的報告摘要

1.我研究過貴公司某些產量低、成本高,以及品質、變化等問題,深知凡此種種問題讓您困惑不已,深恐傷害貴公司的競爭優勢。現在依您的請求撰寫此診斷報告。

2.開宗明義,我要說,除非高階主管能善盡責任,否則品質改善的成果就不會持續。此等改善品質的責任永不間斷、永無終點,別無其它捷徑可尋。我以為,貴公司問題的根源,在於管理者未能盡品質職責並採取必要的行動;下文將詳加說明。

3.在我接受貴公司顧問工作之初,您向我保證貴公司已有品質管制。我已有機會親自前往某些單位了解。我認為,貴公司現在的做法不能稱為品質管制,而是打游擊式的片斷作業,全無制度可言,根本不把品質管制視為制度化的工作。貴公司對品管的做法,有如消防隊般,只想及時趕赴火場滅火、防止火勢蔓延。

據我所知，貴公司品管部門已盡其職責，如果他們發現一卡車成品出廠後會造成麻煩（甚至於法律訴訟），就會指出該批出貨的風險。這點固然重要，但是我以為，貴公司首先要建立一套能減少火警次數的品管制度，您在品管上花大錢卻沒成效。

4a.貴公司到處都貼有一道標語，敦促員工做得盡善盡美，如此而已。我很懷疑員工怎麼做得到該標語的要求。要每人把工作做得更好？如果員工不知道他的工作是什麼，也不知道怎樣能做得更好，叫他怎樣達成要求呢？如果員工老是苦於不良物料瑕疵的困擾，供應品時有改變、機器出毛病，他如何能把事情做得更好？在必須超越國界和人競爭激烈的今日，只想用些訓勉話語及老生常談鼓舞士氣，一定不會得到根本的改善。

4b.我們還需要更多方式，您必須提供方法來協助領時薪的員工改善工作，達成所期望的完美。否則，員工會把您的訓詞當成無情的笑話，當成管理者不願為品質負責的表現。

5.常見的品管絆腳石是：管理者認為可以任意將品管工作委派或「安裝」。你以為只要派人去做，事情就會做好。您在貴公司的做法就是這樣，將品管的工作交辦之後，就不再聞問。

6.另一項障礙是管理者認為生產工人應對所有的問題負責，如果生產工人能依照他們已知的對的方法去做，生產線就不會有問題。人們對生產線上的任何問題的自然反應就是怪罪作業員。依據我的經驗，生產上絕大多數的問題都屬（系統／環境的）

「共同原因」，只有管理者才能減少或消滅。

7a.幸運得很，兩種問題來源（共同或環境原因以及特殊原因）之間的混淆，幾乎可以毫無錯誤地加以消除。簡單的統計管制圖就可區別這兩種不同類型的原因，進而可指出問題的來源，以及哪一團隊該負責採取行動。管制圖可告訴作業員何時該採取行動來改善工作的一致性，何時該聽其自然。同時，這些簡單的統計工具也可告訴管理者，有多少比率的不良物料是由於共同（環境）原因所造成的，唯有管理者才能矯正。

儘管如此，還是要注意，光靠統計技術偵測特殊原因，勢必成效不彰而功虧一簣，而必須由管理者採取改進步驟。會出問題的共同（環境的）原因會使生產工人產生不良品，你務必把它除掉。同時你也應該去除種種使員工不能以工作為榮的障礙。我相信，目前管理者未能採取步驟去除障礙，造成貴公司的一些難題，這應在教導生產工人如何偵測出自己的特殊原因之前該做的事。

這種能和工人溝通，使他們了解管理者誠心說明工作的責任歸屬為何，而他們只須負責自己能夠控制的，不需要成為管理者的代罪羔羊，好處難以估計。

7b.因此，用簡單的數據就可測量共同原因對作業的綜合影響，這並不困難。

8a.最近我詢問某大公司的品管經理，他如何以及根據什麼原則去區別特殊原因及共同原因（特殊及環境的）。我得到的回答：「靠我們的經驗」，貴公司的經理也給我同樣的回答。

8b.這種回答無疑是自作孽不可活（貴公司一定會不斷出問題），麻煩無法根絕。現在我們知道更好的方法。唯有應用統計理論才能把經驗分類、合理應用。有一門統計方法可以有效地運用相關經驗，就是設計實驗法。任何宣稱運用相關經驗的計畫，要是沒有根據理論的話，只不過算是合理化做成的決策而已。

9.就特殊原因而言，我發現貴公司缺乏適當的表格等機制，得以把特殊原因回饋給生產工人，告訴他們何時採取行動有效地改進工作。要偵測出特殊原因，只能依靠統計技術的幫助。

10a.生產工人要想善用統計工具的輔助功能，須先有大規模的訓練。貴公司必須訓練一百多位工人應用簡單的管制圖。

10b.訓練由誰來負責呢？我建議在初期委託合格的顧問來協助。進一步將訓練工作擴大時，再找公司中具有統計學識及能力的同事來輔導。經專家的指引及協助，這些人就可擔任訓練師。請多向公司的顧問請益。

11.以前常會交給工人無法經濟地達成的規格，工人也無法知道自己究竟是否達成了。在今天，這種情況已說不過去了，可惜貴公司仍然我行我素。

12a.當製程已達統計管制狀態（特殊原因已除去），即表示該製程有一定的能力、能經濟地達成品質水準。

12b.除非該製程處在統計管制狀態下，否則談不上製程、製程能力、有意義的規格等。

12c.要能用經濟的方式滿足更緊的規格要求，只有減少或移除某些令人困擾的共同原因，這表示須在部分管理上採取措施。「某生產工人處在統計管制狀態下」表示，對於製程，他已竭盡所能。此時，若要改善，只能依賴管理者提供更均勻的物料，更均一的前段作業，更好的機器設定，更好的維護，改變製程和順序，或者做若干基本的改變。

13.我發現貴公司蒐集了大量的數據，卻不能找出品質不良的主要原因。光靠著昂貴電腦並不能改善品質，雖然可列印出大量的紀錄。

14.我認為，貴公司目前必須採取的最重要步驟是，嚴謹地研究數據是如何產生的，也就是說研究貴公司所謂的資訊系統。較少的數據，以及更好的製程及製程能力的資訊，既可降低單位成本，又能增加產量，進而改善品質和均一度。

15.我也必須指出，目前管理者常誤以為，顧問必須對製程完全了解，才能從事改善工作。事實上所有證據顯示並非如此。貴公司各團隊的人，從最高主管到最低階的工人，都很了解本身的工作，可就是不知道如何改善。唯有藉助於公司外的學識，才

能改善現狀。

16.管理者常誤以為：設立品質管制部之後，就能解決品質問題（我是指能經濟地生產合乎市場要求的產品），就可以不用管事。

17.管理者常把公司的品質問題交給廠長處理，貴公司就是如此。廠長能在工作上完全投入，只是常弄不清楚工作的重點究竟是產量還是品質，他在質與量兩面都很為難。這是因為他不了解品質究竟是什麼以及如何達成品質。他每日都飽受各領域的困擾，衛生、汙染、保健、員工流動率、產量及員工抱怨。他對廠外的人，尤其統計學家更是懷有戒心，他們使用另一領域的新術語，又沒有製造業經驗。廠長自以為時間寶貴，無法容忍傻事。他只期盼顧問給大家有權威的指示，能立見成果。他對統計學家哪種從基本出發、努力思考及學者型的做法，頗難適應。就他身為廠長的角色而言，要他完全負責處理某些困擾工廠多時的難題，的確有點為難他，因為有時候要想對環境有所改變，至少需要他的上司才辦得到。因此，他應該是第一批到總公司接受品管課程培訓，才有機會了解品管是什麼，以及他所扮演的角色。

18.適當的組織及具專業能力的人才，並不會增加公司在改善品質與生產力的預算。在大多數情況下，管理當局已經付出適當組織及勝任的人才的成本，可惜只得到一大堆無意義、騙人的數字；貴公司也不例外。

19a.貴公司下一步驟是高階主管率領所有主管及工程、化學、會計、出納、法務、消費者調查等部門的職員，參加為期4天的研討會，以深入了解各單位的責任。

19b.貴公司要與合格的管理顧問師簽訂長期合約。他將參加研討會，指導管理十四要點及根除致命惡疾的方法之推行。

20.接下來，貴公司應該為改善品質設立適當的組織（詳見第16章）。

第15章 | 最低平均總成本的進料 及成品測試計畫

我陷於泥濘中，沒有立足的處所；我沈入深水中，波濤已掩 蓋了我。
——《舊約聖經》〈詩篇〉第69篇2節

導論

本章內容（注1）

即使供應商和採購人員共同合作降低零件的不良率，然而， 我們仍需要應用理論來指導進料品項的測試，才能達最佳經濟境 界。進料批中的一些不良品或全部不良品，我們是否應該加以篩 選？或是不管批中的不良率，不加檢驗就直接全數送往生產線 呢？

本章將發展出一些實際上會碰到的各種多樣情況下可適用的 原理，用來告訴我們，怎樣才能降低平均總成本：進料測試加上 因不良品進入下游而須重修理及重測試的成本。

本章分為多節。下節說明為了達到最低平均總成本，在什麼

情況下可以採取「全數檢驗」或「全不檢（免檢）」的規則。在「實務上常遇到的其它情況」一節，把「全檢或免檢」規則，延伸應用到生產製程未處在良好管制狀態下，但尚未達到混亂的情況。其次一節，討論進料品質在完全無法預測的混亂狀態下，如何處理的方法。接著一節舉3個實例說明「全檢或免檢」規則應用。再接下來的一節，討論最終成品不能修理而只能降低等級或報廢的情況。次一節探討多樣零件的情況。再接下來的一節談標準允收計畫的處置方式，因為它們都不能適用於最低平均總成本的目標。「測量及材料上的額外問題」一節，討論的情況是採用新測試法，因其成本比原測試法更低，而讓一些不良品流入生產線，雖然會造成些許產品報廢，卻不致使生產線發生困擾；接著探討測量方法的檢討與比較。尤須特別說明的，儘管對於委員會或管理，「意見一致（共識）」非常重要，但是在目視檢驗上，它卻是有害而無益的。「同意」可能表示檢驗員因恐懼而與別人不同而跟著附和，或是感到能力不足而必須遷就共識。下一節是應用練習題闡釋「全檢或免檢」規則的基本原理，強調「在良好統計管制狀態下，樣本和其餘者並無相關」這一事實。本章的最後一節進一步探討第11章提及的紅珠實驗的涵義，並列出參考文獻以供讀者進一步研究。

一些可以廣泛應用的簡單規則

假設

・首先考慮單一零件的情況，然後再介紹多樣零件時的

情況（第480頁和第506頁練習4）。

- 每一成品在出廠之前都要測試。

- 裝配品中如果有不良零件流入，就無法通過測試。如果進入裝配品的零件非不良品，它就可通過測試。

- 我們的供應商提供一批零件（稱為S），使我們發現不良品時能更換它。

供應商當然會把這些備換零件的成本轉嫁給我們。此成本屬於間接費用。我們此處只討論變動成本。反正不管我們採用什麼檢驗計畫，間接成本都不會變動，所以探討理論時可以不考慮它。

依照定義，使裝配品失效的零件稱為瑕疵零件。如果一開始就宣稱某不良品為瑕疵零件，但如果它不會造成下階段生產線或顧客的麻煩，那麼表示我們開始時對「瑕疵零件」的界定有問題。在這種情形下，接下來的步驟要檢討宣稱某零件為不良品或非不良品的測試方法。

當然，有些個案是在工廠內要能檢查出某進料的缺點是所費不貲的，只好留給顧客自己去找，這通常要花幾個月或幾年才能定案。這些一般稱之為潛伏缺點（latent defects）。鍍鉻的金屬板即為一例。這種問題的最佳解決之道是改進製程，讓它不會出問題。對於破壞性檢驗的問題，改進製程也是最好的解決方法。

我們假設：

$p=$進料零件批的平均不良率（如一整天收到的物料）

$q=1-p$

k_1＝檢驗一個零件的成本

k_2＝因瑕疵零件流入生產線，造成裝配品的失效，而必須分解、修理、再裝配、測試的成本

k＝在S件供應品中，逐次測試出足夠的零件，以找出良品的平均成本（本章練習7會指出k＝k_1/q）

k_1/k_2＝平衡品質或平衡點（因k_2恒大於k_1，所以k_1/k_2介於0至1間）

讀者或可先研讀第473頁起3個例題，然後回頭讀下文。

全檢或免檢（all or none）。在某些情況下，最低平均總成本規則是非常簡單的，如下列「狀況1」和「狀況2」所述。

狀況1：進來的最壞品質批不良率小於k_1/k_2。

　　　此時免檢

狀況2：進來的最好批不良率大於k_1/k_2。

　　　此時全數（100％）檢驗

要證明「狀況1」和「狀況2」的規則非常簡單，請參考第506頁的練習4。

若把「狀況2」當成「狀況1」處理，總成本將會極大化。反過來（把「狀況1」當成「狀況2」處理）也是如此。

　　「免檢」並不是叫我們在無知的狀況下進行。我們必須確知，如果是「狀況1」時，依過去的績效而言，進廠最壞的批（整週的進料）的不良率將在平衡點k_1/k_2的左方。是在「狀況2」時，進廠最好批的不良率，將會落在平衡點的

右方。買方及賣方手中所持有的管制圖，最好是由雙方共同合作做出，在不久的將來會把進廠的產品放在「狀況1」或「狀況2」中，或介於兩者之間。要是有混亂的情形，就不會是祕密；大家都會知道。買方永遠要檢查進料是依照訂單發票所指定的，並確認它確如所訂購的。詳見本章「永遠不要沒有資訊」一節（第472頁）。

實務上所碰到的許多問題，「狀況1」和「狀況2」都可讓它們達到最低的平均總成本；下文陸續舉例說明。

二項式跨步（Binomial straddle）。假設製程處在統計管制狀態，交貨批中的不良品成為圍繞著平均值p的二項式分布。那麼，要達到最低平均總成本的規則一樣簡單的：

狀況1：若 $p< k_1/k_2$，免檢
狀況2：若 $p> k_1/k_2$，全數檢驗

即使批中不良率的分布是跨越在平衡點 k_1/k_2 上。

所以說，統計管制狀態有許多值得我們追求的顯著優點。要了解連續進料批是處在狀況1或狀況2，或接近於混亂狀態的邊緣，我們只需注意它是否在統計管制狀態下及平均不良率。這些都可從我們採取的小樣本試驗（反正都是我們都該做的）的管制圖上看出來。管制圖最好在供應商的同意下，雙方協力做出來。

重要注意事項：在統計管制狀態下，從批中抽取的樣本和未抽取的其餘物品之間是無相關的。換言之，在統計管制狀態下，樣本並不能提供其餘產品的任何情報。（此點有些令人難以置信；但請參閱第502頁練習1和第518至520頁圖57至60）。

實務上會遇到的其它情況

其它稍偏離統計管制的跨步情形

我們要探討其它兩個簡單的進料批不良率分布的跨步情形。我們或許可以根據管制圖（供應商或我方做的，或由雙方協力而成的）預測：只有小部分會落在分布平衡點的右方。在這種情形下，我們或可採取「免檢」規則。只要該分布在平衡點右方的部分不要太大、不分開的、而且其尾端不要拖得太長，那麼採用此規則的平均總成本就會接近最小。

第2種情形恰與上述相反：只有小部分的進料批的不良率分布落在平衡點的左方。如果有了這種知識，對進料批或可採取全數（100％）檢驗規則。

圖47顯示我們所碰到的各種情形，包括即將要討論的「混亂狀態」。

進料批的不良率有某種趨勢

假設不良率的趨勢是向上的。今天我們處在「狀況1」，完全免檢驗，但 p 會隨著時間而變，正在增加中，它可能是穩定的，

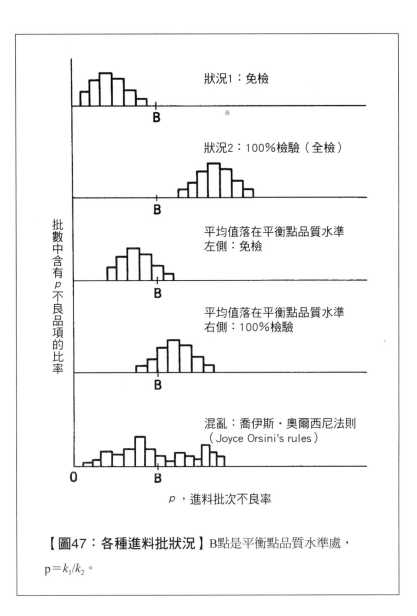

【圖47：各種進料批狀況】 B點是平衡點品質水準處，
p＝k_1/k_2。

或可能是不規則的。我們事前得到了警告,從現在起兩天以後將會處在「狀況2」。若進料批確實有某種趨勢,那麼由供應商或貴廠所做的管制圖將會顯示出來,此問題很簡單。

轉換進料供應來源所造成的問題

我們從第2章可知,在任何作業中改變其進料來源就可能會造成問題。我們以有兩個來源為例來討論。如果兩個來源都處於管制狀態(不管其管制情況是良好的或尚可的),而且可以分別每隔數天就進貨,原則上,可依每一個來源的平均不良率是落在平衡點的左方或右方,而分別採取「狀況1」或「狀況2」的對策。這種想法說來容易,可是在有些工廠卻很難實施。

如果按固定比例混合來自兩個供應源的進料,而且來源是處在良好的統計狀態,那麼從混合進料中取出來的批,就會呈二項分布,此時可採用「全檢或免檢」規則求得新的最低平均成本。物料來自兩個不同來源,會造成生產上的難題。我們在第2章討論過,物料從兩個不同來源混合之後所造成的問題,很讓工廠的經理頭痛。

要解決此難題,第一步是把供應商減為一家(我們在第2章中說明過,任何一項物品由單一廠商供應的優點)。

如果供應商已減為一家,而我們的供貨品質水準是時好時壞地變動,該廠商就要和顧客共同合作,朝著狀況1的方向改善,最終要能達到零缺點;接著討論「混亂狀態」。

混亂狀態

不良率在平衡點左右兩側小幅擺盪的情況不難處理。如果不良率落在平衡點附近，此時不論我們採取全檢或免檢規則，都沒什麼差別。要是我，我會採「全數（100％）檢驗」儘快累積情報。如果我們不敢預測進料的品質水準絕大多數會落在平衡點的那一邊，而且它有時會呈現大幅擺盪，則處於「混亂狀態」。這種令人難以忍受的情況可能是來自於單一來源送來的物料的品質變化極大，又無法預測，或者物料來自兩個以上的來源（品質相差極大，即屬在兩側擺盪的「馬鞍型」平衡品質水準），甲來源用一段時間，然後乙來源用一段時間，沒有一點規律或理由。當然，我們應該儘快脫離此種狀態，朝向狀況1努力。同時，進料會繼續進來，我們必須加以處理。我們該怎麼辦呢？

如果現在每批進貨都附有該批的不良率的標籤，那就毫無問題：我們可依各批的標籤是在平衡點的左側或右側，分別採用全檢或免檢規則，這樣就可達到最低平均總成本。

要是各批進料都未標示，但處在「混亂」狀態下，樣本的品質和其對應的未抽樣物品之間，卻有相關，就可按照混亂狀態來測試樣本，並決定是否把未抽樣品送交生產線或加以篩選。不管樣本或用任何規則來使用樣本，結果終有一些批會錯放在平衡點的一側，以致結果不佳，造成「總成本最大化」。

在混亂狀態下，我們可採用100％全檢。實際上，這個決策值得考慮，但我們接下來要討論的喬伊斯・奧爾西尼（Joyce Orsini）規則，也不失為好方法。

喬伊斯‧奧爾西尼規則（Joyce Orsini's rules）

在混亂狀態下，喬伊斯‧奧爾西尼規則（注2）是全檢（100%檢驗）的簡單代用方法。它們易於管理，可以大大降低平均總成本，使其遠低於全檢的成本。與全檢比較是有意義的，因為我們知道，全檢的平均成本為：每項目 $k_1 + kp$。規則為：

對於 $k_2 \geq 1000\ k_1$：對進料進行全檢（100%檢驗）

對於 $1000\ k_1 > k_2 \geq 10\ k_1$：測試200個樣本（$n = 200$），若該樣本中未發現不良品，該批允收。本批中有1個不良品，則篩選該批。

對於 $k < 10\ k_1$：免檢。

$n = 200$的樣本可做為進料產品的品質的連續操作紀錄。好的連續紀錄的形式，是依每次抽樣所碰到的不良品數做成的管制圖。此圖最好合併幾個樣本，使樣本中的不良項目平均值約有3至4個。此連續紀錄圖可讓我們知道每日品質的變動情形，此類情報能幫助我們及供應商辨認面臨的是哪一類問題。同時它可讓我們知道進料品質實際上是否為「混亂」，或者與預期的相反（並非「混亂」），那我們可按「狀況1」或「狀況2」處理，損失極小。

我們在下一週可以（甚至輕而易舉）找出遠比上週的喬伊斯‧奧爾西尼規則更好的方法。我們可以查看過去進料各批的不良率分布會告訴我們什麼，可是這陳述並沒有意義，因為在「混亂」狀態下，無法預測特定的分布。如果我們知道進料批會有怎

樣的分布，就不會處在「混亂」狀態下了。

　　我們還可以用另外一種容易描述的程序來說明，即弗朗西斯・安斯庫姆（Francis J. Anscombe）的逐次計畫（注3），它在任何情況下幾乎都可達到最低平均總成本。安斯庫姆建議，若前述的假說統統無法成立，我們仍應繼續從批中抽取樣本，第一次抽樣的樣本的大小為：

$$n = 0.375\sqrt{N(k_2 / k_1)}$$

　　上式的 N 代表批量，接下來再抽取的樣本的樣本數為 $n = k_2/k_1$。繼續抽樣，直到「總不良品數小於檢驗的樣本數減1」，或全批都已檢驗。

　　不巧的是，安斯庫姆規則並不容易管理。

　　只要我們知道各項成本，就可以將上述的理論或規則應用在顧客處所（或修理工場）來修理或更換零件。唯一的障礙是，一旦產品到達了顧客手中，就要拿出錢來支付修理和更換費用（譯按：即一般人只重視的有形的失敗成本），而這只不過是不良品造成的損失的一小部分。對你心懷不滿的客戶以後就不會再跟你做生意。而潛在的客戶知道別人的不滿的情之後，也可能會造成你難以估算的慘重損失。

規則必須容易管理

　　任何規則要想能在實際上應用，其管理上一定要簡單。計算總成本時必須考慮到管理上的困難程度，以及是否需要統計專家不斷地指導才能免於落入陷阱，遭受損失。喬伊斯・奧爾西尼

法則就有執行上簡單的優點。

工作負荷量多變的困擾

所有依據某一抽樣結果再檢驗其餘批的規則，都有一個共同的缺點，不管該規則的使用目的。它們都受到檢驗工作負荷量多變的困擾。尤有進者，有這樣困擾的生產經理還必須為零件供應時有時無的不確定性所煩惱。他可能急需零件，以致不顧零件是否經過檢驗或有無不良品混入，而把原來安排好的計畫弄得支離破碎。一個可能的負荷量例外是，進料產品如此多，其品質水準又是差到極點，以致全部檢驗人員的大部分時間都忙於檢驗樣本和各批的未抽樣產品。

永遠不要沒有資訊

採用了「免檢」規則，並不是指把我們不拿火炬就直驅黑暗中。我們應該採用諸如跳批（skip-lot）抽測法把所有的進料檢查一下，既可獲得情報，又可與供應商提單上所附的測試值及圖表比較。

如果你有兩家供應商，他們的紀錄應該分別保持。

更進一步的建議（在第2章第4點中提過）是任何項目都要和單一的供應商建立長期關係，共同合作來改善進料的品質。

某服務機構的錯誤和矯正

上述理論，可以應用在事務處理、銀行、百貨公司、任何公司的支薪作業及其它極多情況中的出錯（詳見第476頁例3）。

文書等在經過各階段的處理之後，最後就出現在客戶的帳單上或支票上的金額等處。它們可能要經過好幾個階段之後才會發現錯誤，以致其矯正成本遠比一旦發生就去尋找它並矯正之的成本要貴上20倍、50倍甚至100倍。〔在上述例3，為歐文信託（Irving Trust Company）的威廉・拉茲科（William J. Latzko）所提供，k_2為k_1的2000倍。〕

破壞性測試

前述理論是根據非破壞性測試：測試時不會破壞受試的零件。有些測試則是具破壞性的，即它測試時會把樣本破壞。例如測試燈的壽命、每立方呎瓦斯的BTU值、保險絲的壽命、或測試纖維的羊毛成分等，都屬這類。此時，採用篩選來拒收該批已毫無意義，因為生產線在如此測試之後將毫無一物可用。

顯然的，破壞性測試的唯一解答是在製造零件時，就要達成統計管制，即一開始就要把它做對，不論破壞性或非破壞性測試，這都是最好的解決方法。

全檢或免檢規則的應用實例

例1：某電視機製造廠採購的IC（積體電路）採全數檢驗方式。

問：「你發現多少個不良的IC？」

答：「只有一點點。」他看看過去數週數字後，接著說：「每一萬個IC中，平均有一至兩個不良的IC。」

根據上述，我們假設平均不良率為：

$$p = \frac{1}{2}\left(\frac{1}{10,000} + \frac{2}{10,000}\right) = 0.00015$$

進一步詢問後，得到進料的測試成本為30￠，而且所有IC的半成品一定要加以測試，此時附加價值已很大了，若要更換不良的IC，成本為：

$$k_2 = 100\, k_1$$

因此，　$p = 0.00015 < \dfrac{k_1}{k_2} = \dfrac{1}{100}$

因為 $p < k_1/k_2$，該工程師應該採取不檢驗IC規則才對。他是在「狀況1」，卻採取狀況2程序。換言之，他讓總成本最大化。依現在的檢驗計畫，每IC的平均總成本為：

$$k_1 + kp$$

然而，若對進料IC不加檢驗，則對應之平均成本為

$$p\,(k_2 + k)$$

小於 $k_1 + kp$。其差額為：

每個IC的損失＝$[k_1 + kp] - [p\,(k_2 + k)] = k_1 - p\,k_2$
$$= 29.6 ￠$$

每架電視機有60到80個IC。如以每架60個IC計算，由於檢驗計畫選擇錯誤，每架要多花60×29.6￠＝1776￠，約占製造成本的10％。此例為把浪費灌在產品成本中。

負責的工程師向我說明，在開始時並不需要做品質特性的統計管制，因為已採取全數檢驗。他說，因為供應商所提供的IC不符合廠方規定的嚴厲測試要求，所以必須全數檢驗。可是，IC製造廠的品質可能不差，對我而言，不良率$p=0.00015$的成績夠好了。

該工程師的做法反而使公司的成本極大化，這是常見的只知埋頭苦幹，以為盡力就好，而因缺乏理論指導會發生的事。他剛才所做的演算和討論，讓他恍然大悟。

順便一提的是，該工程師在每組作業員工作站前，用一螢幕顯示該組昨日每一類缺點的數量。這種做法不僅絲毫沒用處，更會讓作業員的自尊受損、沮喪萬分，反而有礙於生產力的提高，一點也不能助人將工作做得更好。

例2：某汽車公司在馬達裝上傳動系統之前，要先測試馬達。此點稱為A點。往後，此馬達就成為動力列車的一部分，可以驅動汽車，此點稱為B點。在A點的測試成本為 $k_1=$ ＄20；若馬達故障了其修理成本為 $k=$ ＄40。若馬達在B點故障，其修理成本為＄1,000。我們將此成本分為：$k_2=$ ＄960及 $k=$ ＄40。通過A點的1000台馬達中有一台會在B點故障。問題是：是否該在A點測馬達？我們可列出成本比較表來回答這問題。

【表1：傳動系統的馬達測試】

在A點檢驗？	每馬達的平均總成本
是	k_1+pk+ （1/1000）＄1000
否	$0+p$ $（k_2+k）+$ （1/1000）＄1000

平衡品質點為：

$$p = \frac{k_1}{k_2} = \frac{\$20}{\$960} = \frac{1}{48}$$

若有2％的馬達在A點故障，最好繼續在A點做100％檢驗，並試著改進品質，直到由由最低總成本來判斷在A點做檢驗應取消為止。

如果 k_2 為 \$500，平衡品質為20/500＝1/25。因此若 p 為1/50，那麼在A點做100 ％檢驗和免檢驗的成本差為 $k_1 - p\ k_2 =$ \$20－（1/50）\$500＝\$10。雖然在此情況下，最好中止在A點的測試。

例3〔提供者：紐約歐文信託（Irving Trust Company）的威廉・拉茲科（William J. Latzko）〕。在銀行、百貨公司、發薪部門的工作都要從某一部門傳到另一部門。

每一筆交易在某部門審核（檢驗）需要花25¢，若後來才發現錯誤必須更正，則要花 \$500＝50,000¢。該部門的準確性約是每1000筆交易中有1次錯誤。所以得出：

$$p \geqq 1/1000$$
$$k_1/k_2 = 25/50,000 = 1/2000$$

當 $p > k_1/k_2$，也就是「狀況2」，依最低平均總成本計畫，要在一開始就進行100 ％檢驗。

在服務業中，要找出進行中的交易錯誤實在很難，可能比製

造業中更難。檢驗證人員可能只能找出1/2，最多是2/3的錯誤；所以顯然從改進系統著手更為重要。改善數字的可識別性、燈光、招考、晉用、訓練及提供督導者各種統計工具。

此時最好採用第3章介紹過的核驗程序，即由兩人平行計算，兩人都用清楚的文件來計算，確信沒有錯誤之後，再將兩組的數字輸入機器自行偵測有無差異。

就我個人的經驗而言，如果要驗證重要的工作，唯一能令人滿意的方法是：藉平行工作並由機器核對。

如果結果的品質遠比 p_1p_2 好，而 p_1 為某位工人的預測品質水準，p_2 為另一人的預測品質水準。如 $p_1=p_2=1/1000$，那麼結果的品質會比$1/1000^2=1\times10^{-6}$ 好得多。之所以如此，是因為兩人犯同樣錯誤的機率很小。但是莫非定律（Murphy law）也算可靠的。換言之，任何可能會出錯的事，早晚會出錯。

　　我們要鼓勵從事平行工作的兩人，他們一遇到可能誤讀的數字，最好能立即暫停工作，不論其追溯該數字的來源要花多少時間。不論何處產生不清楚的數字，它就像一開始製造就有不良的物料一樣糟。

基材有附加價值時的規則修正

我們稱要加工的進料為基材（substrate），將完工的成品檢驗後，分為一級品、二級品、三級品或報廢品。令 k_2 代表成品降級或報廢的淨平均損失值。檢驗一項進料基材的平均成本為：

$$k_1+kp$$

若我們不事先檢驗基材而致使裝配完工品降級，則平均成本為 pk_2。在此情形，要滿足 p 值的平衡品質為：

$$k_1 + kp = p\,k_2$$

由於 $k = k_1/q$（見本章452頁的練習5），它可化成：

$$k_1 + p\,k_1/q = p\,k_2$$

上面等號左邊可用 k_1/q 代入，所以如果下式成立，上式就可滿足：

$$p = (k_1/k_2)\,q$$

現在規則成為：

狀況1 $\quad p < (k_1/k_2)\,q \quad$ 完全不驗驗（免檢）

狀況2 $\quad p > (k_1/k_2)\,q \quad$ 全數驗驗

上式 k_2 表示成品因不合格而降級或報廢的平均損失。

注意，由於 q 值幾乎和1很接近，所以前文的公式與「免檢及全檢」規則，實際上可視為相同而應用之。

例4：本例為作者送給某公司報告的一部分，以備忘錄形式書寫而成如下。

本人昨日在會議中獲知，貴公司零件編號42的上漆釣竿為一重要產品，目前每週產量為20,000支，很快就會增加到40,000支。未加工釣竿每批進料為2,800支，批量大小在此並無相關。

您提供的成本數據，假設已完全考慮到人工、物料、測試和其它費用的分攤，其相關數值為：

$$k_1 = 7\,\text{¢} \quad k_2 = 1500\,\text{¢}$$

　　根據您所提供的，平均不良率約為1％。根據上述資料，貴公司的平衡點為：

$$p=（k_1/k_2）q=7/1500×0.99＝0.00471$$

即略低於1/200。

　　下表為本人昨日在黑板上所做的結論。顯然，貴公司如能對進料釣竿做100％檢驗，才能達到最低平均總成本。貴公司目前處於「狀況2」中。

【表2：免檢和全檢的成本比較表】

進料釣竿檢驗方式	每件的總成本
免檢	$p\,k_2＝.01×1500$ ¢ ＝15 ¢
全檢	$k_1/q＝7.07$ ¢

注：成本單位為每件幾分；$k_1＝7$ ¢，$k_2＝1500$ ¢，p＝0.01

　　如果貴公司進料平均不良率為1/300或1/500（僅為舉例），就應該完全不做進料檢驗，而在成品測試時才做檢驗。

　　您曾提出追蹤進料品質的必要性。當然，這件事您一定要做。同時，為了達成此目的，本人建議您準備兩張 p 管制圖，一張把各類缺點合併後繪點，一張則用於主要的缺點繪點。您可先將每批各畫1點，稍後可每日畫1點。據本人所知，貴公司的供應商有意與貴公司共同研究貴公司的檢驗方法和檢驗結果。如果能把貴公司現在的 p 管制圖按月複印給供應商參考，對他會大有助益。為什麼你不向他要他的工廠的管制圖呢？

多樣零件

由多樣零件構成的裝配品的不良機率

本章前面數節只討論單一零件構成的裝配品。現在我們參考506頁練習4的有用的理論。為了讓總成本最低，有些零件需要100％檢驗。零件一旦檢驗後，就不會造成裝配品故障，其餘的零件將不再檢驗，但是，要是有不良品流入生產中，就會造成故障。

假設我們有兩個未檢驗的零件，其不良率分別為p1和p2。那麼，裝配品的故障機率（Pr）為：

公式①　　　$Pr（故障）= 1 - Pr（無故障）$

$$= 1 - （1 - p_1）（1 - p_2）$$

$$= p_1 + p_2 - p_1 p_2$$

如 p_1 和 p_2 都相當小，此一機率將非常接近 $p_1 + p_2$。例如，假若 $p_1 = p_2 = 1/20$，則此裝配品故障的機率為$1/20 + 1/20 - 1/20^2$ $= 1/10 - 1/400$。顯然 $p_1 p_2$ 項太小，我們可略去。

計算任何數目零件的故障機率有一簡單方法，即可應用維恩圖（Venn diagram，亦譯為文氏圖，幾乎所有關於機率的書本上都會提到）。因此，由3個零件構成的系統的故障機率是：

公式②$Pr（故障）= p_1 + p_2 + p_3 - （p_1 p_2 + p_2 p_3 + p_1 p_3）+ p_1 p_2 p_3$

$$\doteq p_1 + p_2 + p_3$$

假設每個機率 p_i 都很小。推廣至系統有m個零件，可得出：

公式③　　　　　　$\Pr（故障）\doteq p_1+p_2+\cdots\cdots+p_m$

同樣假設各p_i都很小。

由上可知，故障機率會隨零件數的增加而增加。通常1台收音機約有300個零件（零件數目的計算將端看你如此定義零件）。汽車約有一萬個零件（同前），看你如何來定義、計算它們。譬如說，汽車內的收音機要計做1個零件或300個零件？汽油泵算做1個或7個零件？無論你如何計算零件，在1件裝配品內的零件數目一定非常大。

另一問題是：k_2（改正錯誤裝配品的成本）會隨零件增加而增加。當裝配品故障後，究竟是哪一個零件出錯？事實上，診斷出哪個零件出錯並不容易，誤診是很常見的。何況，可能有兩個零件同時出錯。

產品愈是複雜時，若要想控制成本，必須要有更可靠的元組件。不良品會影響到生產線上的多項支出，如報廢、修理，為預防不良品而準備的庫存品，售後保證成本會更高，最後，甚至會損及商譽與生意金額。

因此，我們面臨多樣零件的事實為：

1.我們僅能忍受少許零件採「全檢方式」（狀況2）；否則檢

驗成本會太高。

2.我們僅能忍受上述之外的零件缺點接近零（0）。

複雜器材的測試可能需要花時間，也需要細心的規畫，因為器材中的各種零件何時（運作多久後）會故障，在什麼環境壓力下會故障，可能各不相同。

這問題並不單純。公司可能採購許多類型的用品，它們會有許多類型的問題。採購者常遇到的難題是：有些進料的品質和均一是重要無比的，可是品質變異大，卻是經常會遇到的。而所採購的物料，可能只是供應商的副產品，占不到他生意額的1%，所以很難希望他有所改進。你很難期望供應商為了你而花錢，或是去買新設備來精製，因為可能賠錢的生意是沒人做的。

本人對此只能建議：要把此等材料當成諸如鐵礦或其它進廠時變異很大而純度不足的原料般對待。你可以在自己廠內加以精煉或委外。在實務上，此計畫為良好的解決辦法。

同樣缺點重複出現的風險，與多樣零件相同。任教於麻省理工學院（MIT）的邁倫‧崔柏斯（Myron Tribus）告訴我一個簡單的例子。假設現在顧客手中的小馬達（用在除塵機、攪拌機、家用暖器設備等）的故障率僅為15年前的十分之一。可是，現在家庭中使用的馬達數，平均要比15年前多10倍。因此今天家用電器的馬達的故障數，和以前並沒有兩樣。讀者很容易舉出其它例子：

某天花板燈座的設計，要使用3個特定燭光的燈炮。在

家用環境下，燈炮的平均壽命約為3個月，但燈座上要用3個燈炮，所以屋主得準備一架梯子，以備隨時用來更換燈炮，因為平均每月得更換1次。

再舉汽車車體燈的焊接縫為例。有經驗的點焊人大抵都同意：每2,000點焊中會有1件錯誤，這成績已可算是優秀了。自動點焊機的不良心率也不過如此。可是，即使這樣，工廠仍要做花費昂貴的測試，又得花錢重修車體。

假定你汽車的車體有70處銲接縫，而點焊機（不論是手工或自動）每焊2,100次有1次錯誤。所以測試車體時會發現，因焊接不良而漏水的機會為70/2100＝1/30。換言之，大約有3％的車體會漏水，需要修理。（還好，會漏的車體很少會送出廠。）

要把車體漏水的頻率減低至1/100，那麼點焊機的性能要改進到約每7000焊點才有1點錯誤才行。

結論：生產線上任何地方，都不准有不良物料及作工有缺陷

前文的理論告訴我們，生產的每一階段都不准有不良品，這是很重要的。任何作業的產出，都是接下來的作業的進料。一旦產生不良品之後，除非能在後站的測試被發現，否則該缺點會一直流往下站，直到矯正它或更換它得花上很多錢為止。

要考慮的成本，並不只是前文理論的k_1和k_2成本。一有缺點，就會造成更多的缺點。作業員拿到不良的半成品或裝配品時，士氣會多低落。任她的操作多麼盡力、細心，該產品仍會是個不良品。要是大家都不管產品缺點，為什麼她要管呢？反之，

要是缺點數極少或根本沒有，或是即使有缺點，也能解說清楚，
她會了解主管團隊已盡了應盡的責，所以她有義務全力以赴：因
為主管團隊的領導是有效。

　　不幸地，有時生產線上會發生缺點，如將良好的零件裝
錯了，或把兩根導線交叉接錯，或把成品或半成品從一處搬運
至另一處而造成損壞。搬運損壞可能起因於粗心大意或愚蠢無
知。大家也都知道，這在包裝及搬運時屢會遇到。西蒙‧科利
爾（Simon Collier）任職於約翰斯 - 曼維爾公司（Johns-Manville
Company）時，曾以電影方式說明許多因粗心大意而造成損壞的
個案，如用堆高機裝載一車小石子，不幸撞到鋼柱，而讓裝載工
作前功盡棄；或把綑綁袋子的繩子丟入石膏中，而非丟入垃圾筒
內。從來沒有人向作業員說明，這些小小的動作會造成多大的損
失。我曾見一位女士用鑷子小心地挾著一片圓碟（disc），如同
護士在手術房拿著外科用具似的，可是她的拇指卻放在圓碟上而
造成汙染，以致功虧一簣。是否有人向她說明過，拇指碰到圓碟
會造成什麼樣後果。我也看過在包裝一雙白鞋子進鞋盒時，鞋子
上頭有小的黑斑點，其餘部分都很完美。只要有人為疏忽，就會
造成昂貴的重做或報廢等損失。

例外

　　許多進廠的物料，本章的理論並不適用。例如用空氣管（air
hose）攪拌一槽的甲醇，然後用板杓從槽中的幾乎任何一處取出
甲醇完全與從槽的其它處取的甲醇沒有兩樣。然而，實際上，化
學公司是從許多不同層次（levels）來杓取甲醇的。另一個大家

更為熟悉的例子是酌一杯琴酒（gin）或威士忌（whisky）。大家都同意，從瓶內上層或中間或底層取酒都無關緊要。

從鼓風爐取出鑄水（heat）是一大難題，這是本章的理論無法適用的另一例。我們知道鼓風爐鑄水的成分不會均勻。但是有些公司卻每鑄一件就倒取一小杓做樣品。這些樣品分析後所得的數據，可畫成一張連串圖，它能告訴我們從第一個鑄件到最後一個鑄件的品質變異情形，並提供可改進的線索。

標準驗收計畫的處理

標準抽樣計畫

在分批進料或出貨的檢驗作業中，有所謂「標準的驗收抽樣計畫」。簡單地說，它要求檢驗樣本，進而應用某些決策規則，並依樣本中不良品多寡，或篩選其餘產品，或街將該批直接送入生產線。

「道奇-羅米格（Dodge-Romig）抽樣表」依據的理論，是要達到指定的品質水準，而檢驗成本最低。美軍標準105D抽樣表（Military Standard 105D，縮寫為MIL-STD-105D，1963年公布，為世界各國所公認並廣泛應用於工業界。多用於工業驗收抽樣，且抽樣對象必須為一連串連續序號才能保證其品質）與此不同，它的目的很難理解，除非當供應商品質變差時，可利用105D抽樣表打擊他（注7）。

哈爾德（A. Hald）在其著作中有參考書目（附在本章之後），他把美軍標準105D視為採用允收品質界限（AQL，average quality limit）做為索引的抽樣計畫。有了AQL及批量N，就可在「美軍標準105D」中找到這個AQL的抽樣計畫。美軍標準105D強迫你要指出你希望的AQL值，它卻完全未考慮成本。難怪有時候使用它的結果令人驚奇，即，運用105D的總成本竟會比採用全數檢驗還貴兩倍呢！

引用任何抽樣計畫，不論原目的是想降低平均進料的品質（本章中用 p 表示），最後都只會使上述的每品項的最小的平均總成本增加（請參閱第508頁練習5）。

某公司採購作業要是採用「AOQL（平均出廠品質界限）＝3%的抽樣計畫」，這無異是告訴供應商公司所要求的是100件中97件良品及3件不良品。這種要求，供應商會很樂意接受。

例如，最近有家製造商告訴我其目標是送給客戶的不良率不要超過3％。事實上，有些顧客收到的不良品會遠高於3%。這做生意方式好嗎？如果你是該公司的顧客，你是否願意接受不良率不高於3％？

不幸的是，在統計品管的教科書中，標準驗收計畫占了很大的篇幅，我自己過去的抽樣方面的著作也不例外。有次，安斯庫姆（Francis J. Anscombe）說：「我們要了解問題所在，再設法解決，而不應該發明一個問題，它看似能確切地解決，但卻與原來的問題不相關，只是假的代用方法。」（注8）

現在，正是揚棄這樣的標準計畫及其教學的時候，而是要著眼於總成本及實務問題。

標準計畫的形式化應用

大多數使用道奇-羅米格（Dodge-Romig）驗收計畫和美軍標準105D抽樣表的場合，恐怕只想求形式上能符合契約的規定而已。訂立合約的人，對抽樣計畫只一知半解，而執行的人也一樣，只會依樣畫葫蘆。大家都這樣做，我們也跟著做，結果是成本增加了。A. V. 費根鮑姆（Armand Vallin Feigenbaum）曾說：

> 最大的問題是，在不適用的地方，不分青紅皂白地應用這些驗收計畫。（注9）

例：如何用「美軍標準105D抽樣檢驗表」來增加成本。某製造廠裝配品出貨的批量為1500件（注10）。每次檢驗成本平均要花2小時（含間接成本＄24）。原廠的製程平均不良為2％。由最近收到此批的經驗，證實品質資訊無誤。若讓不良品到最終檢驗時再更換不良零件，總共要負擔＄780。究竟該用哪一種抽樣計畫？在本例中：

$$p＝0.02< k_1/k_2＝24/780＝0.031$$

這顯然是屬於「狀況1」，所以採完免檢驗方式，會達到最低總成本。若使用美軍標準105D，其總成本將是最小總成本的兩倍。這很容易在第514頁的練習5的結果中看出來。

還有更糟的事呢！要是製程是處在良好的（管制）狀況下，則測試樣本並不會提供該批的相關資訊，其資訊充其量像擲銅板

而已。（參考第502頁練習1）。

測量上及材料的其它問題

次裝配品構建的可能經濟

大抵上，上述的 k_2 成本，是隨生產線各階段的工作而急劇上升（可能各階段以10倍增加），到成品時，數目已相當驚人。有時候，我們可設計次裝配品的構建方法，使其「並流」到最終裝配品（final assembly），以避免極高的成本。幾個次裝配品（subassemblies），各經檢驗和測試之後，必要時加以更換和調整了，就可算是新的起點。此時，前述理論中的k_2成本，就成為檢驗及調整次裝配品的成本。由「全檢或免檢」的理論，再加上有意義的經驗紀錄，就可判斷有些次裝配品根本不需要檢驗，而有些則需要嚴格的全數檢驗，以避免送生產線後站時造成的高成本損失。在此情況下，本章理論即可做為指導。

我們之所以不厭其煩地討論，只是想告訴讀者，以對的理論指導，就幾乎能夠達到最低成本和最大利潤。

同時，我們要盡全力剔除全部的不良品。我建議採有系統的做法，比較我方與供應商的測試結果，還要用恰當的設計方法，諸如$\bar{x}$-R管制圖等。

能夠與零件供應商（尤其是重要的零件）順利合作，同時能有效地測試並調整次裝配品，可以在最後成品的測試中，減少重大麻煩到幾乎為零。

尋找「少見缺點」（extremely rare defects）的困難

「少見缺點」是很難找出來的。隨著不良率的減少，我們愈來愈難找出這樣小的缺點。不管是用採用目視檢驗或機器檢驗，都不能把所有的缺點找出來，特別是在缺點是少見的時候。我們沒有理由相信一家製造廠宣稱其不良品每一萬件中只有一件，確實優於不良品是5,000件中一件的另一家。因為這兩家製造廠的不良都很難估計。

如果 p 是1/5000，而製程是在統計管制下，我們要檢驗8萬件才能找出16件不良品。根據此數字，估計出生產製程的 $p=$ 1/5000，標準差為$\sqrt{16}=4$ 或為25 ％。這樣估計出的不良率並不精確，儘管我們已檢驗了8萬件零件。我們甚至會懷疑生產此8萬件的製程是否穩定？製程產出8萬件後，是否和開始生產時的相同？如果前後的製程不相同，那麼該16件不良品有什麼意義呢？這實在是個很難的問題。

在有些情況，百萬個零件中沒有一個不良品，甚至在10億個中，不良數很少或全無。不良率如此低，就沒辦法告訴你，如果想要取得必要的情報需要檢驗多少個成品才行。在這種特殊的情況下，唯一的可能辦法是：利用在製程中實際測量零件所做的管制圖。如果每天取100個觀測值（每天抽樣25次，每次連續取4個樣品），在 $\bar{x}$-R管制圖就能畫出25個（樣本大小為4）平均值和全距值。管制圖會告訴我們該製程持續未被改變，或是有的已出了差錯，以及必須將一連串的產品停下，等出毛病的原因找到了之後才決定是否放行。一旦找到毛病的原因之後，就可合理地決定究竟要將全部產品廢棄，或部分予以放行。我們可立即看出來：$\bar{x}$

與R管制圖的功能之多。

使用複連的方法（use of redundancy）

在設計複雜的器械時，有時可把兩個或更多的零件並聯。假如其中有一個零件故障了，另一個就會自動發揮作用，這方法既聰明又行得通。把兩個零件並聯，如果每一個零件的平均不良率各為 p_i，兩個零件並聯的平均不良率就相當於 p_i^2。假設 p_i 為 1/1000，則 p_i^2 為1/1,000,000。當然，有時基於重量及尺寸大小的限制，不允許採用複連方式。另一個問題是：複連的零件會適時發生作用嗎？所以說，最好的解答是各個零件的可靠性要高。

故障及複連的數學理論、統計技術，既有趣又重要。本書限於篇幅，只能做簡介，讓大家稍微了解它的重要性。

便宜的檢驗（或測試）方法是否真便宜？

在必須檢驗的地方（如「狀況2」），「如何削減檢驗成本」是個老問題。假設除了原來的檢驗方法（簡稱「主方法」）外，還有讓單位成本較便宜（k_1 較小）的檢驗法。我們考慮總成本時，便宜的檢驗法是否真便宜呢？針對非破壞性測試為例，我們可用兩種方法（主方法和便宜方法）各測試200個品項，把結果做成如圖48的2×2表格。圖中每一點代表同一零件的兩次測試的結果。對角線上的點表示該兩種測試方法結果一致。偏離對角線的點，表示兩者不一致。一個零件用便宜方法來檢驗，可能會通過，卻為主檢驗法所拒收（誤正，a false positive），這將會造成裝配品 k_2 元的故障損失。另一方面，主檢驗法通過的零件，卻為便

宜方法所拒收（誤負，a false negative），會因此增加成本u（u為一個零件的成本）。

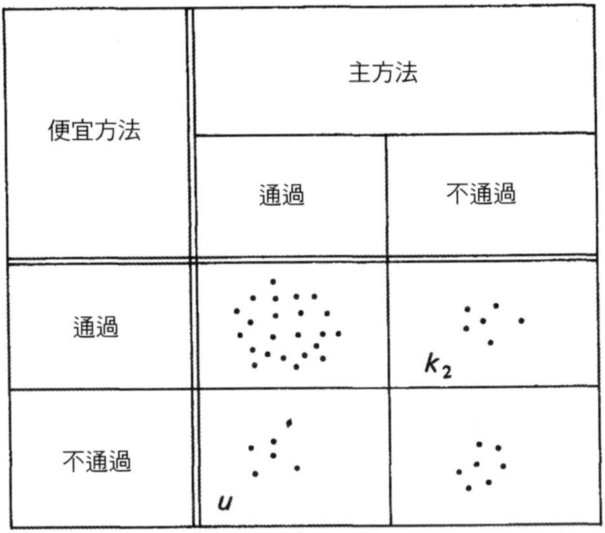

【圖48：2X2成本表】用兩種方法測得的2×2成本表。4格中的每一點，表示兩種方法的結果。

我們容易把2×2表的結果，量化為下列4個方格內的數字。

$$n_{11} \quad n_{12}$$

$$n_{21} \quad n_{22}$$

假設 M 為用主方法測量200個項目的成本，而C為用便宜方法測量成本。使用便宜方法可節省的成本為：

$$S = M - C\left(n_{12}\,k_2 + n_{21}u\right)$$

遠離對角線的數目，通常很小，因此會有很大的統計波動。離開對角線一格中數目的標準誤（standard error），很近似於該數目本身的平方根。如果數目是16，則標準誤為4；若數目是9，則標準誤為3。〔上述假設是根據差異的泊松分布（Poisson distribution）而來的。〕

如果我們懷疑便宜方法是否確實比原方法更為便宜，則可再測試200件，甚至再測400件，來取得更精密的結果。如果還有疑問，我建議最好採用原來的方法測試。

多種零件

上述建議和計算，只適用於單一零件的場合。假設組配品含有兩個以上的零件，而我們考慮為每一零件找一便宜的方法。事實上，我們可將上述計算應用到任一零件，不管其數目多少，都可根據它得出一決定。

不過，我們要很小心。用便宜法測試任一零件，都要從裝配品中選擇一件來測試。此種選擇是從圖48右上方的「誤正」所引起的。其中有些任一零件的選擇，可能會發生和其它零件重疊，但是隨著零件數目增加，裝配品的測試比例也隨之增加。假設有20個零件，每一零件用便宜法測試，而它在20次中會有一次的「誤正」機會，那麼因「誤正」而測試裝配品的機會為$1 - (1-0.05)^{20} = 1 - 0.36 = 0.64$

如果裝配品是由零件串連而成，那麼一旦裝配品故障，可能

必須測試裝配品上所有的零件。

　　本節旨在說明，測試造成的麻煩，可能會比產品本身更多。工業上有許多產品被誤判為不良，主要是因為測量過程的結果不一致而造成的。

　　　不管是原方法或便宜方法，兩者都必須在統計的管制穩定狀態下，才能比較，否則就容易導致誤解。

改進2×2表以保留情報：兩位檢驗員的比較

　　把50項產品分別送交甲、乙兩位檢驗員，以觀其結果是否相同。驗證對買賣雙方都有保障。每一位檢驗員把該項目分為最高級或普通級。把該50項的測試結果，依照檢驗員的測試次序，分別記在相對的各行上。

　　為著保留更多的情報，我們並非依圖48的方式，把測試的結果用黑點表示，而是按每一項測試次序，記在適當的格內，如圖49所示。

檢驗員乙	檢驗員甲	
	最高級	非最高級
最高級	5 15 17 18 19 20 21 22 25 26 27 29 30 32 33 34 39 43 44 45 48	1 14 35 36 37 38 41 42
非最高級	4 49 50	2 3 6 7 8 9 10 11 12 13 16 23 24 28 31 40 46 47

【圖49：兩位檢驗員50個項目的2×2檢驗表】格中的數目表項目編號。本圖與圖48不同處是以實際編號表示，而圖48則以點表示。

我們可以看出，在右上方的格子內有4連續數字（35，36，37，38）。這種機率非常低，可能表示必然有一致的特殊原因。因此，假如10次測試有1次落在右上格內，則連續四個的連串，其機會只有$(1/10)^3$。

便宜篩選法的可能應用

調查罹病率的一有名計畫，可能可應用在測試上。（注11）「假設經計算後，顯示 $p\ k_2 > k_1$；也就是採用100％測試零件可得最低總成本。我們有一便宜而又可加以調整的方法，它可調整至不會允收原來方法所拒收的零件。我們先用便宜法篩選n個零

件，然後分為n_1個允收及n_2個拒收兩類，如**表3**所示：

【表3：便宜測試法】

總數	n
允收：	n_1
拒收：	n_2

我們可放心地把便宜法判為允收的n_1個零件送入生產線上。（依假設我們可以調整便宜法使其做得到如此。）其次，我們用原方法來測試被便宜法判為拒收的n_2個零件。結果如表4所示：

【表4：主方法】

總數	n_2
允收：	n_{21}
拒收：	n_{22}

如果用原方法測試n_2個零件的成本不太高，則此計畫將可大為節省。其計算方法很簡單。假設：

k_1＝用原方法測試一個零件的成本

k_1'＝用便宜方法測試一個零件的成本

經篩選後將可節省：

$$D＝n\,k_1－n\,k_1'－n_2\,k_1$$
$$＝n\,(\,k_1－k_1'－k_1\,n_2/n\,)$$

上式括號內之數量，表示每單位差異。舉數值例來說明，假設：

$$k_1 = \$ 1.20$$
$$k_1' = \$ 0.10$$
$$n_2/n = 0.4$$

則差異為：

$$D = n\,(1.20 - 0.10 - 0.4 \times 1.20)$$
$$= 62\ \text{¢}$$

表示約可節省50%。

應用某一尺度來做比較的優點

假如測量值是用某些單位來表示，如公分、公克、秒、安培、磅力每平方英寸（psi）或其它量數，那麼應該用更有效率的比較方法。我們可將n個測量值結果，畫在X、Y平面上。如圖50，表示4種原方法與便宜法可能的比較。此法可比圖48的2×2表更有效率，也就是需要遠比圖48較小的n 值，即可做出決策。在45度直線上的點，表示兩種方法是一致的，而不落在對角線上的點，即表示兩種方法不一致。研究該圖即可迅速指出：兩種方法是否有差異以及相差多少。對於熟悉兩種方法的熟練工而言，調整便宜方法使其與原（主）方法吻合，可能並不困難。（注12）

另一可能性是，在圖50的B狀況下，不調整便宜方法，而將其讀數轉變為主方法。假設：

y'：以原方法的測量值

y ：同一物品用便宜方法的測量值

m：兩個方法最佳配合迴歸線的斜率（假設其關係呈直線）

b：y' 軸上的截距

以**圖50**為例，B情況可轉換為：$y' = y + mb$。

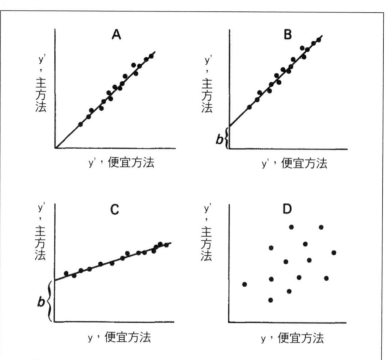

【圖50：主方法與便宜方法的比較】 某項目依兩方法測量的結果對應圖上一點。45°線上的點表示完全一致。A圖中，點在45°上或很接近，表示兩方法相當一致。B圖中，線的斜率接近45°，但有截距；採取某些簡單調整即可使兩方法趨於一致。C圖中，線的斜率與45°相差很多，又有截距；採取某些簡單調整或可使兩方法趨於一致。或者可用簡單公式校正便宜方法。D圖中，點散布在圖中，表示問題很難解決。

順便一提，即使兩個方法的結果一致，並不表示該兩個方法都對。兩個方法一致的情形，只不過是說存在一個測量系統而已。**圖50**的C很有趣。其斜率小於450，所以該斜線表示便宜方法較主方法更敏感。如果有此優點，我們就應廢止主方法，而調整便宜方法之後加以採用。〔此點由彼得·克拉克（Peter Clarke）在1983年研討會率先提出。〕斜率大於45°的，表示便宜法較不敏感，此為通常的情形。我們可依$y' = my + b$（m為斜率）來將便宜方法調整為主方法。〕

請參考西方電力公司（Western Electric Company）1956年出版的《統計品管手冊》（*Statistical Quality Control Handbook*）中B-3節（譯按：中譯本為中國生產力中心出版的《品質管制入門》2B-3節）。此節詳盡地探討儀器的精密度及測量誤差等。

檢驗時意見一致的危險

如果大家能坦誠、無懼地交換意見而達成共識，就能發揮團隊相互學習的優點。

不幸的是，在檢驗或其它事情上，「共識」可能表示某人主導眾議，或眾人獨尊其意見而已。

像是可能兩位醫生對病人的病情紀錄（改善、未改善或惡化）意見一致。唯該結論可能只代表資深醫師的見解，因為年輕醫師深感能與前輩會診為榮，而對前輩所講的內容照單全收。如果年輕醫師的意見很多，就不會有這種和諧關係。要是該年輕醫師還在實習，為了將來前途著想，只有唯唯諾諾、謹慎發問一途。

這裡有個更好的方式，那就是每人將診斷結果記下，會診結

束後才交出自己的紀錄表格，等到方便時再比較。如此一來，年輕醫師不必擔心會當面被問到，為何某些診斷與資深醫師相同但有些則否。換言之，這種方式可使年輕醫師不必懼怕遭到追問。如**圖51**的簡單表格，可顯示兩位醫師的診斷的一致性，它可供大家研習。如果雙方的意見差別很大，我們會問：究竟哪一個人的診斷較優異。〔此法為作者在1960年左右給紐約精神病學院的弗朗茨‧卡爾曼（Franz J. Kallmann，1897～1965）醫師的諮詢意見，為其所接受。〕

　　在圖上簡單標示病人的性別和年齡等，可幫助年輕醫師了解哪些地方需要幫助。

　　順便一提，即使兩方對於同一對象的獨立意見相當一致，只能說他們成一系統。它並不是說兩者都是對的。只有使用專家們所同意的方法，才能有對的答案。

比較兩位檢驗員

　　多年來，兩位皮革檢驗員一直保持他們對每一束進料皮革樣本的檢驗一致性紀錄。我們向他們介紹前節「意見一致的危險性」之後，他們即了解並答應分別記下自己的評等以利比較；同時，他們在結果有所偏離時，可以互相探討、學習。

　　一束皮革的等級，可分為1級、2級、3級、4級或5級；1級是最高級。評等計畫如下：

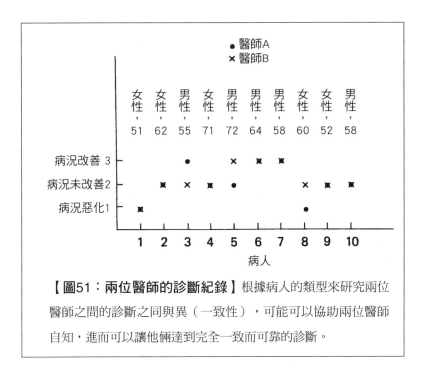

【圖51：兩位醫師的診斷紀錄】根據病人的類型來研究兩位
醫師之間的診斷之同與異（一致性），可能可以協助兩位醫師
自知，進而可以讓他倆達到完全一致而可靠的診斷。

1.每位檢驗員從每批貨中抽取一束皮革。從上面、中
   間、下方（位置要分散）各取一張。（此種抽樣不是
   「隨機抽樣」，而是「機械式抽樣」。）

2.每位檢驗員各自獨立檢驗自己所選取的皮革，並記下
   其等級。

3.兩位檢驗員要獨立檢驗第20束的皮革，並記下結果，
   然後互相交換皮革再檢驗。

4.將兩人對同一皮革的檢驗結果，畫成如圖52（簡化
   圖）。

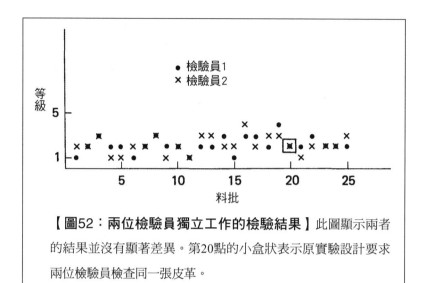

【圖52：兩位檢驗員獨立工作的檢驗結果】此圖顯示兩者的結果並沒有顯著差異。第20點的小盒狀表示原實驗設計要求兩位檢驗員檢查同一張皮革。

　　此兩組結果的差異原因，主要來源有：兩人之間的差異，以及樣本之間的差異。一年下來的結果，並沒有顯示出什麼大差異，即兩人的判斷不致於南轅北轍。兩人對於第20束的檢驗結果幾乎完全一致。至於在其它處的應用經驗，顯示需要更清楚的定義才行。

　　我們要再一次強調，此兩位檢驗員在紀錄上的一致，並不表示所評的等都沒有錯，而是表示他們的抽樣和檢驗方法都構成一（分等）系統。

進一步說明圖示法

　　圖51與**圖52**的表示法，可推廣適用於4、5人。（要同時記下6位檢驗員的結果，就會發生符號容易重複的問題。）同樣地，我曾

用3個符號（●，○，×）表示從練鋼爐中所倒出的12爐樣本在開始時、在中間和在結尾時所抽出的樣本。實際上只有一處，○和×相重疊。此重複關係顯示有2種可能性：①爐內的組成分沒有充分混合，或②混合物在生產期間老化了。

練習

練習1：設有一碗紅色和白色的珠子，p為紅珠子的比例，q為白珠子的比例（圖53）。

步驟1：從碗中隨機抽取批量為N的珠子，珠子取出後再放回去。結果：

$$N \quad 總數$$
$$X \quad 紅珠$$
$$N-X \quad 白珠$$

步驟2：將步驟1所抽取的批中，隨機抽樣本大小為 n 的珠子。並不再把珠子放回去，結果：

樣本中		在批的剩餘部分	
n	總數	$N-n$	總數
s	紅珠	$r=X-s$	紅珠
$n-s$	白珠	$N-n-r$	白珠

步驟3：將步驟2所抽取的樣本中的珠子放回批中。

步驟4：將步驟1至3重複多次，每次的批量（N）及從其中

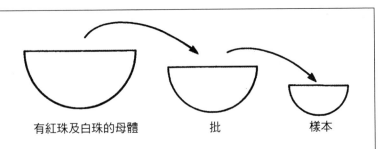

有紅珠及白珠的母體　　　　　批　　　　　樣本

【圖53：紅珠實驗示意圖】從一個有紅珠和白珠母體中抽出
數批來。再從批中抽出1樣本。將從批抽出的珠子放回去，這樣
可保證每次從批中所抽的紅珠、白珠比例是固定的。

所抽取的樣本大小（n）都要固定不變。記下 r 和 s 的結果。

我們可從理論導出 r 和 s 的分布為：

公式④　$$P(r, s) = \left[\binom{N-n}{r} q^{(N-n)-r} p^r \right] \left[\binom{n}{s} q^{n-s} p^s \right]$$

結論：

①樣本大小 n 中的紅珠數，以及批中剩餘部分之紅珠數，都是呈同樣比例 P 的二項分布。

②兩個分布都是獨立的。換言之，批中剩餘部分紅珠數r之分布，不管是樣本中的不良品是 $S=17$ 或是 $S=0$，其分布都是完全相同的。

此定理頗令人驚奇。它告訴我們，如果個別不良項目是獨立的，而製程處在良好的管制狀態，情況就是如此。那麼，任我們怎樣賣力設計驗收計畫，結果都和採用擲銅板方式來選批中未抽

樣部分篩選一樣。（注13）（擲銅板遠比測試樣本便宜。）

除了從批中抽取樣本外，我們也可選用亂數，將批分為兩部分，即樣本和其餘（未抽）兩部分。

練習2：如果各批中不良品的分布比二項分布還窄，而且假使批的其餘部分的允收準則是根據樣本的測試結果而定，該準則應該是：當樣本中有許多不良品時，其餘部分就該允收，若樣本中發現不良品太少甚至無，就該拒收並篩選其餘部分，而不是與此相反的準則。（注14）

有一簡易方法可了解上述結論：即假設所有進廠的各批的不良品數都完全相同。所以，不良品不是在樣本中，就是在其餘的批中。因此，要是樣本中有大量的不良品，就表示其餘批的不良品很少。

大衛・希爾（I. David. Hill）在其1960年的論文中指出，有一簡單辦法可產生均勻品質的批：假設有20台機器都在製造相同產品，而其中一台所生產的，全是不良品。如果批是由每台各取一件所構成。那麼以後凡是批量是20的倍數的，其不良率必然是5％。

各批品質保持接近並不少見。有一套（假設12件）棘齒輪掣（pallets）轉動時，沖壓金屬板的只要有1個掣子失效，那麼它所沖壓的產品幾乎都會是不良品，其餘11個掣子的產品則沒問

題。所以平均每12個連續產品中會有1個不良品，不良率為1/12
或8.3％。

　　練習3：「全檢或免檢」規則的證明。從批中隨機（用亂
數）抽取1個零件，稱之為零件i。它要不是不良品，就是良品。
它是否應該加以檢驗？或不管它是良品或是不良品，都不加檢驗
就直接投入生產線？我們可把平均總成本整理成如**表5**。

　　我們注意到，若 $p = k_1/k_2$，則「全檢」與「免檢」的平均總
成本相等。亞歷山大‧穆德（Alexander Mood）稱此一品質為
「平衡品質」。它的意思是在該平衡品質時，「檢驗」和「免檢
驗」的總成本相等。我們進一步看出，假若 $p < k_1/k_2$，則免檢的
總成本較低，若 $p > k_1/k_2$，則檢驗的總成本較低。（參閱**圖54**）

【表5】零件全檢或免檢

有無檢驗零件？	平均總成本
全檢	$k_1 + kp + 0$
免檢	$0 + p(k_2 + k)$
全檢－免檢	$k_1 - p k_2$

　　顯然，假使未來（例如下週）進來「最壞的批」是在平衡點
的左端，那麼其餘各批就比它更好，更遠離左邊。在此種情況，
「免檢」可達到最低平均總成本，稱此為**狀況1**。

　　另一方面，假使在未來，進來「最好的批」在平衡點的右
端，則所有各批都會更糟，在更右邊。此為**狀況2**。此時所有各
批加以100％檢驗的話，可達最低平均總成本。

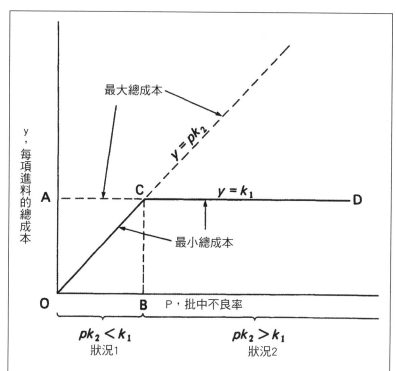

【圖54：總成本與不良率】顯示有不良項目批的每項目最低總成本是進料品質 p 的函數。最少不良率是OCD折線。線OC在平衡品質點B（$p = k_1/k_2$）處轉折。如果在免檢時可得最低總成本，那麼此時採用100％檢驗總成本會最大，反之亦然。

圖54中的折線OCD表示最低平均總成本。在p值靠近平衡點B時，採用「全檢」與「免檢」的成本相差極微。

練習4：多樣零件的最低平均總成本。假設零件總數為M

（注15）。設 pi 為零件 i 的平均不良率，而 ki 為檢驗1個零件的
成本。每一裝配品故障後的額外成本用K表示，又假設每一零件
的K值都相同。（由於我們要用 k2 表示檢驗零件2的成本，所以必須
稍微轉換符號表示法。）我們究竟是該「全數檢驗」或只檢驗部分
零件？如果只檢驗部分，該檢驗哪些呢？應用公式③（第481頁）
的近似值。

全數檢驗與部分檢驗的成本差異為：

$$\sum_{1}^{m-1} (k_i - Kp_2)$$

為了使總成本最低，哪些零件該檢驗，哪些不該檢驗呢？
換言之，我們如何使「全檢」和「部分檢驗」的成本差異最大化
呢？答案很清楚。由大到小逐項排列下述M值：

$$k_i - Kp_i，i=1，2，3，\cdots M$$

此等項目值開始時為正值，逐漸遞減，經過0再繼續減少。
為了達到最低平均總成本，上式中各項的總和必須盡可能大。從
而最低平均總成本的規則為：

① $k_i - Kp_i$ 為正值的零件免檢。
② $k_i - Kp_i$ 為負值的零件全檢。

【表：計算多種零件的最低平均總成本】

檢驗規則	平均總成本
1.檢驗全部零件	$$\sum_{1}^{M} k_i + 0$$
2.只檢驗 m 零件， 　$m+1$，$m+2$……M.	$$\sum_{m}^{M} k_i + K \sum_{1}^{m-1} p_i$$

我們要先和供應商協力使各零件都在統計管制狀況，並降低 pi。果能如此，則可降低總成本，從而可時時把某些零件放寬為不檢驗。

說明①：從微小的負數轉為微小的正數時，成本只會稍降，但是從大的負數大幅偏移為大的正數，則會使成本大幅降低。

說明②：我們可以說每一零件的平衡品質為pi＝ki/K。因此，我們對多樣零件的結果，只不過是重複單一零件的「計畫1」及「計畫2」而已。

說明③：零件的不良率分布跨越在零件的平衡品質左右，將視為單一零件。

說明④：任何零件要是不在良好的統計管制狀態下，或是確知是在混亂狀態，則必須採用全檢。

練習5：（此練習旨在說明，假若進料品質明顯的在平衡品質的某一邊時，如果採用「全檢或免檢」以外的任何檢驗計畫，都將有增加總成本之虞。）

假設進料項目平均不良率為 p，我們從批中抽檢 f 部分（fraction）。我們採隨機抽取，例如用亂數表檢驗項目。那麼每項進料的平均總成本 y，即檢驗進料及由於不良項目而造成裝配品要重測及重修的額外成本為：

公式⑤　$y = fk_1 + (1-f)\, pk_2$（忽略成本 kp）

問題是 f 值應該多少才可使 y 最小。我們首先注意到，當 $p=k_1/k_2$（即平衡點）時，則不管 f 值為多少，總是 $y=k_1$。

要是在平衡點的左側，即 $p < k_1/k_2$。此時可把公式⑤重寫如下：

公式⑥　$y = pk_2 + f(k_1 - pk_2)$

顯然，如果我們讓 f 值在平衡品質的左側，從0到1之間變動，那麼 y 將從最小值 pk_2 漸增至 k_1。那就是在平衡點（$p < k_1/k_2$）左側的任何檢驗，都將增加總成本，我們可以很容易看出，在此區域的允收計畫，可能高達最低總成本的2倍到3倍。

現在來探討平衡點的右側，即 $p > k_1/k_2$ 時的情況。我們可以重寫公式⑤為：

公式⑦　$y = k_1 + (1-f)(pk_2 - k_1)$

如果我們在此區域讓 f 值從0變到1，y 值將從 pk_2 下降至最小值 k_1。換言之，在平衡品質的右側時，全檢的總成本最低。如

果沒有100％檢驗（即 $f<1$），則平均總成本將在最小值以上。

除參考第487頁威廉・拉茲科（William J. Latzko）所舉的案例之外，現再討論另一個例子。

說明例。某公司的進料鋁片每批有1,000片，是用來生產硬式磁碟的。進料檢驗方式第一步是隨機抽65片，採用目視方式檢驗。結果顯示，凡是目視檢驗不合格的鋁片，若用來生產勢必造成成品碟片故障。所以目視檢驗不合格的都要換良品來取代。

目視檢驗的平均不良率，大約40片有1片，即0.0025。其抽樣的拒收規則是，如果樣本中5片以上不及格（5片是3個標準差的上限），則全批拒收。紀錄顯示，很少有進料批拒收：我們因而可假設在近期的未來，品質水準尚可稱為處在統計管制狀態。

有目視缺點的不良品流入生產線的平均比率為：

0.025 －（65/1000）×0.025＝0.023。

每片鋁片的目視檢驗成本（包括各種分攤成本）為7¢。

準備目視檢驗及進行檢驗時，由於搬運而毀損1％的鋁片。

上述測試僅包括目檢缺點。其它缺點在目視檢驗中未曾找到的，將會造成在最後測試時100片硬碟中有1片失效。此為間接成本，不管進料品質的比例為何，只要我們採用目檢，其成本都一樣不變；所以與下文的決策成本表無關，因此可以省略。

生產磁碟的附加值為＄11。進料鋁片成本為＄2；總共為＄13。磁碟成品不良時，可回收原料鋁片；因此磁碟成品不良的損失為＄11。假設：

f ＝進料抽檢的百分比率（＝65/1000＝0.065）

k_1 ＝每片的目視檢驗成本（＝7¢）

B ＝每一鋁片的購入成本（＝＄2）

k_2 ＝每一磁碟的生產附加價值（＝＄11）

p ＝目檢法可找出的平均進料不良率（＝0.025）

p' ＝非目視檢驗缺點（瑕疵）的磁碟平均損失

p''＝依抽樣計畫應由目檢法挑出卻流入生產線的磁碟平均
百分比（0.025[1－65/1000]＝0.023）

F ＝因準備檢驗而搬運造成損毀的磁碟比率（＝0.01）

現在，我們可以準備以**表6**預估成本。

結論：由於現行檢驗方法差異很大，因此建議立即更換方
法。即使在不良率及成本與表6相差頗大時，此一建議（全檢）
仍屬有效。

同時與供應商共同努力謀求進料品質的改善，希望能使不良
率低於平衡點，而不必做目視檢驗，以節省檢驗及搬運成本。

注意：本例的平衡品質並不像本章前文的簡單分數（k_1/
k_2），但避免更複雜的運算，不再深入探討。

【表6：零件檢驗與進料平均成本】

計畫	每項進料的平均成本			
	目視檢驗	搬運損傷基片	磁碟完成品故障	合計
目前做法	$fk_1 = 0.065 \times 7\,¢$ $= 0.46\,¢$	$0.01 \times 200\,¢$	$(p'' + 0.01)\,k_2$ $= (0.023 + 0.01)\,k_2$ $= 0.033 \times 1100\,¢$	$39\,¢$
100%目視檢驗	$k_1 = 7\,¢$	$0.01 \times 200\,¢$	$(0 + 0.01)\,k_2$ $= 0.01 \times 1100\,¢$	$20\,¢$
無目視檢驗	0	$0.01 \times 200\,¢$	$(0.025 + 0.01)k_2$ $= 0.035 \times 100\,¢$	$40\,¢$

練習6：請說明某大公司對供應商採取的進料檢驗方式，是否勞而無功？

因為我們是依賴抽樣檢驗來決定進料的驗收，只要有一個不良零件，全批就拒收。

評論：

1.該公司的實際情況是：大多數的批不管有無檢驗，都直接送入生產線。因顧客需貨甚急，不願再做檢驗或退還供應商。

2.如 $k_1 > pk_2$，則檢驗的總成本將比「免檢」更多。為什麼會增加成本呢？

3.如 $k_1 < pk_2$，則用全檢，而不用抽檢方式，才能減低總成本至最小。為什麼會增加成本呢？

4.如果進料品質的分布完全超出管制，而且跨布在平衡

點上，那麼最好的方式是採用「全檢」，或用喬伊斯・奧爾西尼（Joyce Orsini）（第470頁）規則，設法脫離這種悲慘狀態，然後與供應商合作，以改進品質，使其達到「狀況1」（$k_1<pk_2$），並且盡可能持續改善，直到零缺點。

　　5.簡言之，該公司的做法不合時宜且無效，造成不良品質成本高居不下。

　　練習7：k 值評估法　假設從 S 中抽取一件加以檢驗的成本，與從批量 N 中抽取一件加以檢驗的正常成本相同。又設 $x_i=1$表示零件為不良品。$x_i=0$表示零件沒有不良品。現在假設 $x_i=1$，即零件 i 為不良品。我們必須從備用件 S 中抽取一件並加以檢驗，其成本為 k_1。此抽樣可能仍為一不良品，我們必須另外再抽驗一件，如此繼續下去，直到我們抽驗到良品為止。我們可將這些可能性畫成**圖55**機率樹（probability tree）。其平均成本顯然為（注16）：

公式⑧　$k = k_1(q + 2pq + 3p^2q + \cdots) = \dfrac{k_1 q}{(1-p)^2} = \dfrac{k_1}{q}$

此時，

$$q = 1 - p$$

因此，檢驗一件及以良品替換不良品的總平均成本為：

$$k + pk = k_1/q$$

由於 p 在絕大多數的應用實例中，p 值很小，而 q 值將接近1，此時我們可用 k_1 取代 k_1/q。

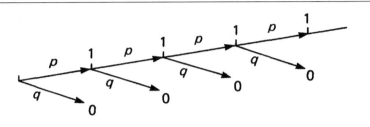

【圖55：機率樹】檢驗某一零件,導致機率 p 至 $x_i=1$,不
良;導致機率 q 至 $x_i=0$,非不良。

練習8:

$N=$ 批內之件數

$n=$ 樣本中之件數(假設用亂數從批中抽取,並用良品替換
不良品)。

$p=$ 進料平均不良率;此 P 值可以粗略預測以後數週之
平均值。

$q=1-p$

$p'=$ 因拒收而加以篩選之批的平均不良率

$p''=$ 批允收後送到生產線之批的平均不良率

$k_1=$ 檢驗一個零件的成本

$k_2=$ 因不良零件流入生產線,造成裝配品失效,必須分
解、修理,再裝配及測試的成本。

$P=$ 在初次檢驗時,判斷拒收而待篩選的批之平均比
率。

$Q＝1－P＝$在初次檢驗時，判斷允收批的比率。

不論驗收計畫如何，我們可確定：

若 $n＝0$　則 $P＝0$ 和 $Q＝1$

若 $n＝N$ 則 $P＝1$ 和 $Q＝0$

實行驗收計畫後，平均批將會成為怎樣的情形：

n：進入生產線之良品數

$（N－n）Q$：平均品質為p，不經測試宜接送往生產線的零件數。

$（N－n）P$：拒收並篩選的零件數。全部成為良品後送入生產線。

（a）每一零件的總平均成本為：

$$C＝k_1〔1/q＋Q（k_2/k_1）（p''－k_1/k_2）（1－n/N）〕$$

（b）若 $p < k_1/k_2$，則 $p''－k_1/k_2$ 將成為負數，此時設定 $n－0$（狀況1）將會達到最低的平均總成本。

（c）若 $p > k_1/k_2$，我們如能找出一個驗收計畫使 $p''－k_1/k_2$ 成為負數，則平均總成本將小於全檢的成本。

（d）我們雖然很努力，但所找到的驗收計畫的 $p''－k_1/k_2$ 值一直是正數，則總成本將比全檢進料零件還貴。（與練習5相同，說明我們應盡力避免此陷阱。）

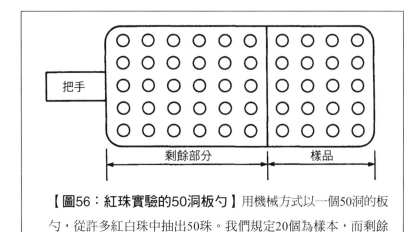

| 剩餘部分 | 樣品 |

【圖56：紅珠實驗的50洞板勺】用機械方式以一個50洞的板勺，從許多紅白珠中抽出50珠。我們規定20個為樣本，而剩餘的30為剩餘部分。

第15章附錄

零相關的實驗示範：製程在統計管制狀態中，樣本中的不良品數，與批中剩餘部分的不良品數零相關。

我們可將第11章的紅珠實驗（第390頁）稍加修改，即可顯示出批中抽出樣本中的不良品數，與批中剩餘部分的不良品數完全沒有相關。

數學證明法在第503頁練習1的公式④。同樣的實驗顯示出樣本與批之間稍有相關。

我們僅須把實驗中全批50粒珠子分為兩部分，一部分是樣本20顆，另一部分為剩餘部分，如圖56。每次把每一批中的紅珠

與剩餘批中的紅珠數點計後記錄下來，然後把該實驗批的50粒珠子放回批中，攪勻後再抽出新批。

先說明某些記號的意義以助了解。進料批的大小經常為 N。其不良品數對平均值 p 為二項分布。從每批中抽取固定大小的樣本 n（不置換）。計算每一樣本及剩餘批中之不良品數。設 s 為樣本中之不良品數，r 為剩餘批中之不良品數，那麼 s 和 r 都是隨機變數，其聯合分布（joint distribution）即如第503頁公式④：

$$\hat{p} = s/n, \text{ 在樣本中的紅珠比例}$$
$$\hat{p}' = r/(N-n), \text{ 在剩餘批中的紅珠比例}$$
$$E\hat{p} = p$$
$$\text{Var } \hat{p} = pq/n$$
$$E\hat{p}' = p$$
$$\text{Var } \hat{p}' = pq/(N-n)$$
$$\text{Cov}(\hat{p}, \hat{p}') = 0$$

變異數 $\text{Var } \hat{p}$ 和 $\text{Var } \hat{p}'$ 隨 N 和 n 的增加而變小。所以從大的批中抽取大的樣本，可提供剩餘批母體中之不良品數的情報；從而也可提供有關批中不良品數的情報。

再者，在**計數型問題**（enumerative problem，目的在於從樣本了解批的特性）中，運用抽樣理論來估計批的特性及這些估計值的**標準誤**（standard error）。

現在我們看一下規定的批量和樣本大小的實際結果，如**圖57、58、59和圖60**，顯示不同N和n值下，二項成本和剩餘批中的紅珠數〔謝謝吾友B. J.泰平（B. J. Tepping）撰寫程式算出各圖。〕各圖的樣本和剩餘批，其實都是從同一批中而來的。圖中顯示，

抽一百次樣本的結果，都清楚地顯示樣本和剩餘批並無相關。然而，樣本如果愈大，則對樣本及剩餘批中紅珠的估計比例值愈佳。因此，在**圖60**中，樣本大小為$n=1000$，而剩餘批的大小為$N-n=9000$，清楚地指出樣本愈大，對全母體（樣本加剩餘批，比例為一碗紅色和白色的珠子）及剩餘批的估計會更準，即使樣本和剩餘批並不相關。**圖57**至**圖60**說明統計理論的一大特色，即只要樣本夠大，就能從單一樣本中精確地估計出母體特性（找出95％的焦點落在哪裡）。因此，抽樣理論有助於我們估計剩餘批及全母體得的特性值及其「標準誤」。（注17）

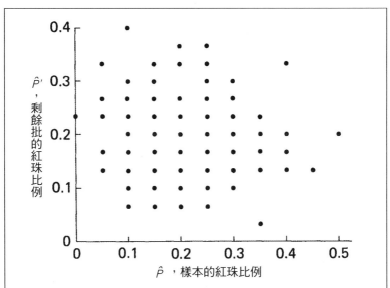

【**圖57：紅珠實驗**（N＝50，n＝20）】此處樣本與剩餘批大小不會差別很大，分別為20及30。此圖顯示樣本中紅珠比例與剩餘批紅珠比例之間無相關。

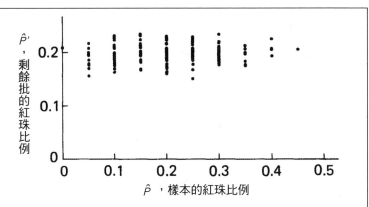

【圖58：紅珠實驗（N＝600，n＝20）】此處剩餘批紅珠比例的變異顯然大於樣本中的變異。理由是剩餘批大小為 $N-n=$ 600－20＝580，是樣本大小的許多倍。此處樣本中紅珠比例與剩餘批中紅珠比例之間的相關值仍是零。

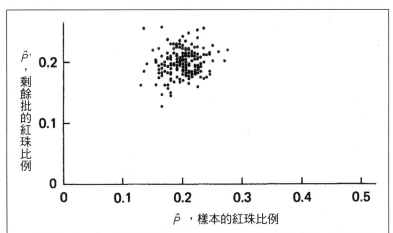

【圖59：紅珠實驗（N＝600，n＝200）】將樣本大小增至200，並使剩餘批部分減至400，看結果會變成怎樣。此圖正如圖57至圖58，樣本紅珠比例與剩餘批紅珠比例的相關值為零。

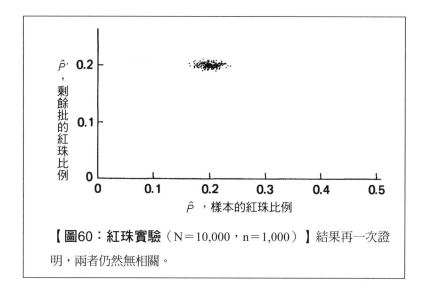

【圖60：紅珠實驗（N＝10,000，n＝1,000）**】**結果再一次證明，兩者仍然無相關。

參考書目

● 喬治‧巴納德（George A. Barnard）所撰〈抽樣檢查和統計決策〉（Sampling Inspection and Statistical Decisions），《英國皇家統計學會論文集》（*Journal of the Royal Statistical Society*）系列 B，第16卷，1954年第151至171頁，專題「討論亞歷山大‧穆德（Alexander Mood）定理」。

● 大衛‧杜蘭德（David Durand）所著《穩定的混沌》（*Stable Chaos*），1971年General Learning Press出版，第234頁。

● A‧哈爾德（A. Hald）所撰〈複合超幾何分布和基於先驗分布和成本一套單次抽樣計畫的系統〉（The Compound Hypergeometric Distribution and a System of Single Sampling Plans Based on Prior Distribution and Cost），《技術計量統計》

（*Technometrics*）第2卷第3期，1960年，第275至340頁，專題「先驗分布的討論」。

- H. C.哈梅克（H. C. Hamaker）所撰〈在產業規畫問題的經濟的原則：一般介紹〉（Economic Principles in Industrial Planning Problems: A General Introduction），1951年印度《國際統計會議論文集》（*Proceedings of the International Statistical Conference*）第33卷第 5部分，第106至119頁。

- H. C.哈梅克所撰〈計數值抽樣檢驗的一些基本原則〉（Some Basic Principles of Sampling Inspection by Attributes），《應用統計學》（*Applied Statistics*），1958年，第149至159頁。（譯按：各種方法的有趣討論）。

- I. 大衛・希爾（I. David Hill）所撰〈抽樣檢驗的經濟誘因〉（The Economic Incentive Provided by Sampling Inspection），《英國皇家統計學會論文集》（*Journal of the Royal Statistical Society*）系列C，應用統計學（Series C，Applied Statistics），第9卷第2號，1960年6月，第69至81頁。

- I.D.希爾（I. D. Hill）所撰〈在國防規範DEF-131中的抽樣檢驗〉（Sampling Inspection in Defense Specification DEF-131），《英國皇家統計學會論文集》（*Journal of the Royal Statistical Society*），系列A，第125卷，1962年，第31至87頁。

- 亞歷山大・穆德（Alexander Mood）所撰〈關於抽樣檢驗計畫對母體分布的依賴〉（On the Dependence of Sampling Inspection Plan upon Population Distribution），《數理統計學年刊》（*Annals of Mathematical Statistics*），第14卷第4號，1943

年,第415至425頁。

● 喬伊斯・奧爾西尼(Joyce Orsini)所撰〈在混亂狀態下抑減產品的總檢驗和矯正成本的簡單規則〉(Simple Rule to Reduce Total Cost of Inspection and Correction of Product in State of Chaos),1982年美國紐約大學(New York University)企研所博士論文。

● J.西廷(J. Sittig)所撰〈採樣系統的經濟選擇的抽樣檢驗〉(The Economic Choice of Sampling Systems in Acceptance Sampling),1951年印度《國際統計會議論文集》(*Proceedings of the International Statistical Conferences*),第33卷第5部分,第51至84頁。

● P. 瑟里加(P. Thyregod)所著《走向一個極小極大後悔單一採樣策略算法》(*Toward an Algorithm for the Minimax Regret Single Sampling Strategy*),數理統計學院 (Institute of Mathematical Statistics),1969年哥本哈根大學(University of Copenhagen)出版。

● B. L.范德瓦爾登(B. L. van der Waerden)所撰〈以抽樣檢驗為最小值的損失問題〉(Sampling Inspection as a Minimum Loss Problem),《數理統計學年刊》(*Annals of Mathematical Statistics*)第31卷第2號,1960年,第369至384頁。

● G. B.韋瑟里爾(G. Barrie Wetherill)所著《抽樣檢查和品質管制》(*Sampling Inspection and Quality Control*),1969年Methuen Publishing出版(本書給了極好的簡潔摘要)。

● S.扎克斯(Shelemyahu Zacks)所著《統計推論理論》(*The

theory of statistical inference），1971年Wiley出版〔6.7部分討論在部分訊息（partial information）下的最小化〕。

第15章注

注1：特別感謝多倫多的統計學者暨軟體顧問L. K.凱茨（L. K. Kates）協助。

注2：喬伊斯・奧爾西尼（Joyce Orsini）所撰〈在混亂狀態下抑減產品的總檢驗和矯正成本的簡單規則〉（Simple Rule to Reduce Total Cost of Inspection and Correction of Product in State of Chaos），1982年美國紐約大學（New York University）企研所博士論文，可向微縮資料大學（University Microfilms）購買。

注3：弗朗西斯・安斯庫姆（Francis J. Anscombe）所撰〈批次改正檢驗〉（Rectifying Inspection of Lots），《美國統計學會月刊》（*Journal of the American Statistical Association*）第56卷第296期，1961年，第807至823頁。

注4：感謝吾友威廉・拉茲科（William J. Latzko）和杰羅姆・葛林（Jerome Greene）對談而導出此等規則。〔譯按：拉茲科與大衛・桑德斯（David M. Saunders）共著《戴明博士四日談》（*Four Days with Dr. Deming*），中譯本由華人戴明學院出版〕。

注5：摘自傑里・梅因（Jeremy Main）所著〈品質戰爭開始了〉（The Battle for Quality Begins），刊載於《財星》（*Fortune*），1980年12月29日，第28至33頁。〔譯按：著有《品質戰爭》（*Quality Wars*），Free Press出版〕

注6：摘自J. D. 埃薩利（J. D. Esary）和A. W. 馬歇（A. W. Marshall）

合撰〈組件及系統〉（Families of Components and Ssystems），刊載於弗蘭克・普羅強（Frank Proschan）與R. J.瑟弗林（R. J. Serfling）合編《可靠度及壽命測定》（*Reliability and Biometry*，1974年美國費城Society for Industrial Applied Mathematics出版）書中一章〈工業化應用數學之社會〉（Society for Industrial Applied Mathematics）。

注7：關於抽樣計畫的經濟誘因及其與軍用標準抽樣表的關係，參考I. D.希爾（I. D. Hill）所撰〈抽樣檢驗的經濟誘因〉（The Economic Incentive Provided by Sampling Inspection），《英國皇家統計學會論文集》（*Journal of the Royal Statistical Society*），第9卷第2號，1960年6月，第69至81頁。

注8：弗朗西斯・安斯庫姆（Francis J. Anscombe）所撰〈連續產出的改正檢驗〉（Rectifying Inspection of a Continuous Output），《美國統計學會月刊》（*Journal of the American Statistical Association*），美國費城，1958年9月，第53卷第283期，第702至719頁。

注9：A. V. 費根鮑姆 （Armand Vallin Feigenbaum）所著《品質管制原理、實務和管理》（*Quality Control Principles, Practices, and Administration*，1951年McGraw-Hill出版），亦可參考他的著作《全面品管》（*Total Quality Control*），第530頁。

注10：摘自威廉・拉茲科（William J. Latzko）所撰〈檢驗成本最少化〉（Minimizing the Cost of Inspection），《美國品管協會大會文集》（*Transactions of the American Society for Quality Control*），美國底特律：1982年5月，第485至490頁。亦可參

考大衛・杜蘭德（David Durand）所著《穩定的混亂》（*Stable Chaos*）第234頁的圖表。也可參考《工業品質保證月刊》（*Journal of Industrial Quality Assurance*），1985年4至5月號讀者投書。

注11：亞倫・特南拜內（Aaron Tenenbein）所撰〈二項分配數據中有誤分類的雙次抽樣估計方法〉（A Double Sampling Scheme for Estimating from Binomial Data with Misclassifications），《美國統計學會月刊》（*Journal of the American Statistical Association*）1970年65期，第1350至1361頁；同作者〈多項分配數據中有誤分類的雙次樣本計畫並應用於抽樣檢驗〉（Double Sampling Scheme for Estimating from Misclassified Multinomial Data with Applications to Sampling Inspection），《技術計量月刊》（*Technometrics*）1972年2月第14卷第1期，第187至202頁；拙作〈論篩選或兩階段抽樣法：應用於某社區共同體普查〉（An Essay on Screening, or on Two-phase Sampling, Applied to Surveys of a Community），《國際統計評論》（*International Statistical Review*），1972年4月第45卷第1號，第29至37頁；馬汀・羅思（Martin Roth）與瓦萊麗・考伊（Valerie Cowie）合著《精神病的治療與研究：遺傳學和病理學》（*Psychiatry, Genetics and Pathology: A Tribute to Eliot Slater*，Gaskeel Press出版），第178至187頁；亦可參考彼得・吉薩（Peter Giza）和 E. P.帕帕達基斯（E. P. Papadakis）合著〈灰鑄鐵硬度驗證的渦電流測試法〉（Eddy Current Tests for Hardness Certification of Gray Iron Castings），《材料評估》（*Material Evaluation*）頁37卷第8

期。特別感謝紐約州立精神病醫學院（New York State Psychiatric Institute）給我機會在該院從事專案研究，並發表此次成果於此；感謝羅思與考伊兩位醫生在應用上的一流觀察。

注12：摘自約翰・曼德爾（John Mandel）和T. W.拉斯霍夫（T. W. Lashof）合撰〈實驗室之間測試方法評估〉（The Interlaboratory Evaluation of Testing Methods）一文，刊載於《精密測量與校正》（*Precision Measurement and Calibration*），出於《美國標準局特別出版品300號第1卷》（National Bureau of Standards Special Publication 300 Vol.1），Harry H. Ku編輯，1969年美國政府印製局（華盛頓）（U.S. Government Printing Office, Washington）出版，第170至178頁。亦可參考同書中P. E.彭特斯（P. E. Pontus）和約瑟夫・卡美隆（Joseph M. Cameron）合撰〈實務不確定性做法及大測量量過程〉（Realistic Uncertainties and the Mass Process）一文，同書第1至20頁。亦可參考丘吉爾・愛森哈特（Churchill Eisenhart）所撰〈儀器校正系統的精密度及準確度實務評價法〉（Realistic Evaluation of the Precision and Accuracy of Instrument Calibration Systems），同書第21至47頁。

注13：亞歷山大・穆德（Alexander M. Mood）所撰〈論抽樣檢驗計畫對母體分配的倚賴〉（On the Dependence of Sampling Inspection Plans upon Population Distribution），《數學統計年報》（*Annuals of Mathematical Statistics*），第14卷第4號，1943年，第415至425頁。關於公式④的證明可參考拙著《某些抽樣理論》（*Some Theory of Sampling*，1950年Wiley初版，1984年Dover重印），第258頁。

注14：參考注7的I. D.希爾（I. D. Hill）論文。

注15：此練習由AT&T科技公司的P. S.迪茨（P. S. Dietz）與E. C.・蔡斯（E. C. Chase）提供。

注16：感謝喬伊斯・奧爾西尼（Joyce Orsini）對於公式⑧及技術協助。

注17：感謝吾友莫里斯・漢森（Morris H. Hansen）指出，計數型研究中，從大批量抽樣的特性。參考拙作〈論以概率做為行動的根據〉（On Probability as a Basis of Action），《美國統計學者》（*The American Statistician*），第29卷第4號，1975年，第146至152頁；（譯按：此篇論文有中譯此篇有中譯，參見《戴明博士文選》，2009年華人戴明學院出版，第337至358頁。）

第16章 設立組織來改善品質與生產力

統計理論及技術的研究，本質上必然是數理的、專門的
與抽象的，需要某一定程度的從容及獨立，又要有良好的數
理及統計圖書館可資利用。持續此種研究是無比重要的，雖
然對於完全注重既有理論的應用的人而言，有時或許會不以
為然。除非積極從事純科學研究，否則應用科學容易流於思
想貧乏的窠臼，無法超越純科學的成就所預定的範圍，又不
時會落入完全不懂此工具的人士手中，淪為外行人的笑柄，
這是很荒誕的事實。可惜卻與數世紀以來的做法相符：才能
傑出的科學家只能靠做平庸之輩能做的事以求溫飽，而他最
重要工作的真正價值，則完全未受官方重視。

——哈羅德・霍特林（Harold Hotelling）1940年2月24日致印度政府備忘錄。

本章目的

我的朋友勞埃德・納爾遜（Lloyd S. Nelson）說過，經營、
管理、領導及生產的中心問題是，不懂得變異（variation）的性
質及其解釋。

　　大多數的公司及政府單位，在改善品質與生產力的努力及方法，都是片段的，缺乏能全盤而又勝任愉快的指導，又無整合的持續改善制度。每一個人，不論他的職位高低，都要有機會發展及學習。在各自為政的氣氛下，人人只會各司其職，卻不知道別人在做什麼。如此一來，他們沒有機會為公司的最大利益努力，自己也很少有發展機會。本章提供一些指引給組織，教其如何善用知識，如何能才使員工及製程得以持續發展。

知識為缺乏的國家資源

　　在任何國家，知識都是國家的資源。知識不像稀有金屬般無法取代，也就是說，在任何領域的知識，都可藉由教育增加知識的供應。方式可以是正式的學校教育，也可以是非正式的在家自修或在職進修。教育可以和工作相輔相成，也可由師承傳授。每家公司為了自身存亡，必須善用其內部既有的知識寶藏，並懂得如何有效地取得外援。

為何要浪費知識？

　　前面各章談及企業在物料、人力資源、機器一時間的浪費。而知識的浪費更為要不得，即公司不能善用既有而可利用的知識謀求發展。

建議的轉型組織

　　圖61為某家公司的「品質與生產力」單位組織圖。此處只能約略討論為品質而成立的組織的一些設計原理，並不專為某公

司或某產業而論。

　　要設置一位「統計方法論」領導者，直屬最高管理者。此人要有真才實學，並將負責領導全公司的統計方法學。他要取得最高團隊主管的授權，以便參與任何他認為值得追求的活動。他要參加企業主持人及職員的各種重大會議。他有權利和義務詢問任何活動的相關問題，又有資格取得可靠的答案。他要能自行判斷和選擇應用的方向，可不受他人左右。當然，他必須盡力為尋求諮詢的人提供協助，非統計專業人員並無法每次都能察覺所碰過

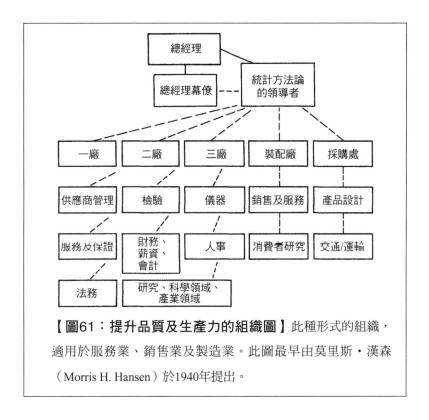

【圖61：提升品質及生產力的組織圖】此種形式的組織，適用於服務業、銷售業及製造業。此圖最早由莫里斯‧漢森（Morris H. Hansen）於1940年提出。

的現況屬於統計領域的問題。

「統計方法論的領導」這職位的最低資格為何呢？1.具有統計理論的碩士或相當的資格；2.在政府機關或產業界有經驗；3.公開發表過統計方法的理論與實務方面的論文；4.顯然具有教導他人的能力，以及能引導高階主管不斷地改進品質與生產力者。除此之外，他本人還經常要提升自己的教育水準。

我們在第3章第149頁說過，凡未具備相當於碩士程度的統計理論知識，並曾在勝任老師的指導下從事過統計諮詢的人，都不應教導統計理論及應用，特別是對初學者開課。初級統計學家的基本工作是研究，而不是教導他人。

他的部分工作是要協助開設統計理論與方法課程的各大學，並提供應用實例作為學員討論之用。

美國人口普查（United States Census）於1940年由莫里斯·漢森（Morris H. Hansen）首創，1945年之後，美國人口統計局（U.S. Bureau of Census）在品質及生產力上成就卓越，領先各國（功能上與人口統計單位相當），組織圖如**圖61**所示。值得一提的是，該局既是服務機構，又是個政府機構。（譯按：參考本書第7章第236頁「美國人口普查局的應用」一節或第535頁「美國人口普查局的成就」一節，以及《新經濟學》第5章探討漢森的領導楷模。）

何處可以找到適當的主管？

學識豐富又兼具領導才能者極為罕見，獵才還需要有耐心與熱切的禱告，向勝任的顧問請教或許可找到候選人。貴公司可能要與許多位應徵者面談之後，才能找到合適的人選。

現在擔任「統計方法論的領導者」的待遇一定頗高。問題是要找到適當的人，而不是計較其薪酬。

一位勝任的統計方法論主管，應該努力探討公司的宗旨及其恆常的經營目的。它們對品質是否認真以待？

只聘請統計學家並不符合本章的建議。現職人員必須具備其它嚴格而基本的資格，如上所述。

在生產線上

本書所舉的每一驚人的例子，都是我身歷其境的第一手經驗，無論在生產線上或在職，我都會主動發掘哪些事情我可協助改善，有哪些錯誤可改正。要是我只坐在辦公室內等人來求教於我，恐怕現在還在空等。

如**圖61**所示，很明顯地，生產線是採取行動與相關措施的地方，所以在生產線具備統計理論知識的人是必要的。他要能找出哪些地方可以改善、哪些是別人習以為常的錯誤做法，成為改善的源頭。

這些人員該具備什麼資格呢？最好能與統計方法論的領導者一樣，但在實際上資格可放鬆些。

由於統計人才缺乏，必要時，可由統計方法論領導者決定將兩項以上的工作交由一人兼任。

對於放在生產線上與各不同事業部門工作的人力，必須檢討自己具備的資源。或許可以找到公司內部人才加入，他們具有統

計理論或數學或機率方面的碩士資格，能在樂於教學且能力足以勝任導師的熱心領導下，提升其教育和經驗水準；有些人則可藉自修方式而達到同等資格。

> 很清楚地，如果缺乏勝任而又信心十足的統計學領導，以及各單位求好心切的動機，則任何組織方式，包括本章所建議的，都不會發揮作用。

在生產線上的統計人員，必須為生產線的主管所接受，然而，其工作成績則由統計主管決定。在這一組織計畫下，任何為其它事業部所建議的不良統計實務背書者不能升遷。統計主管應隨時準備協助該事業部門的統計人員及其主管，或提供對不同的意見與看法，營運的基本是教育學及提供指導。

沒錯，各單位統計人員要向兩位主管負責，即向部門主管報告每天的各項程序和分析的結果，並向統計主管報告其統計工作及進修。雖然如此，這種組織計畫並不會有多頭馬車的顧慮。

本章建議的組織方式的優點是不言自明的，必能行得通。我看過其它的組織方式都不能讓公司受益最多，結果令人失望。

其它「虛線關係」的實例

事實上，每家公司的組織都有平行的虛線關係（注1）。副總裁兼財務長（VP/CFO）須向總經理或執行長（CEO）報告全公司的財務營運狀況。每一處製造廠區也都有當地的審計主管負責管理該廠的預算、營運費用等。該審計主管同時要向副總裁或

財務長及廠長報告。像是各廠自行編列預算,而實際營運成果(達成度及與預算的差異)則由廠長向該廠區的審計長報告。但因各種會計程序及稅務的性質頗為複雜,所以該廠的財務方向,則由總財務長規畫。就該廠區審計長的職位而言,在財務技術層面接受副總裁或財務長的指導,而其行政層面的管理,則歸該廠區的管理者。誰也不會懷疑這種組織上的虛線報告方式的價值及必要性。該廠區審計長向兩位主管報告的做法,也從未有問題。其它諸如工程、研究開發、環境、醫藥、法務與安全官等職位的報告架構,也都採取雙重報告方式。

美國人口普查局的成就

美國人口普查局出版的論文與書籍,引導全世界的社會研究及人口研究朝向新境界:更好的抽樣方法、減少非抽樣誤差、設計更好的調查與從事完整的人口調查等,所有這些數據的品質都持續改善,而成本則不斷地降低。

要了解美國人口普查局採取的方法,只須提醒大家閱讀廣為業界所接受及引用的《現行人口調查》(*Current Population Survey*),包括《勞工人力月報》(*Monthly Report on the Labor Force*)等。此種小型的每月調查,只針對5.5萬個家庭而做,由該局使用最進步的統計程序而完成。此外,該局每月、每季或每年,還進行其它許多小型調查,例如研究健康及每人使用的醫療設施比例、房屋供需、職業動態、新屋開工數、零售業業績、製造業情況等。

再談產業界的教育需求

美國各產業需要無數的具有統計學頭腦的工程師、化學家、物理學家、醫師、採購主管、經理人員（引述休哈特的說法）（注2）。幸運的是，在上述各行業中，人人都不用成為專業統計人員，就能懂得利用簡單、有力的統計方法研究問題，了解背後的統計學原理。然而，由理論統計家來指導仍然不可或缺。沒有這種指導，可能會誤用或選擇了錯誤的統計方法而多花錢，也可能完全忽略了某些生產及配銷上的問題。

統計學家與統計工作的關係，猶如醫藥與公共衛生的關係。數以百萬計的人學會許多有用的公共衛生方面的規則及做法，並了解傳染病、飲食及運動的基本原則。還有數以千計的人們，學會即使沒有醫生從旁協助也能自行使用急救器材。許多人在醫生及心理學家的指導下，就可以從事醫療及心理方面的測試，進行預防接種等。這些人的貢獻，使我們活得更好、更長壽。

幾乎每家大公司分散各地的單位中都有些職員人在附近的大學裡研修統計學課程，可惜尚未能有所發揮。我發現這類擁有碩士學位的人經常懷疑是否有機會貢獻所長。公司都會實地盤點財產，卻忽視知識的盤點。任何受過統計教育的人都應該有機會在勝任的統計學家指導下工作，並繼續進修統計。

任何有志於提升其尋找問題、解決問題能力的人，只要有恰當的老師的指導，最好修習一些理論或應用統計學〔譯按：當然包括決策理論及故障（或稱失效、可靠性）理論〕。有工業經驗的成熟學生，透過教室及教材的陶冶，就可以找出各種不適當的應用方法並加以改善。

給顧問師及公司的忠告

在我從事顧問業務時，下列規則的指引對我很有助益。

1.顧問工作必須由公司的最高主管親自邀請。

2.管理者（包括所有管理者：總經理、各事業部、工程、人事、採購、行銷、服務、銷售、法務部等各主管；所有幕僚人員，包括品管、策略規畫、研究、可靠性、售後保證服務、公共關係等）都得花些時間與我共同研究管理的職責。透過他們的團隊合作，才能夠動員足夠的人來研究並實施第2章的管理十四項要點，以及防止管理上的各種惡疾與障礙。

3.邀請我參與顧問工作有一項必要條件，那就是該公司必須盡可能以最適當的速度完成如圖61的組織架構，我的主要責任之一，就是協助該公司建立這種組織。目的是要善用公司內所有的知識及技能，以改善品質、生產力及競爭地位。公司若沒有適當的組織及適任的人員，即使有我的參與也無法達成目的。

4.最高主管團隊要了解，我的工作範圍是全公司。公司的任何活動，只要我判斷我的參與能使其更為有效，我就有責任參加。我會應邀或自行決定前往各工廠、各事業部、各部門，目的是希望能協助改善績效。

5.顧問合約的期限必須是長期的，雖則公司或我本人雙方隨時都可以解約。我每年的顧問費在合約一開始就會說明清楚。

6.我要有足夠的時間來從事此一顧問工作。

7.經過3年之後，如果我判斷繼續參與會加速公司進一步改善，我會續約。

8.就某特定問題，我會建議公司以臨時職位方式聘請專家來

協助，如從事技術上的教育工作，或只是將我的工作進一步延伸。公司可聘請任何人做這些工作，但必先徵得我的同意，而我會負責與其協力合作並規畫未來的事務。

9.我也可以接受競爭公司的顧問職務。我的目的並不是為某特定公司謀福利，而是要提升我的專業服務水準（參考本節第1條及第2條規則）。

　　關於統計學家與業主之間進一步的義務，請參考拙文〈專業行為規範〉（Code of Professional Conduct），發表在《國際統計評論》（*International Statistical Review*，第40卷第2號，1972年，第215至219頁）。此外，也可參考另外一篇論文〈從事（統計）專業實務之原則〉（Principles of Professional Statistical Practice），1965年發表於美國波士頓《數理統計年報》（*Annals of Mathematical Statistics*）第36卷第6號，第1883至1990頁。〔譯按：此文詳見《戴明博士文選：統計品管到淵博知識》（*The Essential Deming: Leadership Principles from the Father of Quality*），2009年華人戴明學院出版，第284至311頁〕

第16章注

注1：感謝哈羅德・哈勒（Harold S. Haller）對本段的貢獻。

注2：摘自沃爾特・休哈特（Walter A. Shewhart）所著《從品質管制的觀點來看統計方法》（*Statistical Method from the Viewpoint of Quality Control*），第7章。

第17章 | 可改善生活的應用實例

我說的不會比別人知道的多。
——園丁，莎士比亞，《理查二世》第3幕第4景

本章目的

本章目的在說明，如何應用本書中的簡單原則，就能有助於提升美國的生活品質。有了可靠的服務績效，可以使生活簡化並降低生活成本，但是，我們要先界定績效的品質及可靠的績效（dependable performance），此為未來性的任務。

讀者一定會注意到，我不厭其煩地在許多文章中，一再呼籲要把規格和工作指示書分得清清楚楚。例如，在道路旁設置號誌的目的，是要幫助陌生人找到他要走的路，實情卻是路上的號誌卻常常令人混淆。駕駛人通常沒有足夠的時間來思考路旁號誌的各種可能意義。車禍的統計值，只不過是用數字表示，而不是肇禍的根本原因。

原則1：準時交貨或提早幾天、晚幾天交貨，表示沒有「確切準時」這回事。事實上，「確切準時」是無法界定的。

　　此原則是某天我踏入日本某火車站月台時所想到的，當時距預定開車前6秒鐘。我想到：「當然，如果真的準時到站，那表示一定會有一半機會提早到，一半機會遲到。」

　　原則2：找任何一天觀察並記錄火車進站時刻。只要用以仔細對準時間的手表即可做到。某班火車預計今天3點鐘到站，據觀察，也許會早到或遲到數秒或數分鐘。

　　可是，要描述某班火車在一段時間內的績效，可就不容易了。要判斷準時的績效，只能從該火車到站的歷史資料的統計分析著手。將每日到站的時刻畫成連串圖（run chart，操作紀錄圖），就能以簡單有效的方式找出其意義。

　　火車到站時刻（或交貨時間點）的分布圖，可傳達其績效情報。圖62顯示一些可能的分布情況。狀況A顯示火車的準時績效，它的分布情形表示該火車的營運不經濟，對乘客而言，時間也不經濟。平均而言，此火車是準時的，有些日子早了許多分鐘，有些日子晚了許多分鐘，有時幾乎準時到站。狀況B顯示較佳的準時績效。也就是說，火車的資源浪費更少。此時乘客可相信到站時刻的誤差為數分鐘內或數秒鐘，日本的情狀正是如此。狀況C不用多解釋，該系統的運作得很正常，只要把時刻表修訂即可。該班火車就是不能在指定時間內抵達。這情形類似生產製程是在管制狀態之下，而且運作符合經濟效益，只是一直無法達到規格所要求的水準。狀況D表示火車處於「混亂狀態」。（譯按：進一步討論請參考《新經濟學》第10章「及時搭上車」一節及圖36。）

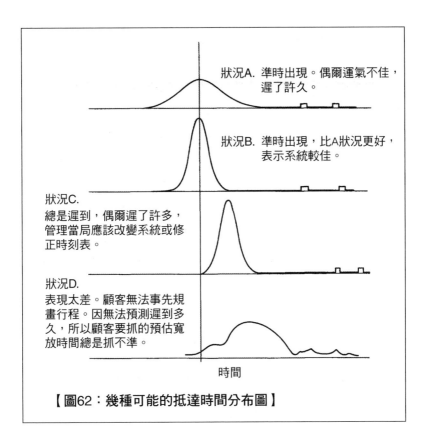

狀況A. 準時出現。偶爾運氣不佳，遲了許久。

狀況B. 準時出現，比A狀況更好，表示系統較佳。

狀況C.
總是遲到，偶爾遲了許多，管理當局應該改變系統或修正時刻表。

狀況D.
表現太差。顧客無法事先規畫行程。因無法預測遲到多久，所以顧客要抓的預估寬放時間總是抓不準。

時間

【圖62：幾種可能的抵達時間分布圖】

　　原則3：在開發階段測試元件（組件），並不能提供：①保證它們合起來會是令人滿意的系統；②系統故障間的平均運作時間；③了解實際使用時所需的維修之類型及其成本。

　　當然，在開發早期的測試可能會提供負面結果，也就是可預測該系統將不會令人滿意。（譯按：此原則可參考本書第11章第407頁例7。進一步討論請參考《新經濟學》第6章〈人員的管理〉「PDSA循環」一節中的**圖14**開發新引擎，以及「縮短開發期間」與「責任分擔導

致無人負責」兩節內容。）

原則4：由於「製造時應有合理而適當的注意」（due care）不具可運作的定義（譯按：參考本書第9章第318頁「何謂可運作定義」），因此，要求「在製造時注意」都無法律上的效力。可是，在「製造時注意」則是可界定及測量的。製造和測試時是否注意的證據，包括紀錄（其數據的形式是有意義的，經常以圖表及統計計算來表示）佐以製程中的矯正措施，或是某機器被判定為有特殊變異原因之後，所採取的措施以及其後的結果。產品使用說明書，以及誤用情況的警示等，都可用為製造時是否注意的測量之部分紀錄。

原則5：不論費盡多少心力，任何系統（不論製造、維護、作業或服務時）都不可能不發生事故。

事故到處圍繞著我們，如同細菌般。大多數的細菌都無害，不過，有些會造成很大的災害。大部分的事故的後果並不緊要。某家男裝零售商的服務員把一件衣服掛在架上，發現它竟未釘上鈕扣。而這件衣服，已經過兩次100%檢驗，這就是事故，經過檢查仍然缺少鈕扣。不過，事故不會造成某人受到傷害。事實上，或許有些人還會為此大笑一場呢！

我從印刷商那裡收到我發表過的500份論文，我送出數十份後，才發現其中有些影本的第6頁與第7頁是空白的，這是事故但不是傷害。事實上，有些讀者還會感激有空白頁。我將此情形告訴印刷廠的廠長，他回去後就對粗心大意的員工大發雷霆。到底

這是廠長的錯？還是員工的錯呢？

光是事故的統計數字，對減少於事故發生頻率毫無用處的。要降低事故的發生頻率，第一步要決定故事發生的原因，究竟屬於系統呢？或是某些特定人或某些狀況呢？我們唯有藉統計分析方法的幫助，才能了解事故的情況，並減少事故。

一旦有事故發生，我們會自然而然地假設該現場必有不尋常的事情。一發生事故，幾乎每個人都會責怪是別人的疏忽，或所使用的設備有問題等所造成的。我們最好不要斷然下結論，否則可能會導致所找的答案是錯誤的，而錯誤的解決方法會讓毛病繼續不斷，事故頻傳。這系統可確知事故的平均頻率，但無法預測在何時、何處發生。（參閱第11章第367頁）。

工程師常會預測事故會發生而且神準。唯一可惜的是，他們無法預知何時會發生。美國三浬島核電廠事故的文獻頗多，可為例證。（注1）

由於共同原因所造成的事故，除非對系統加以矯正，否則會以一定的頻率和變異繼續發生。事故原因是由於系統因素所造成的，約占99％；由人員的疏忽造成的，僅占1％。上述的比例只不過是推測的，除非我們藉由統計思考了解事故，否則誰也無法估算出任何數字。

不幸的是，製造品項的故障率，並不會因為製造的精密度改善得更好而減少，正如我們對醫療系統的失望，並不會因醫療實務的改善而減少一樣。這些說法，對於不懂統計思考的人而言，簡直無法令人相信的。原因在於隨著精密度與績效的改善，人們對良好品質及良好結果的定義，也隨著更嚴格，所以就任何判斷

準則而言，異常值（outliers）的比例仍會保持一定值。

美國的公路事故：路標才是元兇

美國公路事故的原因，大半可能出在路標讓駕駛人迷惑。如果這種可能性是真的，就應該馬上發動一套計畫完整的改善正措施。世界上還有什麼事比增進美國人的福祉更重要呢？

出於駕駛人的過失（人為錯誤、特殊原因）的事故率，究竟有多大呢，或是由於設備（它可能是特殊原因，也可能不是）問題造成的呢？以及多少比率的事故是由於系統本身所造成的，像是路標的指不明確或令人誤會？因為我們無法對行車事故進行控制實驗，所以永遠得不到答案。再者，我們很難找到兩套不同的路標系統（其它條件完全相同）比較，用數字表示路標對事故的影響力有多大。

路標的目的是要告訴、指導駕駛人員該做些什麼，必須能在瞬間把訊息告訴駕駛人員。車輛時速在60英里（約96.6公里）時，每秒鐘要移動88英尺，即8.8英尺（約2.68公尺）只需要0.1秒。所以只要在0.1秒內猶疑不決，就可能使車子撞上水泥拱柱、路樹，或遭後方車輛追撞。所以路標要能在瞬間傳達正確的訊息，這一點極為重要。

「路標」的德文為「Wegweiser」，意指有關「路的訊息」或「路的提醒」。可是在美國的情況下，路標究竟會使駕駛員更清楚還是更糊塗呢？

圖63為美國到處可見的出口標示。它的訊息會讓駕駛人的行為與意願（要開出27號出口）矛盾。它告訴駕駛27號出口在前

面,而實際上駕駛已到達出口,根本來不及變換車道了。**圖64**則正好相反,它立即告訴駕駛員要切換到右側車道,從27號出口出去,**圖65**的號誌很清楚。

大多數駕駛的開車路線經常是下班回家或上班,所以用不著路標指引。然而,在100人之中也許有1人是初次行駛該路線的生手,因此需要路標幫助。沒人知道有多少傷亡是因為「路標不能立即傳達意義」,或「立即傳達錯誤的意義」所造成的。也沒人知道,究竟有多少比率的駕駛員因錯過出口,而走了許多冤枉路再設法折回,造成諸多不便又浪費時間。**圖66**、**圖67**和**圖68**是另外3個令人混淆不清的例子。

醫療過失

只有藉助統計理論才能了解醫療過失。醫療行為是「醫師、處方和病人」之間相互作用的結果。美國每年有2億(2×10^9)人次醫療行為,有10萬次醫療失敗。失敗數目看起來頗大,但是它僅表示可靠性(譯按:更正確的說法是「不可靠性」)是兩萬分之一,它遠比絕大多數的機械或電力系統更為可靠。在這10萬次失敗(如果此數字屬實)中,大多數是系統的問題,少部分則是由於人為的疏忽或不稱職所造成的。

十萬的百分之一是1000,仍然算是個大數目。實際上,就醫療行為而言,唯有零失敗才可接受。我們的課題是要研究醫療失敗的原因,究竟是:醫療制度(包括病人)有問題;或由某些特殊原因,如醫師疏忽,或病人因為不遵照醫師指示或不再續診等。如果醫療人員能從各種診斷處方的失敗個案中,為特殊原因

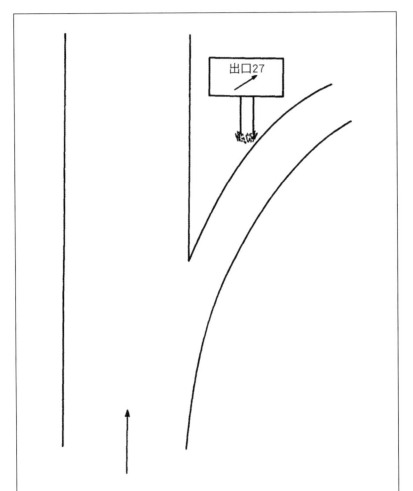

【圖63：標示不清的路標1】這個路標會使要走27號出口的人會錯意。駕駛人第一個反應是以為27號出口在前方右轉，而不自覺已超過27號出口。超過後再想想（只不過1/10秒），才知道來不及下27號出口了；他必須往前直走，找下一出口。

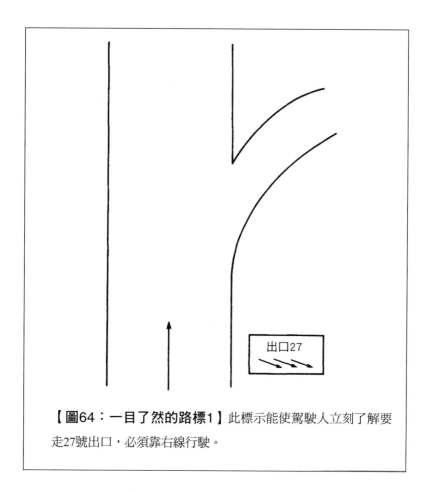

出口27

【圖64：一目了然的路標1】此標示能使駕駛人立刻了解要
走27號出口，必須靠右線行駛。

構築可運作的定義，那麼就算是邁出重要的一步。這工作相當艱
鉅，而且永無止境。除非這方面的進展達到實用化階段，否則美
國的醫師及保險公司將繼續飽受不公平的醫療疏忽的控訴，官司
糾紛纏身。

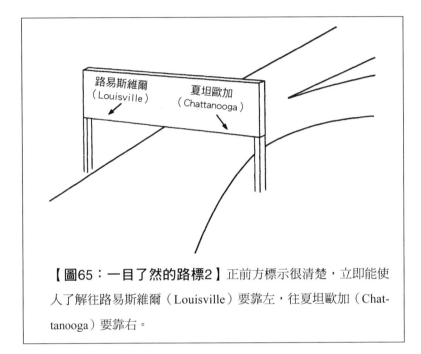

【圖65：一目了然的路標2】正前方標示很清楚，立即能使人了解往路易斯維爾（Louisville）要靠左，往夏坦歐加（Chattanooga）要靠右。

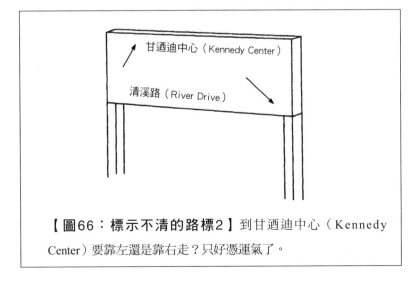

【圖66：標示不清的路標2】到甘迺迪中心（Kennedy Center）要靠左還是靠右走？只好憑運氣了。

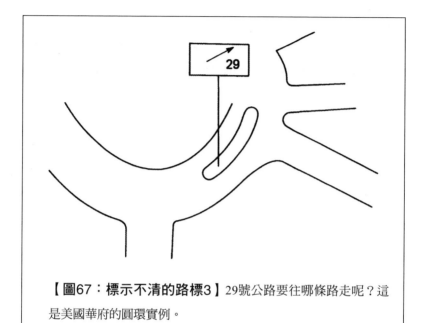

【圖67：標示不清的路標3】29號公路要往哪條路走呢？這是美國華府的圓環實例。

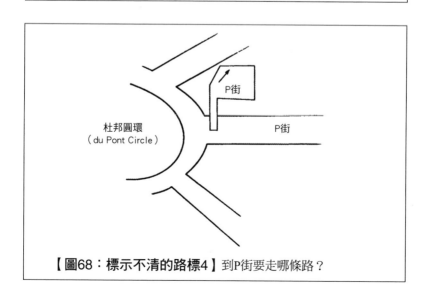

【圖68：標示不清的路標4】到P街要走哪條路？

第17章注

注1：詳見〈美國三浬島核災記〉（Three Mile Island），刊載於《紐約
　　　客雜誌》（*New Yorker*）1961年4月6日、4月13日兩期。

第18章 | 附錄：日本的轉型

不要誤以為你的機智就是智慧。

——古希臘作家歐里庇得斯（Euripedes）的《酒神巴斯卡》（*Bacchae*）中，泰瑞西亞斯（Tiresias）向戴歐尼修斯（Dionysus）說。

對愚人而言，智慧有如痴言妄語。

——出處同上，戴歐尼修斯向卡德摩斯（Cadmus）說。

本附錄的動機

舉世對於日本的奇蹟都耳熟能詳，而且都知道奇蹟始於1950年一次大衝擊。在此之前，日本製消費品的品質都被認為價廉而低劣。然而，當時在美國海軍中的任何人，都可以見證日本人並非不知道他們的品質威力，只是尚未在國際貿易上的品質花心血而已。

在1950年，日本的品質和可靠性突飛猛進，到1954年已占有世界各市場，新經濟時代於焉開始。究竟是怎麼一回事呢？

答案是日本的高階主管相信品質為外銷的關鍵，而他們決心完成品質的轉型工作。經過一次次會議，他們了解要達到此目標，他們所該負的責任，並且必須領導員工朝此目標邁進。管理

者和工廠員工同心協力追求品質，工作也因此有所保障。

日本科學技術聯盟的成立（JUSE，the Union of Japanese Scientists and Engineers，日文漢字寫為「日科技連」）

據我了解，日本軍政當局為了第二次世界大戰更有效率和效益，因此把日籍科學家組成幾組。其中一組由小柳賢一（Kenichi Koyanagi）領導，他在戰後仍維持此一小組之運作，目標轉為重建日本，名稱定為「日科技連」（日文漢字，即JUSE）。

本書曾提到，一群日本工程師獲得共同的認知，那便是休哈特方法（Shewhart methods）對日本工業界的品質與生產力的貢獻，約在1948年至1949年間。

> 從貝爾實驗室（Bell Laboratories）來的人向JUSE的會員解釋，統計方法已改善了美國武器的精確度。我的朋友西堀榮三郎（E. E. Nishibori）對此提出他的看法：「是的，我對此略有了解。在戰爭期間有6顆炸彈落在我的房子附近，但它們全部沒有爆炸。」

JUSE於是著手有關品質改善方法的教育。日本管理協會（JMA，Japan Management Association）也做這種工作。JUSE隨即決定下一步驟是引進國外專家。我在1949年獲得小柳賢一邀請，在1950年6月訪日。（在此之前的兩次日本行，目的在於協助日本統計學家從事住宅及營養的研究，以便準備1951年的普查工作。）

與管理者的會議

美國開始運用統計方法，是在1942年左右，在我建議之下，史丹福大學（Stanford University）為工程師們舉辦為期10天的密集課程之後（注1）。美國的作戰部（War Department）也給予其供應商的工廠一些訓練課程。明智的應用吸引別人的注意，但在管理者不了解他們的責任之環境下，由他們所點燃的統計方法的火焰，也只是燃燒、爆裂、嘶嘶作響，最後熄滅了。他們所做的工作是解決個別的問題；管制圖的應用不斷地增加，愈多愈好；品質管制部門也開始成為正式編制。他們繪製管制圖，觀察它並且存檔。他們從其它人手中接收品質管制的工作，當然這是全然錯誤的，因為品質管制是每一個人的工作。火種逐漸熄滅，他們並不了解改善製程的必要（第2章第56頁）。他們也未能以一套有架構的方式教導管理者的責任。霍爾布魯克‧沃克金（Holbrook Working）博士為1942至1945年舉辦的10天課程的講師之一，他嘗試著邀請管理者參加半天的課程，這種想法固然崇高卻辦不到。

1950年的日本

在1950年，不能重蹈美國本土所犯的錯誤，管理者必須明瞭他們的責任。因此，日本的問題是如何與高層管理者溝通。這個障礙由石川一郎（Ichiro Ishikawa，1885～1970）克服。石川一郎為日本經濟團體聯合會〔Japan Business Federation，簡稱「經團連」（Keidanren）〕的第一任主席與JUSE首任會長，他在1950年7月召集21位高階主管，於夏天和所有高階主管舉行研討會。

之後我在1951年的兩次日本之行,與1952年和以後的數年間,舉行許多次類似的研討會,在研討會中以本書**圖1b**(第1章第5頁)有助於人們了解系統。

日本管理者有了新的經營理念,那就是**消費者是生產線上最重要的一部分**。因此,日本的管理者必須充分支持產品的性能。他們必須展望未來,以設計新的產品及服務措施。同時為了改善所購原料品質的均一性及可靠性,他們必須參與選擇供應廠商,以建立長期的互信與忠誠的關係。管理者對設備的維護、工作指示和量規,必須密切注意。(詳見本書第6章和第9章)

片面地達成輝煌的成就是不夠的,不連貫的努力將無法造成全國性的衝擊。「品質」代表消費者目前及未來的要求,每一項品管活動立即成為全公司及全國運動。在1950年代的日本,品質改善成為全面運動。

對管理者、工程師、領班的全面擴展教育

日本工業界對JUSE的支持深具信心,大規模展開教育工作,對管理者、工程師及領班們教導其運用於改善品質的基本統計方法,而面對統計師及工程師,則教導他們高深的統計理論。在美國公司中,往往存在著剝奪作業員以其工作技藝為傲的障礙。不過,在日本這種障礙為零(或程度很低)。作業員因此能製作、了解並使用管制圖。1950年夏天,在東京、大阪、名古屋及博多等日本城市,有400位以上的工程師參加我親自主持為期8天的課程,主要是傳授休哈特的方法及原理。

高階主管的課程及工程師的教導課程,在1951年1月與隨後

的數次訪問期間，皆陸續舉辦幾次。

　　經由介紹現代的抽樣方法，有關消費者調查的課程於1951年1月開始。學員們將他們自己區分成數個小組，針對家庭所需的縫紉機、腳踏車及藥品，進行逐戶的調查。

　　約瑟夫・朱蘭（Joseph M. Juran）於1954年應JUSE的邀請首次訪問日本。他的精闢教導，使日本管理者對品質及生產力改善上應負的責任有了新的認識。

　　在1950至1970年之間，JUSE將統計方法教導給14,700位的工程師及幾千位領班。管理者的課程，因受限於人力，往往登記後等候7個月之久。而由日本著名管理學家所教導的消費者調查，需求也同樣殷切。

對日本高階管理者更進一步的說明

　　1950年代，日本高階主管所需克服的第一個障礙，是他們往往有個想法，那就是日本的消費品已有仿冒品質的低劣形象，要與歐美的工業競爭是不可能的。但從1950年起，日本在品質上有新突破。1950年我曾預測，不出5年，日本產品將會侵入全球市場，而日本的生活水準將與時俱增，成為世界最繁榮國家之一。

　　對此一預測，我的信心基於：①對日本生產人員的觀察；②日本管理者對其工作所具備的知識及熱愛，以及他們對於學習的渴望；③日本管理者有信心接受並執行他們的責任；④JUSE對於教育工作的擴展。

更多成果帶來的鼓舞

古河電工（Furukawa Electric）社長西村啟三（Keizo Nishimura），在西堀榮三郎的協助下，在1950年1月交出的成果包括：古河電工位於日本栃木縣日光市（Nikko）附近的電纜工廠的絕緣電線重修數量，與先前相較降低了10%，而電纜的製造也有同樣的成果，至於工安事件的發生頻率也降低了。生產力激增，利潤也提升。

JUSE的共同創始人暨常務董事小柳賢一（Kenichi Koyanagi），在1952年於美國品管學會（ASQC，American Society for Quality Control）在羅徹斯特的會議中報告，指出有13家日本公司在品質及產量上有大幅度的進步。（注2）有關這13家公司的各篇報告，皆由其高階管理者所執筆。而在其工廠實際運作時，這些人可以離開現場。

田邊製藥（Tanabe Pharmaceutical）董事長田邊剛平（Gohei Tanabe）指出，經由製程的改善，他的公司利用同樣的人員、機器、工廠及物料，氨基酸PAS產量增為原先的三倍。

富士鐵鋼公司（Fuji Steel Company）也報告下述成果：製造每一噸鋼鐵所需的燃料減少29%。

像這樣的例子，經由文字敘述傳播到整個日本。品質改善的意思即是製程改善，而製程改善表示品質及生產力的改善。

曾有人說，所有日本的工業界對品質皆有最佳的經驗。事實卻並不是如此。在本書所舉的許多不是這樣做的可怕例子中，有5個是來自日本。

建立品管圈（QC-Circles）

品管圈是由石川馨（Kaoru Ishikawa，石川一郎之子）於1960年帶領形成，在日本，品管圈是在一起工作的自然方式。石川馨提醒管理者，要善加利用作業員的小集團活動，他們可以消除產品變異的特殊原因，經由工具的改變，設計及排程的改變、甚至對生產製程的改變，而達到系統的改善。某品管圈的成功事例，將可在整個公司及其它公司廣泛運用。把成功的火種從一地傳播至另一地，是管理者的責任。

1960年，JUSE發行石川馨編輯的《領班與品質管制》雜誌（*Quality Control for the Foreman*），可讓全日本的各個品管圈能夠從其中互相觀摩及學習。各個公司的相互訪問參觀以及品管圈的區域會議，激發圈員的興趣。在東京舉行的全國會議，聚集全日本各種產品及服務業的1,800名圈員於一堂。由各公司選出具有卓越成效的品管圈圈長，可參加JUSE所安排的參觀美國及歐洲工廠的旅行團。

1980年11月在東京所舉行的品管圈日本全國會議，在數百篇發表的報告中，有一篇報告的內容是解釋他們如何重新安排工作，導致先前需要7人的工作，現在只需要5人便可完成。換言之，現在100人便可完成以前140人的工作。但是40人並未失去他們的工作，他們只是分派至其它的工作崗位上。

經由此種努力，將可協助公司達到更佳的競爭地位，而最終的結果將是雇用更多的員工，而不是裁員。

第18章注

注1：艾倫沃・利斯（W. Allen Wallis，1912～1998）所著〈統計研究小組〉（The Statistical Research Group），1980年刊載於《美國統計學會會刊》（*Journal of the American Statistical Association*），第75卷，第320至335頁，特別留意第321頁。

注2：小柳賢一（Kenichi Koyanagi）所著《日本產業的統計品質管制》（*Statistical Quality Control in Japanese Industry*），1952年於美國雪城在美國品管學會大會的報告書。

誌　謝

　　我慶幸自己有不同尋常的機遇，有緣成為許多偉人的學生，這些人分別是：沃爾特‧休哈特（Walter A. Shewahart）、哈羅德‧道奇（Harold F. Dodge）、喬治‧愛德華茲（George Edwards）。他們都在貝爾實驗室服務，現在都已過世了。

　　同樣地，我有幸可以做為著名同事的徒弟，像是莫里斯‧漢森（Morris H. Hansen）、菲利普‧豪瑟（Philip M. Hauser）、傅雷德里克‧富蘭克林‧史蒂芬（Frederick Franklin Stephan）、撒母耳‧斯托佛（Samuel Stouffer）、萊斯利‧西蒙（Leslie E. Simon）、尤金‧格蘭特（Eugene L. Grant）、霍爾布魯克‧沃克金（Holbrook Working）、弗朗茨‧卡爾曼（Franz J. Kallmann）、P. C. 馬哈拉諾比斯（P. C. Mahalanobis）。

　　對於本書探討的主題，有許多朋友惠我良多，包括：勞埃德‧納爾遜（Lloyd S. Nelson）、威廉‧謝爾肯巴赫（William W. Scherkenbach）、邁倫‧崔柏斯（Myron Tribus）、羅納德‧摩恩（Ronald P. Moen）、威廉‧戈洛姆斯基（Willian A. Golomski）、卡羅琳‧艾米（Carolyn A. Emigh）、L. K. 凱茨（L. K. Kates）、南西‧曼（Nancy R. Mann）、布萊恩‧喬依

納（Brian Joiner）、默文‧穆勒（Mervin Muller）、依斯‧納胡里拉蒂（Ez. Nahouraii）、詹姆斯‧巴肯（James K. Bakken）、愛德華‧貝克（Edward M. Baker）、希羅‧哈克奎博德（Heero Hacquebord）。本書引用朋友所提供的資訊，都在引文後面標明提供者的姓名。凱特‧麥基翁（Kate McKeown）協助我將內文寫得更清楚。

我要特別謝謝威斯康辛大學的威廉‧亨特（William G. Hunter）教授和學生，他們協助我解決某些困難的統計學，又在內文多處提供資料。

在我主持的研討會中，有上百人對本書有貢獻，他們每年彙集的知識，讓知識大河日益深廣。

細心的讀者可能會注意到，本書多處使用的領導（leadership）一詞，通常使用督導（supervision）更為恰當。不過，因為書中所談的內容都是企業和組織的生死存亡問題，這時必須以領導取代督導。這種想法多虧我在通用汽車（GM，General Motors）的朋友詹姆斯‧菲茨帕特里克（James B. Fitzpatrick）的提醒。

感謝我的祕書西西莉雅‧克利安（Cecelia S. Kilian）細心編輯、打字和耐心，本書才有可能出版。她協助我處理繁忙的統計顧問業務，至今已32年了。我多利用搭飛機的時間，在小紙片上寫研討會的講稿，版本一再更新，讀者現在所讀到的這本書（定稿本），正是她的功勞。

人名中英對照

（以英文姓氏從A至Z排列）

A

約翰‧亞當斯（John Quincy ADAMS）

皮耶‧埃勒瑞（Pierre AILLERET）

哈里‧阿爾珀特（Harry ALPERT）

弗朗西斯‧安斯庫姆（Francis J. ANSCOMBE）

B

查爾斯‧巴蓋特爵士（Sir Charles BAGOT）

R.克利夫頓‧貝利（R. Clifton BAILEY）

愛德華‧貝克（Edward M. BAKER）

威廉‧班克（William BANKS）

愛德華‧巴拉金（Edward W. BARAKIN）

詹姆斯‧巴肯（James K. BAKKEN）

理查德‧巴洛（Richard E. BARLOW）

喬治‧巴納德（George A. BARNARD）

保羅‧巴塔爾登（Paul B. BATALDEN）

奧利弗‧貝克衛斯（Oliver BECKWITH）

弗蘭克‧貝爾錢伯（Frank BELCHAMBER）

布魯諾‧貝特爾海姆（Bruno BETTELHEIM）

約翰‧貝第（John BETTI）

查爾斯‧比克金（Charles A. BICKING）

喬治亞娜‧畢曉普（Georgianna M. BISHOP）

威廉‧博勒（William A. BOLLER）

P. W.布里奇曼（P. W. BRIDGMAN）

C.L布列斯里（C. L. BRISLEY）

歐文・布羅斯（Irwin BROSS）

羅伯特・布魯索（Robert J. BROUSSEAN）

歐內斯特・布朗爵士（Sir Ernest BROWN）

羅伯特・布朗（Robert BROWN）

歐文・伯爾（Irving W. BURR）

C

羅伯特・卡恰（Robert CACCIA）

約瑟夫・卡梅倫（Joseph M. CAMERON）

J. C.卡普特（J. C. CAPT）

蒙地・卡羅（Monte CARLO）

大衛・錢伯斯（David S. CHAMBERS）

傑弗里・喬叟（Geoffrey CHAUCER）

彼得・克拉克（Peter CLARKE）

查爾斯・克勞夫（Charles CLOUGH）

威廉・科可倫（William G. COCHRAN或W. G. COCHRAN）

喬治・科丁（George A. CODDING）

西蒙・科利爾（Simon COLLIER）

威廉・康韋（William E. CONWAY）

C.凱文・柯立芝（C. Calvin COOLIDGE）

威廉・柯立芝（William D. COOLIDGE）

V.考伊（Valerie COWIE或V. COWIE）

羅伯特・考利（Robert COWLEY）

格特魯德・考克斯（Gertrude M. COX或G. M.COX）

菲利普・克羅斯比（Philip B. CROSBY）

D

查爾斯・達爾文（Charles DARWIN）

卡弗特・戴德里克（Carvert L. DEDRICK）

W.愛德華・戴明（W. Edwards DEMING）

P. S.迪茨（P. S. DIETZ）

威廉・迪爾（William R. DILL）

哈羅德・道奇（Harold F. DODGE）

克爾・多蘭（Michael DOLAN）

克里斯蒂娜・朵莉亞（Christine DORIA）

拜倫・多斯（Byron DOSS）

彼得・杜拉克（Peter DRUCKER）

大衛・杜蘭德（David DURAND）

鮑勃・德沃夏克（Bob DVORCHAK）

E

托馬斯・愛迪生（Thomas A. EDISON）

喬治・愛德華茲（George EDWARDS）

丘吉爾・艾森哈特（Churchill EISENHART）

卡羅琳・艾米（Carolyn A. EMIGH）

愛德華・愛潑斯坦（Edward Jay EPSTEIN）

J. D.埃薩利（J. D. ESARY）

歐里庇得斯（EURIPEDES）

F

阿曼德・費根鮑姆（A. V. FEIGENBAUM或 Armand Vallin FEIGENBAUM）

恩里科・費米（Enrico FERMI）

羅納德・費舍爾爵士（Sir Ronald A. FISHER）

詹姆斯・菲茨帕特里克（James B. FITZPATRICK）

艾美特・弗萊明（Emmett FLEMING）

拉爾夫・佛蘭德（Ralph E. FLANDERS）

艾弗・弗朗西斯（Ivor S. FRANCIS）

G

安德烈・加博爾（Andrea GABOR）

喬治・蓋洛普（George GALLUP）
約翰・加爾布雷思（John Kenneth GALBRAITH）
彼得・吉薩（Peter GIZA）
杰拉爾德・格拉瑟（Gerald J. GLASSER）
歌德（Johann Wolfgang von GOETHE）
威廉・戈洛姆斯基（Willian A. GOLOMSKI）
瑪麗・古爾德（Mary Ann GOULD）
尤金・格蘭特（Eugene L. GRANT）
杰羅姆・葛林（Jerome GREENE）
弗蘭克・格拉布斯（Frank S. GRUBBS）
萊斯利・格羅夫斯將軍（General Leslie GROVES）
瑪西婭・古特坦格（Marcia GUTTENTAG）

H
希羅・哈克奎博德（Heero HACQUEBORD）
A・哈爾德（A. HALD）
哈羅德・哈勒（Harold S. HALLER）
大衛・韓禮德（David HALLIDAY）
休・哈梅克（Hugh C. HAMAKER）
莫里斯・漢森（Morris H. HANSEN）
理查德・豪普特（Richard HAUPT）
菲利普・豪瑟（Philip M. HAUSER）
保羅・赫茲（Paul T. HERTZ）
I. D.希爾（I. David HILL）
約翰・赫德（John Francis HIRD）
廣川俊二（Shunji HIROKAWA）
大衛・霍格林（David C. HOAGLIN）
威廉・格倫德（William E. HOGLUND）
強・艾德格・胡佛（John Edgar HOOVER或J. Edgar HOOVER）
赫伯特・胡佛（Herbert HOOVER）

何西亞（Hosea）
哈羅德・霍特林（Harold HOTELLING）
威廉・亨特（William G. HUNTER）
威廉・赫維茨（William HURWITZ）

I

石川哲（Akira ISHIKAWA）
石川一郎（Ichiro ISHIKAWA）
石川馨（Kaoru ISHIKAWA）

J

羅伯特・詹姆森（Robert B. M. JAMESON）
彼得・杰瑟普（Peter T. JESSUP）
布萊恩・喬依納（Brian JOINER）
約瑟夫・朱蘭（Joseph M. JURAN）

K

亞諾什・卡達（János Kádár）
弗朗茨・卡爾曼（Franz J. KALLMANN）
狩野紀昭（Noriaki KANO）
路易斯・凱茨（Louis K. KATES或L. K. KATES）
羅伯特・考斯（Robert M. KAUS）
J. J.基廷（J. J. KEATING）
約翰・基岡（John KEEGAN）
諾伯特・凱勒（Norbert KELLER或Norb ELLER）
奧斯卡・肯普索恩（Oscar KEMPTHORNE或O. KEMPTHORNE）
詹姆斯・肯尼迪（James N. KENNEDY）
特雷西・基德（Tracy KIDDER）
西西莉婭・克利安（Cecelia S. KILIAN）
芭芭拉・金博爾（Barbara KIMBALL）
鮑勃・金（Bob KING）

木暮正夫（Masao KOGURE）
小柳賢一（Kenichi KOYANAGI）
Harry H. KU
芭芭拉・庫克利維奇（Barbara KUKLEWICZ）
歐內斯特・庫爾諾（Ernest KURNOW）

L

歐文・朗繆爾（Irving LANGMUIR）
路易斯・拉塔伊夫（Louis LATAIF）
T. W.拉斯霍夫（T. W. LASHOF）
威廉・拉茲科（William J. LATZKO）
黛布拉・萊文（Debra LEVIN）
克拉倫斯・歐文・劉易斯（Clarence Irving LEWIS）
羅伯特・劉易斯（Robert E. LEWIS）
克拉倫斯・劉易斯（Clarence Irving LEWIS）
胡安妮塔・洛佩茲（Juanita LOPEZ）
保羅・盧卡斯（Paul LUCAS）
杰弗里・拉夫蒂格（Jeffrey T. LUFTIG）

M

道格拉斯・麥克阿瑟將軍（General Douglas MacARTHUR）
尤金・麥克尼斯（Eugene H. MAC NIECE）
P. C.馬哈拉諾比斯（Prasanta Chandra MAHALANOBIS或P. C. MAHALANOBIS）
威廉・馬多（William MADOW）
埃爾伯特・馬格魯德（Elbert T. MAGRUDER）
傑里・梅因（Jeremy MAIN）
約翰・曼德爾（John MANDEL）
南西・曼（Nancy R. MANN）
H. L.門肯（H. L. MENCKEN）

A. W.馬歇（A. W. MARSHALL）

內森・曼特爾（Nathan MANTEL）

邁克爾・馬丁內斯（Michael MARTINES）

凱特・麥基翁（Kate MCKEOWN）

格雷戈爾・孟德爾（Gregor MENDEL）

瑪格瑞特・米勒（Margaret MILLER）

羅納德・摩恩（Ronald P. MOEN）

阿什利・蒙塔古（Ashley MONTAGU）

亞歷山大・穆德（Alexander MOOD）

R. L.摩洛（R. L. MORROW）

傅雷德里克・莫斯特勒（Frederick MOSTELLER）

默文・穆勒（Mervin MULLER）

馬文・孟代爾（Marvin E. MUNDEL）

羅伯特・墨里（Robert K. MURRAY）

N

阿邁勒・納格（Amal NAG）

依斯・納胡里拉蒂（Ez. NAHOURAII）

勞埃德・納爾遜（Lloyd S. NELSON）

西堀榮三郎（Eizaburo NISHIBORI或E. E. NISHIBORI）

西村啟三（Keizo NISHIMURA）

野口順一（Junichi NOGUCHI）

O

C. K.奧格登（C. K. OGDEN）

奧斯卡・奧納提（Oscar A. ORNATI）

喬伊斯・奧爾西尼（Joyce ORSINI）

埃利斯・奧特（Ellis R. OTT）

弗雷德・奧特曼（Fred R. OTTMAN或Frederick R. OTTMAN）

威廉・大內（William G. OUCHI）

大衛・歐文（David OWEN）

P

J. S.派羅（J. S. PAIRO）

E. P.帕帕達蒂斯（Emmanuel P. PAPADAKIS）

羅伯特・皮奇（Robert W. PEACH）

珍妮・佩羅（Sister Jeanne PERREAULT）

約翰・佩里（John W. PERRY）

唐納德・彼得森（Donald E. PETERSON）

羅伯特・皮克托（Robert PICKETTO）

P. E.彭特斯（P. E. PONTIUS）

弗蘭克・普羅強（Frank PROSCHAN）

利蘭・普魯士（Leland S. PRUSSIA）

Q

M. H.克努耶（M. H. QUENOUILLE）

R

瑞利勳爵（Lord Rayleigh）

吉普西・蘭尼（Gipsie B.RANNEY）

美國前總統雷根（President Ronald REAGAN）

羅伯特・賴克（Robert B. REICH）

唐納德・賴默（Donald S. REIMER）

羅伯特・雷斯尼克（Robert RESNICK）

愛德華・雷諾茲（Edward A. REYNOLDS）

查爾斯・理查茲（Charles RICHARDS）

I. A. 理查茲（I. A. RICHARDS）

哈利・羅伯茨（Harry V. ROBERTS）

A. C. 羅桑德（Arlyn Custer ROSANDER或A. C. ROSANDER）

馬汀・羅思（Martin ROTH或M.ROTH）

杰羅姆・羅瑟貝利（Jerome E. ROTHERBERY）

戴維‧迪安‧魯斯克（David Dean RUSK或Dean RUSK）

S
歐內斯特‧舍費爾（Ernest D. SCHAEFER）

雷蒙德‧謝弗（Raymond SCHAFER）

威廉‧謝爾肯巴赫（William W. SCHERKENBACH）

彼德‧蕭科爾斯（Peter SCHOLTES）

約瑟夫‧森森布倫納（Joseph SENSENBRENNER）

R. J.瑟弗林（R. J. SERFLING）

J. 富蘭克林‧夏普（J. Franklin SHARP）

沃爾特‧休哈特（Walter A. SHEWHART）

恩斯特‧西門子（Ernst Werner Von SIEMENS）

萊斯利‧西蒙（Leslie E. SIMON）

諾澤爾‧辛鉑沃拉（Nozer D. SINGPURWALLA）

J. 西廷（J. SITTIG）

休‧史密斯（Hugh M. SMITH）

邦妮‧斯莫爾（Bonnie B. SMALL）

菲莉斯‧索伯（Phyllis SOBO）

雷德里克‧斯蒂芬（Fredrick Franklin STEPHAN）

拉爾夫‧斯汀生（Ralph E. STINSON）

撒母耳‧斯托弗（Samuel A. STOUFFER）

埃爾默‧史特拉依寧（Elmer L. STRUENING）

杉山博（Hiroshi SUGIYAMA）

T
田口玄一（Genichi TAGUCHI 或 G. TAGUCHI）

田邊剛平（Gohei TANABE）

本傑明‧泰平（Benjamin J. TEPPING）

亞倫‧特南拜內（Aaron TENENBEIN）

約瑟夫‧特雷沙（Joseph TERESA）

萊斯特‧瑟羅（Lester C. THUROW）

P.瑟里加（P. THYREGOD）

L. H. C.蒂皮特（L. H. C. TIPPETT）

邁倫‧崔柏斯（Myron TRIBUS）

津田義和（Yoshikazu TSUDA）

霍見芳浩（Yoshihiro TSURUMI或Yoshi TSURUMI）

約翰‧圖基（John W. TUKEY）

V

保羅‧范德瓦爾登（Paul F. VELLEMAN）

羅蘭‧沃利基（Loren VORLICKY）

W

B. L.范德瓦爾登（B. L. van der WAERDEN）

W.艾倫‧沃利斯（W. Allen WALLIS）

戴夫‧韋斯特（Dave WEST）

G. B.韋瑟里爾（G. B. WETHERILL）

胡安‧威廉姆斯（Juan WILLIAMS）

霍爾布魯克‧沃克金（Holbrook WORKING）

吳玉印（Yuin WU）

菲利普‧懷利（Philip WYLIE）

Z

S.扎克斯（S. ZACKS）

卡倫‧澤蘭（Karen ZELAN）

圖表索引

國家圖書館出版品預行編目資料

轉危為安：管理十四要點的實踐 / 愛德華·戴明
　（W. Edwards Deming）著；鍾漢清譯
　-- 初版. -- 臺北市：經濟新潮社出版：家庭傳媒
城邦分公司發行, 2015.09
　　面；　　公分. － －（戴明管理經典）
　譯自：Out of the crisis
　ISBN 978-986-6031-73-1（平裝）

1.企業管理　2.品質管理

494　　　　　　　　　　　　　104015694